U0145374

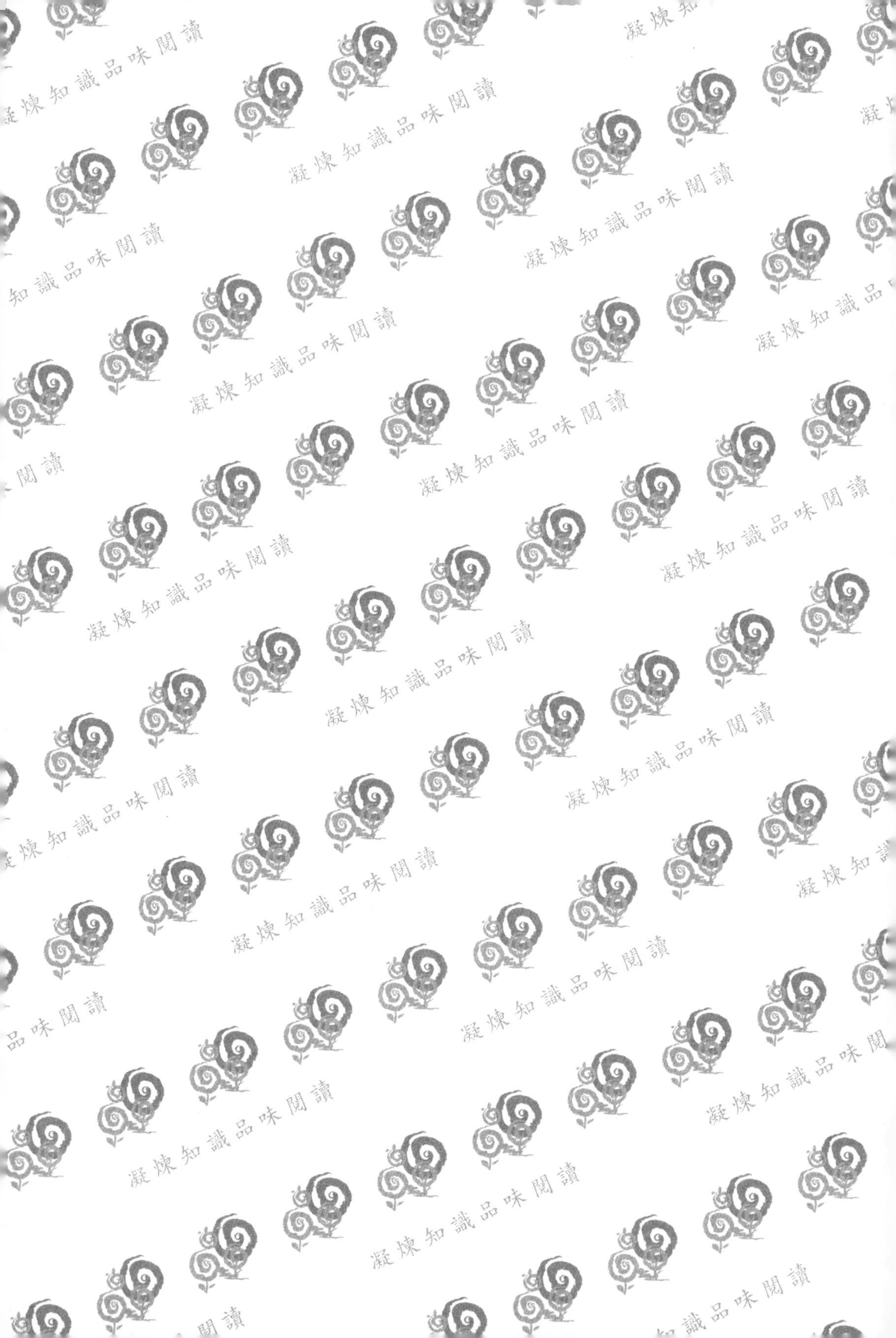

凝煉知識品味閱讀

圖解系列

圖解整合行銷傳播

戴國良 博士 著

第二版

五南圖書出版公司 印行

自序

整合行銷傳播（Integrated Marketing Communication，簡稱IMC）自1990年代以來，即被行銷傳播學界及實務業界所熱烈討論與執行。事實上，很多廣告公司及消費品公司的行銷活動，都紛紛強調「整合行銷」或「整合行銷傳播」的重要性及運用性。而就效益而言，它所帶來的成果，亦是顯而易見的，包括品牌形象的塑造及業績目標的達成。既然大家都知道整合行銷傳播的重要性，為什麼有些公司做得好，有些公司卻又做不好呢？顯然，IMC並非只是行銷傳播理論面而已，而且還涉及到公司各種實際面運作與組織面的部分，這可能不是理論面所能全然理解到與想像到的。

另外，長久以來，「整合行銷傳播」教科書大部分都是翻譯美國英文版教科書，有時候看起來有些生澀，而且也不易適用於國內企業界。因此，就實務應用能力培養而言，似乎也有一些障礙存在，令人惋惜。筆者本人過去十多年在企業界從事於行銷企劃與策略企劃領域的工作，後來從事教職後，亦以行銷傳播與策略經營的授課為主，長期以來，亦聽到了學生們對一本本土化與應用性的整合行銷傳播教科書強烈的需求，而這就是本書撰寫的根本緣起。筆者深深感受到「學生們需要一本更加實務取向（而非理論取向）的IMC教科書」的心聲，而筆者也體會到撰寫一本不同風格與內容的IMC教科書的使命及責任，於是著手撰寫成形。

本書六大特色

本書在撰寫內容上，展現與傳統翻譯IMC教科書有六點的不同，此為本書的特色，茲說明如下：

(一)堅守實務應用導向，非僅理論內容而已：本書在內容取材上，除了兼顧必要的理論內容外，事實上理論內容占的比例很少，筆者盡量以實務應用為取材撰寫導向。換言之，希望培養學生們對於如何有效運用及發揮理論架構於未來實務工作上的一種專業能力提升，而不是只懂得一些或背一些看得不是很懂的國外專屬IMC理論名詞而已。重要的是，如何應用及發揮這些靜態理論的思維價值、創新價值與企劃應用價值。正因為基於這樣的價值信念，使筆者必須打破傳統教科書的撰寫框架，而發揮出新型態教科書的實用性、價值性與創新性。

(二)力求本土導向，發揚本土應用價值：IMC的領域，基本上還是以適用在本土市場的行銷活動與業界競爭的面向上居多。因此，本書內容的取材，在每一章節後面，都盡可能對相關的國內本土實際案例加以補充說明，有些比較短，有些則比較長。透過這為數不少的本土案例，可以更進一步使我們真正理解行銷與IMC在企業應用的價值。

(三)重視完整性與周全性，納入與IMC效果發揮的「全部相關」構面內容：就企業實務面向而言，IMC並非是獨立運作的，它必然是結合企業所有相關部門組織、人力與功能的一種「大結合」與「同時間的結合」，才能真正對公司最終營運績效成果帶來正面與有效的助益。因此，本書在撰寫架構思考上，特別納入與IMC相關的理論與實務的章節內容。

(四)納入最新的內容，並且要求與時俱進，日日新，又日新：本書在理論內容或實務案例方面，均力求納入最近的訊息內容，希望能做到好像發生在昨天及今天一樣的新。這樣的知識感覺就會更加強烈、貼近、深刻及有效。

(五)本書可以視為「行銷管理」教科書的「升級版」及「整合版」：本書內容的完整性與周全性，可以把它視為是「行銷管理」必修基礎教科書的「升級版」與「整合版」內容，也是行銷管理教科書的下集。

(六)納入成功整合行銷傳播的知名品牌經營案例，彌足珍貴：本書第9章加入了12個品牌經營與整合行銷傳播模式實務成功個案研究，這些知名品牌的研究結果資料都是很珍貴的。這些成功案例，包括了國內知名的各大品牌；例如：統一CITY CAFE、OSIM、統一茶裏王、SOGO百貨、黑人牙膏、蘇菲衛生棉、桂格燕麥片、台北跨年晚會……等。

感謝、感恩與座右銘贈言

本書能夠順利出版，必須特別感謝筆者的家人與世新大學的長官、同事及同學們，以及所有渴望看到本書的所有授課老師們、同學們或是企業界上班的朋友們。由於你們的鼓勵、指導與需求心聲，才使筆者有體力與精神上的支撐，完成編著撰寫本書的持續性動機。

最後，願以筆者最喜歡的幾句座右銘，贈送給各位讀者參考：

- 度過逆境，就柳暗花明。
- 終身學習，必須是有目標、有計畫與有紀律的。
- 信其可行，則移山填海之難，終有成功之日；信其不可行，則反掌折枝之易，亦無收效之期也。
- 成功的人生方程式＝觀念（想法）×能力×熱誠

最後，誠摯獻上筆者最衷心的祝福，希望所有老師、學生及上班族朋友們，都有一個健康、平安、幸福、進步與豐收的美麗人生旅途，在你們人生的每一分鐘歲月中，深深祝福大家，並感謝大家。

戴國良
taikuo@mail.shu.edu.tw

本書目錄

本書目錄

本書目錄

本書目錄

第1篇

整合行銷傳播實務架構及理論

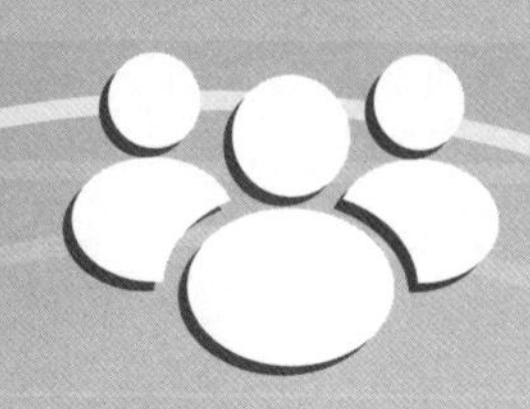

第1章

360度整合行銷傳播實戰架構

章節體系架構 ▼

Unit 1-1 從「經營管理」層面看整合行銷傳播實務全方位架構 I

1990年代以來，從美國引進的整合行銷傳播（Integrated Marketing Communication, IMC）概念，就受到國內行銷業界的重視，並付諸實踐。現在，國內外各大企業對商品與服務的業務推展，都已充分運用了整合行銷傳播的概念，強調行銷資源與經營資源充分協調及整合，以產生更大的綜效。

不過，本文所強調的是，整合行銷傳播功能的發揮，絕對不能只從行銷一個角度來看待，而是應該從公司經營的多元角度來看待，才會發揮它的功能。

由於本主題內容豐富，特分三單元說明之。

一、成功整合行銷傳播四大架構要素

其實，從實務面來看，一個成功的整合行銷機制與功能的發揮，必須建構在四個架構面上，讓此四大架構完整周全，並進齊發，這樣才能使商品行銷成功、業績提升及獲利增加。

從四大架構，如右上圖所示，它包括：1.整合行銷經營力；2.整合行銷傳播工具力；3.整合行銷組織協調力，以及4.整合行銷資訊科技力等。

二、成功整合行銷「經營力」

一個成功整合行銷的經營能力發揮，必須同時經營好必備的十三種競爭能力，讓這些競爭能力能優於競爭對手，或時效上稍快於競爭對手，這樣就能取得領先的市場地位。

而企業應重視做好的行銷經營能力，包括如右下圖所示的十三種能力，即：1.策略力（由經營企劃部、策略企劃部負責）；2.商品力（由商品開發部、研發工程部、商品採購部負責）；3.通路力（由業務部、展店部負責）；4.業務力（由業務部、門市部、行銷部及電話行銷合作）；5.價格力（由業務部負責）；6.品牌力（由行企部及廣告公司合作）；7.促銷力（由行企部負責）；8.服務力（由客服部負責）；9.公關力（由公關部及公關公司合作）；10.廣告力（由廣告公司及行企部合作）；11.情報力（由經營企劃部、行企部負責）；12.現場布置力（由業務部、行企部負責），以及13.活動舉辦力（由行企部、業務部負責）。

上述這十三種經營力，才正是整合行銷傳播功能發揮的根基。如果，商品力不強，毫無特色與創新，不能滿足消費者的需求，那麼就會陷入價格戰。屆時，再怎麼花錢做廣告宣傳與品牌形象傳播，也是無濟於事，只是浪費廣告預算而已。在這十三種行銷經營力上，最好都能同時做到某個水準上，或是能凸顯那些項目經營力很強。例如，品牌力很強，或是商品力很強，或是業務銷售力很強。企業必須塑造出幾項領先主要競爭對手的真正核心行為經營力，才會有贏的機會。

成功整合行銷傳播4大架構要素

成功整合行銷傳播四大架構要素 →

1. 整合行銷經營力 (IM Business Power) 13力
2. 整合行銷傳播工具力 (IM Communication Power) 11種
3. 整合行銷組織協調力 (IM Organization Coordination Power)
4. 整合行銷資訊科技力 (IM IT Power) 7種

→ 四大架構完整周全，並進齊發 → 行銷成功，業績提升、獲利增加

成功整合行銷經營力13力

1.策略力
- 經營企劃部
- 策略企劃部

2.商品力
- 商品開發部
- 研發工程部
- 商品採購部

3.通路力
- 業務部
- 展店部

4.業務力
- 業務部
- 門市部
- 行銷部
- 電話行銷

5.價格力
- 業務部

6.品牌力
- 行企部
- 廣告公司

7.促銷力
- 行企部

8.服務力
- 客服部

9.公關力
- 公關部
- 公關公司

10.廣告力
- 廣告公司
- 行企部

11.情報力
- 經營企劃部
- 行企部

12.現場布置力
- 業務部
- 行企部

13.活動舉辦力
- 行企部
- 業務部

Unit 1-2 從「經營管理」層面看整合行銷傳播實務全方位架構 II

做好如前述所言的行銷經營力之後，接下來就是必須透過各種行銷傳播工具，予以適當及整合性運用，以塑造優質的企業形象、品牌形象及產品形象，然後才能刺激及誘導消費者進行本品牌產品的購買行動。

三、成功整合行銷「傳播工具力」

總的來說，目前普遍被使用到的傳播工具與媒介，可區分為如右上圖所示的十一種媒介管道，包括：1.電視；2.報紙；3.雜誌；4.廣播；5.行動電話；6.網路；7.戶外；8.電話行銷；9.代言人；10.DM，以及11.業務人員等十一種型態。而每一種商品或服務的行銷傳播，因為它們的銷售目標對象、品牌定位、市場區隔、產品生命週期及定價策略等之不同，因此，運用的傳播媒介工具，亦會有所不同與選擇。因此，必須精確的評估、選擇及整合，才會產生行銷效果。例如，最近很多美容、瘦身、健康食品、手機、豪宅等，均喜歡用名人證言的媒介工具，透過電視媒體的炒熱，確實也收到不錯的行銷傳達效果。有實證研究顯示，運用正確有效的名人證言，可以提升至少2成以上的銷售績效。

此外，在運用傳播媒介工作，如何傳達對產品與品牌的「一致性」訴求與「一致性」形象，亦是一件很重要的事。其目的係在於讓目標族群更簡單地、更方便地形成記憶與口傳效果。因此，One-Voice（一致聲音）是在展開傳播內容時的一個根本原則。

四、成功整合行銷「組織協調力」

但是，整合行銷傳播的功效發揮，最後還是在於人員的有效執行。而人員的執行，就涉及到公司內部各個部門的充分溝通協調與團隊合作的機制、企業文化及領導指揮力。如右下圖所示，對於推動一項商品新上市成功或是保持既往的業績成果，必然要透過組織各部門的良好Fit（搭配）演出，才可以完成。這些部門包括商品開發部、行銷企劃部、展店部、客服部、資訊部、會員經營部、物流部、公關部、策略規劃部、法務部、品管部、採購部、財會部、生產部及管理部等。各部門都有它的功能與專長存在，都是不可或缺的。

此外，在外部專業組織的配合方面，則包括廣告公司、公關公司、活動舉辦公司、媒體公司、外部銷售公司等。如何有效借助外力（委外行銷），以強大整合行銷的競爭優勢與能力，這是非常重要之事。

很多企業為了整合行銷組織的有效性，經常成立跨部門或跨公司的矩陣式專案小組或專業委員會，並由董事長或總經理親自領軍，授予此小組最大權力，才能指揮領導各部門人員全力投入此專案，如此，成功的機會亦才會大大提升。

成功整合行銷傳播工具

成功整合11種行銷傳播工具

1.電視媒體	(1)廣告CF託播 (2)新聞報導(置入新聞) (3)節目置入(戲劇、綜藝) (4)跑馬字幕 (5)電視購物
2.報紙媒體	(1)平面廣告稿刊登 (2)新聞報導置入 (3)專題報告置入
3.雜誌媒體	(1)雜誌廣告稿 (2)專題、封面報導置入
4.廣播媒體	(1)廣播稿 (2)節目置入
5.行動電話媒體	手機簡訊、手機電視節目、手機APP
6.網路媒體	(1)E-mail (2)網路廣告刊登 (3)專題設計
7.戶外媒體	霓虹燈、看板、包牆、地貼、賣場POP、捷運、公車、立物
8.電話行銷媒體	T/M電話行銷人員、賣保險、賣會員證、賣卡等
9.代言人媒體	林志玲、隋棠、楊丞琳、蔡依林、陳美鳳等
10.DM媒體	宣傳單、信函、簡介、目錄、海報等
11.業務人員媒體	人員面對面

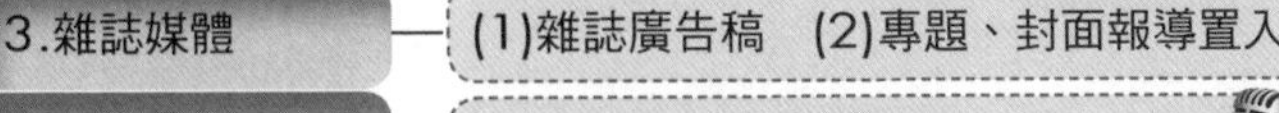

1.One-Voice(一致聲音)
2.One-Image(一致形象)
3.Branding(塑造品牌)
4.Sales(促進業績)
5.Reputation(提升形象)

成功整合行銷組織協調力

成功整合行銷組織協調力

主導：
1.業務部(行銷部)或
2.品牌經理
→ 內部組織配合部門 → (1)商品開發部 (2)行銷企劃部 (3)展店部 (4)客服部 (5)資訊部 (6)會員經營部 (7)物流部 (8)公關部 (9)策略規劃部 (10)管理部 (11)法務部 (12)財會部 (13)品管部 (14)生產部 (15)採購部 → 充分溝通、協調、發揮團隊力量

外部組織配合 → (1)廣告公司 (2)公關公司 (3)活動舉辦公司 (4)電子、平面媒體公司 (5)外部銷售公司 (6)媒體代理商 (7)店頭行銷公司 (8)網路行銷公司 (9)設計公司(DM、簡介、公仔、包裝) → 充分溝通、協調、發揮外部助力

Unit 1-3 從「經營管理」層面看整合行銷傳播實務全方位架構III

最後，整合行銷傳播功能的達成與發揮，必然要仰賴資訊科技的工具才可以，如無資訊科技（information technology, IT）工具能力，就不可能使行銷活動有效率的加快與效能精準的提升。以下我們將更進一步說明。

五、成功整合行銷「IT工具力」

如右上圖所示，整合行銷實務上運用到的IT工具，包括以下七種，即：1.POS系統（門市銷售資訊情報系統）；2.CRM系統（顧客關係管理資訊系統）；3.GIS系統（設店地理資訊系統）；4.DSIS系統（各種通路每日銷售狀況情報系統）；5.廣告效果系統；6.市調系統，以及7.顧客系統（包括顧客反應、抱怨、建議等資料庫）等。

IT的深層內涵，則代表了對情報分析與情報掌握的能力，是一種「情報力」的提升。它包括了對最終顧客、對上游廠商、對主要的競爭對手、對下游通路與零售商，以及對整個產業與市場之情報與競爭變化之掌握、評估及如何因應等策略。

六、結語：整合行銷傳播「不能單獨存在」

從以上分析來看，整合行銷傳播已不能單獨存在，它也不是行銷企劃部、廣告部或業務部等單一部門的事情而已，而是必須把整合行銷傳播（IMC）擴大與提升戰略視野，並放在公司的整體經營能力架構上來看待，然後透過全方位各部門的協同作戰，以及IT資訊科技情報力的數據化支援，整合行銷傳播（IMC）才會發揮它預計的功效，並且形成更大的「策略性行銷」效益，這樣才真正對公司營運及業績成長有正面貢獻及助益。

我們必須從更廣的經營面來看IMC，而非僅從行銷傳播面而已。唯有同時從這兩個層面來看，以及同時予以操作，IMC才會成功，並發揮其應有的效果。

成功整合行銷IT工具

成功整合行銷的7種IT工具

1.POS(Point of sale，門市銷售資訊情報系統)

2.CRM(顧客關係管理資訊系統)

3.GIS(設店地理資訊系統)

4.DSIS(各種通路每日銷售狀況情報系統)

5.廣告播出後效益評估資訊系統(Advertising Effect)

6.市調(Market Survey)促購度、品牌形象度、品牌指名度、忠誠度等市場調查

7.顧客資料庫(Data-Bank)：顧客反應、抱怨、建議等資料庫

整合行銷傳播「不能單獨存在」

IMC成功 = 整合行銷傳播面 + 經營面

IMC成功 = 整合行銷傳播面 + 行銷4P/1S

Product：產品
Price：定價力
Place：通路力
Promotion：推廣力
Service：服務力

Unit 1-4 360度全方位整合行銷傳播策略的意涵

所謂整合行銷傳播（Integrated Marketing Communication, IMC），乃是指廠商為行銷某一個新產品上市或某一個既有產品年度行銷活動所做的——「最有效的跨媒體及跨行銷活動操作，以達成營收及獲利目標，並提升品牌知名度與鞏固市占率目標。」

一、跨媒體IMC的意涵：達成觸及更多的TA

單一媒體時代已結束，迎接現在及外來的則是多元媒體、組合媒體、跨媒體的時代。

過去傳統的行銷方式，通常將廣告預算下在「單一媒體」上，即能產生效果，例如下在電視廣告上。但現在及未來則是必須將廣告預算下在「跨媒體」上，才能產生最大效果。例如：電視＋報紙；電視＋網路；電視＋DM；報紙＋DM；電視＋報紙＋網路＋戶外。

透過多元的跨媒體，可以接觸到更多的目標消費族群（Target Audience, TA），達成更好的傳播效果！

二、IMC：跨媒體組合操作

IMC在跨媒體組合操作方面包括以下六種，一是電視媒體（TV）的電視廣告（TVCF）；二是平面媒體（NP、MG、DM）的平面廣告（報紙、雜誌、目錄、NP、MG、DM）；三是網路媒體（Internet）的網路廣告；四是戶外媒體OOH（out of home）的戶外廣告；五是行動媒體（手機、平板電腦）的手機簡訊廣告、手機APP廣告、手機LINE官方帳號；六是廣播媒體（RD）的廣播廣告等可供運用。

三、跨媒體的選擇

上述多種媒體究竟要如何運用呢？其實只要掌握住一個關鍵，就是要把行銷支出預算花在刀口，必須選擇最有效果、最有效益的優先媒體組合。

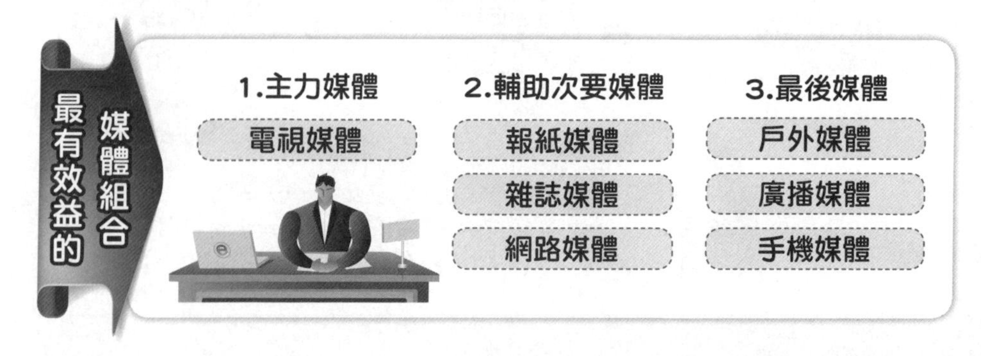

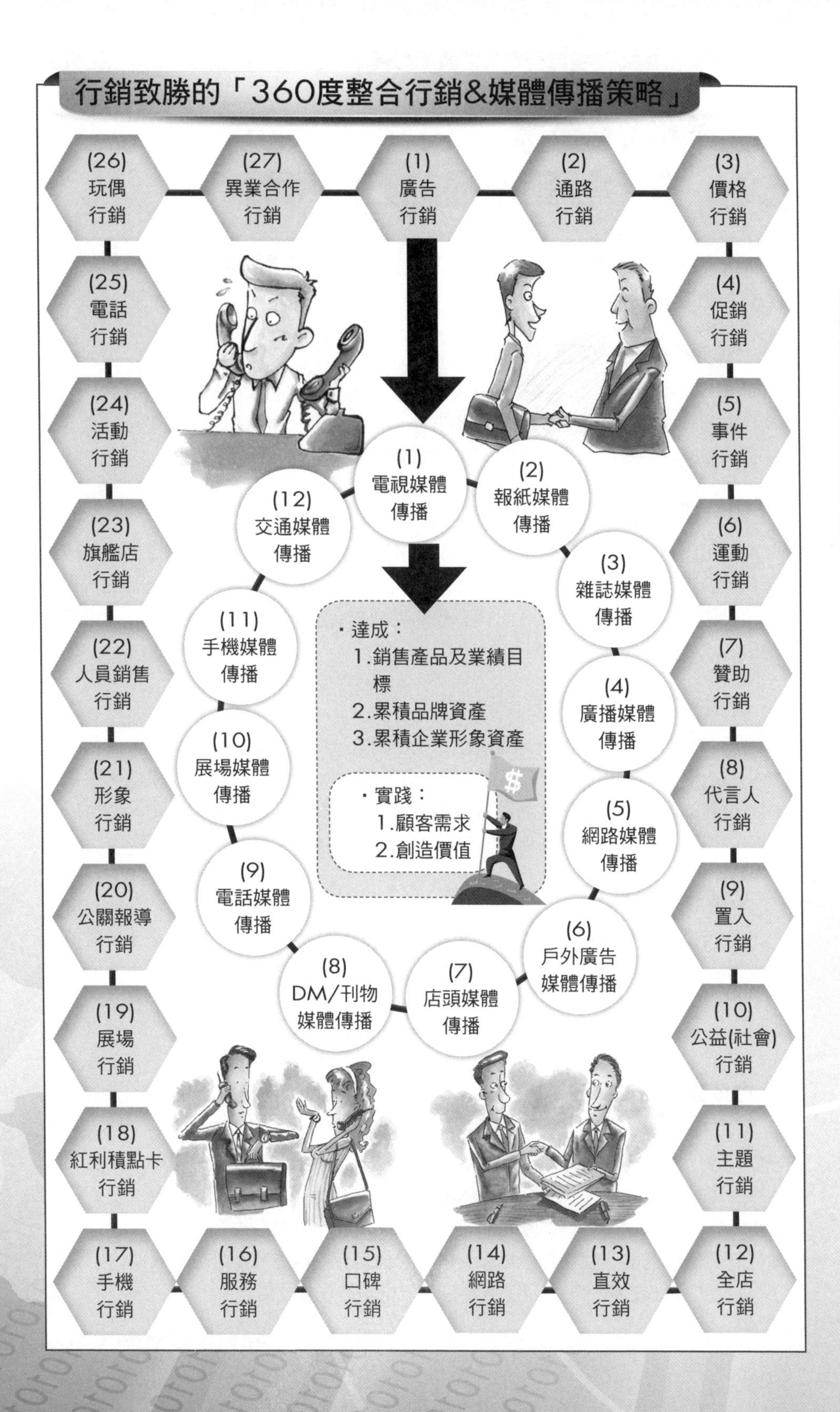
行銷致勝的「360度整合行銷&媒體傳播策略」
(1) 廣告 行銷
(2) 通路 行銷
(3) 價格 行銷
(4) 促銷 行銷
(5) 事件 行銷
(6) 運動 行銷
(7) 贊助 行銷
(8) 代言人 行銷
(9) 置入 行銷
(10) 公益(社會) 行銷
(11) 主題 行銷
(12) 全店 行銷
(13) 直效 行銷
(14) 網路 行銷
(15) 口碑 行銷
(16) 服務 行銷
(17) 手機 行銷
(18) 紅利積點卡 行銷
(19) 展場 行銷
(20) 公關報導 行銷
(21) 形象 行銷
(22) 人員銷售 行銷
(23) 旗艦店 行銷
(24) 活動 行銷
(25) 電話 行銷
(26) 玩偶 行銷
(27) 異業合作 行銷
(1) 電視媒體 傳播
(2) 報紙媒體 傳播
(3) 雜誌媒體 傳播
(4) 廣播媒體 傳播
(5) 網路媒體 傳播
(6) 戶外廣告 媒體傳播
(7) 店頭媒體 傳播
(8) DM/刊物 媒體傳播
(9) 電話媒體 傳播
(10) 展場媒體 傳播
(11) 手機媒體 傳播
(12) 交通媒體 傳播
・達成：
1.銷售產品及業績目標
2.累積品牌資產
3.累積企業形象資產
・實踐：
1.顧客需求
2.創造價值
$

Unit 1-5 整合行銷傳播的五大意義

從一個完整且有效的整合行銷暨媒體傳播策略角度來看，IMC的意義具有以下五點，茲說明之。

一、不仰賴單一的媒體（媒介）

隨著媒介科技的突破，以及分眾媒體的必然趨勢，閱聽眾已被切割，因此，公司的產品或服務，要快速觸及到你的目標市場、更快速提升產品知名度或更全面提升業績，你的整合行銷傳播活動，自然不能仰賴單一媒體而已。

二、組合搭配運用

Mix（組合）或Package（套裝）的行銷操作與媒體操作手法是滿重要的，因為唯有透過有系統、有順序、有步驟、有階段性及完整的行銷組合與媒體組合的操作推出，才會使公司的產品或服務，迅速有效的提高知名度、喜好度、選擇度、忠誠度及促購度。

三、發揮綜效

整合性的各種行銷活動及媒體規劃活動目的之一，當然是為了發揮更大的行銷綜效（Synergy）。如果沒有整合性而是單一性，就不太可能有綜效。如果能夠整合一致性、全套的廣告、公關事件活動、促銷、媒體、網路、直效行銷等，則必然可以對產品的行銷結果產生更大、更正面的效益。

四、品牌一致性訊息

整合行銷傳播從最初設計、執行過程到最終的印象感受，當然是希望傳達公司或產品品牌某種獨特的訊息，而且是一致性的強烈訊息，不會有多元、混淆不清或複雜的消費者視覺或心理感受的訊息。然後透過這種獨特性及一致性的訊息，進而認識、了解及認同我們的品牌形象及公司形象，IMC是具有這種意識的。

五、達成業績目標

在不景氣市場低迷的買氣中，以及同業激烈競爭中，IMC的意義之一，最終還是要面對現實，亦即要達成今年度預計的業績目標。如果不能達成業績目標，只能守住市占率，不能守住或提升業績，那麼IMC也就失去了意義。因此，「整合」就是希望創造出更好、更卓越、更具挑戰性的業績目標。為此，我們在規劃、分析、設想及推動執行任何IMC之前，我們都應意識到最終目標是否可以達成？是否有幫助的推動力量？是否為最有效的整合工具及計畫？這是最根本的意義及信念。

整合行銷&媒體傳播策略的意義

整合行銷&媒體傳播策略的5大意義

1.不仰賴單一媒體

行銷的成功，不應只是單一傳播媒體的操作而已。

2.組合搭配運用

能有效的組合選擇及搭配運用操作各種適當的行銷手段及媒介工具。

3.發揮綜效

能有效的發揮1+1>2的整合性綜效。

4.品牌一致訊息

能有效的傳達品牌一致性訊息及打造品牌。

5.達成業績目標

最後能達成產品銷售及業績目標，以及不斷累積品牌資產價值。

整合行銷傳播的組合運用

整合行銷傳播(IMC) = 媒體組合運用(Media-Mix) + 推廣組合運用(Promotion-Mix)

↓

發揮綜效(Synergy)

↓

品牌成功！ 業績成長！

Unit 1-6 各行各業整合行銷傳播的操作重點

過去單一媒體時代，電視可說是強勢媒體，時至今日跨媒體時代，電視廣告仍是各行各業都會投入的媒體廣宣工具，只是所占比例及輔助媒體的不同。以下我們來說明各行各業整合行銷傳播操作項目重點的不同處。

一、日用品、消費品

日用品、消費品通常以超市、量販店、便利商店上架銷售為主，不需銷售人員，由消費者自行取拿。

其整合行銷傳播的操作重點如下：1.主打電視廣播、報紙、公車廣告；2.找知名代言人；3.記者會、公關報導、媒體露出；4.零售賣場店頭行銷活動，以及5.SP促銷活動舉辦。

二、專櫃產品、門市店產品、汽車經銷店、資訊3C產品

這幾類產品必須有店面、櫃內人員介紹銷售，例如名牌精品、化妝品、保養品、手機、汽車、皮鞋、服飾、房屋仲介。其整合行銷傳播的操作重點如下：1.人員銷售組織的教育訓練、人員素質提高、薪獎福利等都會影響業績；2.打電視廣告及報紙廣告，創造知名度；3.搭配百貨公司促銷活動或店內促銷活動，以及4.直營店面的店頭行銷廣告活動。

三、預售屋

預售屋因必須詳細介紹，故以主打報紙廣告為主軸，最適合蘋果日報的報紙廣告；其次，以地區性夾報DM、地區性十字路口發送DM、僱人拿立牌；再來，偶爾打電視廣告；也有少部分找藝人代言房屋。

四、金融、保險、信用卡服務產品

金融、保險、信用卡這幾類服務產品，以主打電視廣告為主，打造知名度及產品介紹；其中壽險業會找知名代言人。

五、百貨公司、購物中心、超市、量販店、藥妝店、3C店、服務業

最後，百貨公司、購物中心、超市、量販店、藥妝店、3C店、服務業等行業，其整合行銷傳播的操作重點如下：1.以主打大型節慶促銷活動為主軸（例如週年慶、年中慶、母親節、春節、會員招待會）；2.以目錄DM寄送、發送直效行銷為主軸；3.以報紙刊登廣告為主軸；4.搭配大量平面及電視的置入報導行銷宣傳告知為主軸，以及5.輔助打電視廣告支援。

整合行銷傳播的主要活動及次要活動

IMC主要活動	+	IMC次要輔助活動
1.廣告宣傳活動 (TVCF、NP、網路) 2.促銷活動 3.記者會活動 4.公關報導、媒體露出 5.店頭行銷活動 6.人員銷售活動 (門市店、經銷店)		1.戶外廣告 (公車、捷運、牆面) 2.Event活動　3.直效行銷 4.體驗行銷　5.免費樣品 6.異業合作行銷　7.會員活動 8.旗艦店行銷　9.通路行銷 10.廣播、雜誌廣告　11.其他活動

IMC 6大主要活動目的

IMC

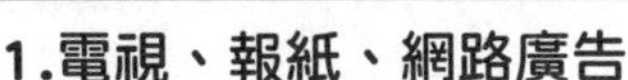

1.電視、報紙、網路廣告

2.公關報導媒體露出

3.記者會

→ ·打造品牌 ·鞏固品牌 ·品牌資產累積

4.SP促銷活動

5.人員銷售活動

6.店頭行銷活動

→ ·促進銷售 ·增加業績

知識補充站

各行各業整合行銷傳播的相異處

由左文說明，我們可以得到以下結論，即：1.電視廣告幾乎是各行各業都會投入的媒體廣宣工具，雖然TVCF比較貴，但仍阻止不了；2.只要是靠門市店、專門店、專櫃、經銷店銷售的產品，在人員銷售組織的行銷操作上，則為重要之處；3.日用品、消費品廠商也有不少找知名當紅藝人當產品代言人，藉代言人快速打響品牌知名度及帶動銷售量，例如林志玲、Jolin (蔡依林)、楊丞琳、王力宏、阿妹、趙又廷、小豬羅志祥、桂綸鎂、張鈞甯、劉德華、劉嘉玲、豬哥亮、廖峻、白冰冰、謝震武等；4.記者會、公關正面報導、媒體露出與新聞置入報導等，也很重要，對打造企業形象與品牌知名度，都有直接助益；5.隨著消費者在最後一哩接觸到產品，因此店頭行銷活動及店頭促銷活動也很重要；6.最後，各行各業都應舉辦大型促銷活動，以刺激消費者購買，沒有促銷活動，業績至少減少三成。

Unit 1-7 IMC與4P/1S的關聯性

IMC與4P/1S之間究竟有何關聯性？是否IMC就等於4P/1S？還是IMC只是4P/1S的一部分內涵？以下我們來探討之。

一、行銷4P/1S與IMC的關係

行銷4P/1S與IMC究竟是何種關係呢？如右圖所示，其實一家公司的行銷總戰力，是由產品、定價、通路、推廣及服務等4P/1S策略所形成的，必須同時、同步做大、做精、做強這五件事情不可。如果缺了哪一個部分，都會造成整體行銷戰力的破損與缺失，而影響公司最終的業績及獲利。所謂的整合行銷傳播策略，其實就是等同於4P中的promotion推廣策略了。

二、行銷4P/1S內涵大於IMC

如右圖所示，其實行銷4P/1S的組合策略是大於IMC策略的，可以說行銷4P/1S是行銷成功致勝的總根本，而IMC只是這個總根本的一部分內涵，雖然IMC也很重要，但它不是代表整個行銷就會成功致勝！所以，不要本末倒置了，IMC只是行銷4P/1S的重要一環，但不是全部。

三、整合行銷傳播操作的時機狀況

品牌廠商操作依整合行銷傳播的時機主要有四種狀況，一是新產品、新品牌隆重上市行銷時。二是只有大型促銷活動推出時，例如年底的週年慶、年中的年中慶、五月的母親節或過年的春節活動等。三是為因應市場激烈競爭，欲鞏固岌岌可危的市占率時，所做的強力行銷活動。四是針對穩定市場狀況下，一般性或常態性的年度行銷計畫，有一個較完整性的年度行銷預算規劃內容時。

四、4P/1S＋IMC＝行銷致勝之道

要如何行銷才能致勝呢？有以下兩點要注意，一是不能以為IMC成功，產品就會暢銷，必須結合4P/1S，從整體面向來看待，行銷才會成功。二是IMC不可能獨立操作，必須搭配4P/1S策略，才會成功。

4P/1S

1. 產品力
2. 定價力
3. 通路力
4. 推廣力
5. 服務力

IMC

・360度整合行銷傳播溝通的呈現

＝

行銷4P/1S與IMC的關係

＝ 產品策略 product ＋ 定價策略 price ＋ 通路策略 place ＋ 推廣策略 promotion ＋ 服務策略 service

Promotion＝IMC

整合行銷傳播策略
(IMC)

行銷4P/1S內涵＞IMC

行銷4P/1S

IMC

整合行銷傳播操作的時機狀況

1. 新產品上市
2. 大型促銷活動推出時
3. 為因應競爭、鞏固市占率而回應時
4. 一般性、常態性年度行銷活動

(一)
規劃及操作
一次性IMC
活動

(二)
多次性、分波
段性、分季節性、
定期性的行銷
活動操作

Unit 1-8 整合行銷傳播十大關鍵成功要素

實務上，我們會發現並不是每個IMC活動，都會產生好的效果。原因何在呢？以下我們來探討之。

一、從IMC檢視現象

IMC是每個行銷人員或品牌都知道的事情及原則方向，但是我們都看到不同的公司、不同的行銷操作人員，卻有不同的行銷成果。有的市占率飛躍成長，有的市占率卻日漸衰退。如果我們從IMC這個角度來檢視為何發生此種現象時，就應該了解，我們從事IMC活動過程中，是否真的掌握了這十個關鍵成功要素。

二、十個關鍵成功要素

上述可讓IMC成功操作的十個關鍵成功要素（Key Success Factor）如下所述。

(一)是否認真檢視公司的「產品力」本質？亦即，公司的產品是否具有競爭力？真的有嗎？為什麼會沒有？又該如何改善呢？

(二)是否真的有效且正確選擇運用公司的外部協力單位？例如，合作的廣告公司的創意是否真的最強？公關公司是否真的與媒體關係最好？公司是否真的最會辦活動？

(三)行銷及廣宣活動，是否抓住了有效的切入點或訴求點，能夠引爆出媒體或消費者關切的話題？進而引起他們共同的焦點及注意？甚至是最終的購買行動？

(四)整合性媒體呈現是否具有創意性？能夠吸引消費者的目光及注視？一支強烈創意性的電視CF，很可能就影響了這個新產品的知名度。

(五)行銷及媒體活動，是否能夠吸引各種主流媒體的興趣報導或連續性大幅報導？

(六)行銷及媒體活動是否有足夠的行銷預算投入？如果在不景氣環境中，你的廣宣預算縮得太小了，長期下來可能累積不利的負面影響，反而被其他品牌追趕上來。

(七)行銷活動是否能夠有一波接一波的投入持續性及延續性，而不中斷掉？例如像統一7-Eleven的波浪或行銷活動理論，每一季都會有大型全店行銷的活動，每個月則有一些較小的主題活動或促銷活動，因此，業績全年都維持不墜。

(八)是否注意到公司內部各協力單位的良好分工合作及協調溝通？因為這些都是影響IMC是否成功的內部組織因素之一，因此，要避免本位主義或分工權責不清。

(九)是否有效的整合了各種行銷手法及媒體手法的組合搭配，而發揮出更好的綜效？例如SONY公司連續二年都爭取到在101大樓跨年晚會煙火秀的行銷活動所引起的巨大媒體效應，讓數百萬人看到了這場行銷活動，雖然每一年花費3,000萬元行銷費用，但產生的行銷成果卻是相當豐碩，值回票價。

(十)是否能隨時對每一個月或每一個時間，展開對產品力、通路力、價格力、服務力，以及IMC的效益評估與競爭的檢視？然後提出及時、快速的因應對策及改善行動？

整合行銷傳播的10大關鍵成功要素

全方位整合行銷&媒體傳播策略10大關鍵成功要素

1.檢視產品力本質

必須能滿足顧客需求，創造顧客價值，具差異化特色，有一定品質水準，與競爭對手相較，有一定競爭力可言。

2.充分利用外部協辦單位

包括廣告公司、媒體公司、整合行銷公司、公關公司、網路公司、製作公司之資源、專長與豐富經驗。

3.抓住切入點及訴求點

行銷活動及廣宣活動，要抓住有利的切入點及訴求點，才會引爆話題。

4.媒體呈現應具創意性

各種電視、報紙、網路、戶外、交通等媒體工具的呈現，應具創意性，能夠吸引人的目光及注視。

5.吸引媒體報導的興趣

媒體不願或缺乏興趣報導，或因低收視率／低閱讀率而不報導，將會浪費行銷資源。

6.足夠行銷預算資源的投入

巧婦難為無米之炊，沒有準備充分預算，行銷不易成功。

7.行銷活動要具有持續性及延續性

一波接一波行銷活動投入的持續性及延續性，不能中斷掉，才能使業績全年都維持不墜。

8.內部各協力單位良好分工合作及溝通協調

包括從產品開發創新、原物料採購或簽訂合約、製造品質的掌握、物流倉儲的時效性配合到業務通路的安排妥當，以及IMC的完整規劃與推動等，都是影響IMC是否成功的內部組織因素之一。

9.整合性運用各種行銷手法及媒體手法的組合搭配，發揮綜效

例如，SONY公司連續二年都爭取到在101大樓跨年晚會煙火秀的行銷活動，而同時又引起大量電視媒體及平面媒體的巨幅報導，可以說有數百萬人看到了這場行銷活動，而且記住了上面的品牌及產品宣傳(SONY BRAVIA液晶電視機品牌、SONY VAIO筆記型電腦、SONY Experia手機等)。每一年花費了3,000萬元行銷費用，但產生的行銷成果卻是相當豐碩，值回票價。

10.評估效益與隨時調整因應改變

對每一個活動，事中及事後應充分評估與衡量其成本效益分析，缺乏效益的行銷活動應即刻改變或喊停。

Unit 1-9 IMC對選擇媒體迎合行銷活動之邏輯化模式

整合行銷活動及整合傳播媒體規劃選擇，絕不是大雜燴，什麼都做、什麼都介入一點、什麼都花預算，亦即行銷人員或品牌經理人必須決定「什麼不要」及「什麼要」的正確抉擇。右圖邏輯化模式，即顯示出這些關係，以下說明之。

一、先了解自身產品

首先，行銷人員必須先思考清楚，我們產品或品牌的類別、屬性及特性為何？與競爭者又有何不同？

二、確定產品定位

然後，再確定下列幾件事情：1.確定目標顧客群是那群人？他們的Profile（輪廓）為何；2.確定此產品的銷售市場規模有多大？是1億的小市場，或是至少10億、20億、30億、100億以上較大規模市場總量，才能夠評估是否投入昂貴的電視廣告；3.確定消費者的生活習慣、消費習慣及媒體習慣；4.確定我們正處於目標顧客群對我們產品的哪一個購買心理階段，是認知期、考慮期、行動期或維繫期。我們的目的，究竟要投資哪一期或哪幾期，以及5.確定公司或老闆所給的行銷預算有多少？子彈多或少？各有不同方案。

三、擬定計畫並執行

再者，就要依據上述分析及評估，然後規劃出那些整合行銷活動及整合媒體活動的組合體操作，並且進入執行力。

四、最終目的

最後，執行後，行銷費用預算也花了，其目標（目的）就是想達成二大目的，一是IMC一定要守住品牌的定位、品牌精神及品牌特性，使好品牌能夠持續下來。二是最終當然是要達到老闆所要求的業績目標及市占率目標，才算大功告成。

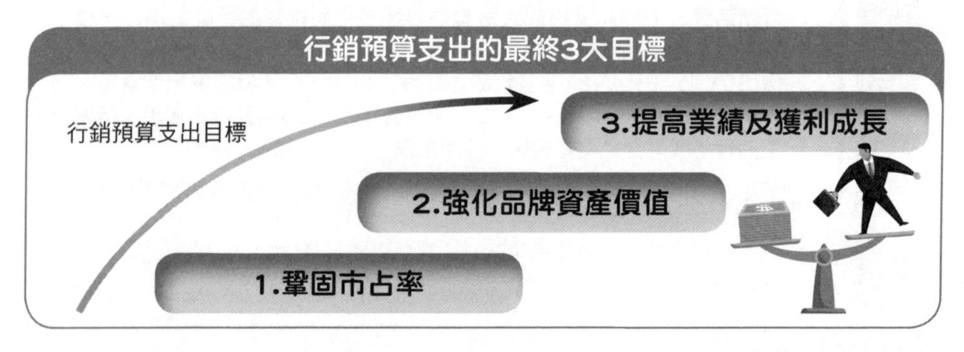

整合行銷對選擇媒體組合模式
從確定下列三項著手思考：
1-1.產品的類別歸屬之不同
1-2.產品的特性之不同
1-3.品牌的特性之不同
2-1. 確定目標顧客群(依不同年齡、性別、職業、學歷等)
2-2. 確定市場規模的大小(太小的市場就不必打電視廣告)
2-3. 確定消費者的生活習慣、消費習慣及媒體習慣
2-4. 購買的4個心理階段(認知→考慮→行動→維繫)
2-5. 行銷預算有多少
3-1.IMC不是大雜燴，不是什麼媒體都用，不是什麼行銷活動都辦
3-2.應選擇適當的、有效的傳播媒體工具組合
4-1-1.IMC一定要整合在品牌精神下
4-1-2.IMC要守住品牌的定位、特性及精神
4-1-3.傳遞品牌訊息的一致性
4-1-4.好品牌的永續發展
4-2-1.達成銷售業績目標或是增加銷售業績
4-2-2.保住或提升市占率
Business
NEW

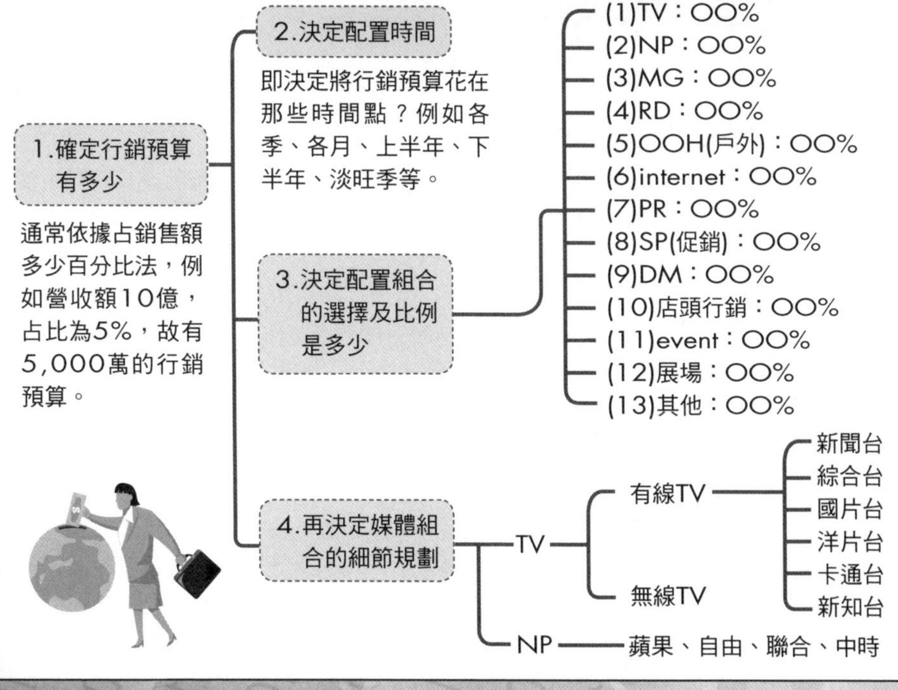
行銷預算與媒體組合配置關係邏輯
1.確定行銷預算有多少
通常依據占銷售額多少百分比法，例如營收額10億，占比為5%，故有5,000萬的行銷預算。
2.決定配置時間
即決定將行銷預算花在那些時間點？例如各季、各月、上半年、下半年、淡旺季等。
3.決定配置組合的選擇及比例是多少
(1)TV：OO%
(2)NP：OO%
(3)MG：OO%
(4)RD：OO%
(5)OOH(戶外)：OO%
(6)internet：OO%
(7)PR：OO%
(8)SP(促銷)：OO%
(9)DM：OO%
(10)店頭行銷：OO%
(11)event：OO%
(12)展場：OO%
(13)其他：OO%
4.再決定媒體組合的細節規劃
TV
有線TV
新聞台
綜合台
國片台
洋片台
卡通台
新知台
無線TV
NP
蘋果、自由、聯合、中時

Unit 1-10 成功IMC最完整架構內涵模式 I

筆者結合IMC的學術架構模式，以及企業行銷實務上的操作內涵，形成了如右圖所示的成功IMC最完整價格內涵模式。

一個新產品、新品牌或一個改良式產品再推出，或是思考到如何維繫既有品牌的領先地位，絕對不能只想到單純點狀式的IMC操作手法，一定要有從頭到尾、脈絡分明、邏輯有序、完整架構性的思維與考量，以及知道在這個完整架構內，我們的公司、產品、品牌、操作有那些強項、弱項、優先重點、迫切性，以及知道如何才能做好、做成功。不能零星思考與行動，否則無法徹底成就一件事情。

在右圖中，說出了一個成功IMC最完整架構內涵模式，應該思考到九件事情。

一、顧客分析

也就是IMC的對象及顧客資料庫的建置及運作。在這方面，我們要思考如何做好五個項目，包括：1.怎麼維繫既有顧客；2.怎麼開拓新會員、新顧客；3.怎麼建立其他利益關係人；4.怎麼堅定顧客導向，以及5.怎麼建置CRM系統。

二、SWOT分析

SWOT分析包括：1.目前及未來的市場環境變化中，所帶來的商機與威脅為何？我們看清了嗎？要怎麼應對？2.目前及未來的主力競爭對手或競品，我們透澈了解他們嗎？未來的有利及不利點我們看清了嗎？要怎麼應對？3.目前我們公司在行銷策略及行銷戰術的操作方面，到底有哪些得與失？我們將要如何改變？

三、IMC操作的定位及差異化USP

這次大型IMC操作所面對的產品定位、產品差異化、產品的獨特銷售賣點、產品的獨特訴求是什麼？會是有效的嗎？具有攻擊力嗎？能吸引消費者注目嗎？

四、IMC操作目標

這次IMC傳播溝通的目標何在？行銷推廣目標為何？什麼是優先主目標及次優先目標？為什麼是這個目標？這個目標背後的意涵為何？戰略性定義又何在？

五、IMC的預算／專責組織單位／策略

對IMC活動，公司給多少資源預算？在限定預算中，我們應採取什麼有效的IMC主軸策略？策略發想不能無限上綱，必須回到預算的現實性，從現實去思考IMC突圍或創意策略，以達到小兵立大功的目標效益。再來就是誰應負責這個專案的統籌規劃與執行？這個負責單位，當然包括很多單位、部門及人員組合在內。

成功IMC最完整架構內涵模式

1.IMC的對象及顧客資料庫（顧客分析）

・對目標客層、利基市場、目標市場、市場區隔、主力顧客群、會員顧客的有效調查了解、分析、掌握及建立資料庫。

(1)維繫既有顧客
- ①基本人口統計變數
- ②心理統計變數
- ③購買行為分析
- ④媒體行為分析
- ⑤會員分級制度
- ⑥顧客利益點
- ⑦顧客調查

(2)開拓新會員、新顧客

(3)其他利益關係人
- ①上游供應商
- ②下游通路商
- ③政府單位
- ④媒體界
- ⑤股東
- ⑥社團法人

(4)堅定顧客導向，為顧客創造價值及滿足需求

(5)建置CRM系統（顧客關係管理）

2.SWOT分析

(1) 市場環境分析（商機與威脅）（market environment）

(2) 主力競爭對手分析（competition）

(3) 行銷4P與行銷8P/1S/2C自我檢討分析（my company）

3.IMC的定位與差異化USP（positioning & USP）

(1)產品定位與USP（獨特銷售賣點)
(2)品牌定位與USP？
(3)服務定位與USP？

4.IMC目標（objective）（goal）

(1)傳播溝通的目標？
(2)行銷廣告的目標？

- (1)品牌　年輕化目標
- (2)品牌　主定位目標
- (3)提升　業績
- (4)提升　獲利
- (5)提升　知名度、好感度
- (6)提升　忠誠度
- (7)提升　企業形象
- (8)確保　市占率/提升市占率
- (9)累積品牌體質
- (10)開拓新客戶
- (11)其他等

續下頁

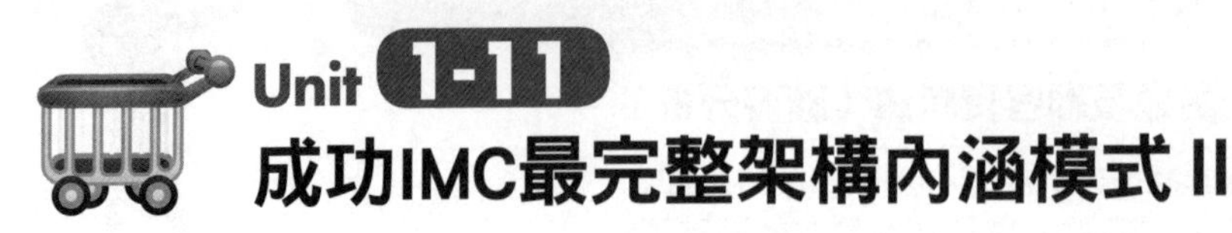

Unit 1-11 成功IMC最完整架構內涵模式 II

這些架構、邏輯、思維與判斷很重要，它們不是純理論，而是任何一個成功的整合行銷主管或總經理級人物，面對IMC決策、面對更高層次的經營決策，所應具備的知識與能力的展現。

六、IMC的操作具體計畫

IMC的操作具體計畫包括兩件大事，一是我們應該推出哪些具有綜效或是比較優先執行的整合型行銷活動操作計畫？我們應在上述有限的預算內及主軸IMC策略下，去思考及提案我們應該操作哪些行銷與推廣活動？預算要花在刀口上，才能達成IMC的預定目標。二是我們應在配合前述的行銷推廣活動操作計畫下，思考下一步的整合行銷傳播溝通、廣告創意及媒體、組合計畫是什麼？以及如何確信、確保這個廣告及媒體計畫是非常具有吸引力及有效果的。

七、IMC進入執行力

執行力也是即戰力與實踐力。執行力的品質好壞，決定了IMC成功與否的一半機率。沒有即戰力的執行組織，行銷很難成功。因此，不管內部組織人員的強大整合與外部協力單位的強大整合，均是執行力的重點所在。

凡是散漫軟弱的、不知臨場應變的、沒有喚起各部門戰鬥力的、偷工減料的、不在第一線戰場的、沒看到消費者的意見等，這些都是執行力上的重大缺失。

八、IMC效益

配合新產品、新服務、新品牌、新促銷活動的IMC大型活動推出後，即刻要每天、每週展開效益檢討。檢討花的錢是否達成原先預定的數據目標，為什麼沒達成？如何調整改變及因應？必須深刻檢視、分析、評估及快速反應行動，不能一直陷在泥淖中，最後難挽狂瀾，導致IMC行銷失敗及業績失敗。

九、IMC的ROI

最終，除了立即性效益檢討改革外，最後要回過頭來，看看過去一段時間，過去一個重大的行銷業務活動上，我們在操作IMC上，我們所付出的一切人力、財力及物力，到底有沒有得到什麼投資回收（即ROI）？為什麼有？為什麼沒有？背後的因素是什麼？是什麼本質的元素發生了這些好與不夠好、成功與失敗的結果？我們得到了什麼教訓？我們又累積了什麼成功的操作經驗、操作機制及操作方法？

成功IMC最完整架構內涵模式(續)

續上頁

5.IMC的專責組織單位

5-1 IMC預算(Budget)

(1)預算有多少 ？
①新產品上市預算
②既有產品宣傳預算
③大型促銷活動預算
④大型事件行銷活動預算
⑤年度總預算占營收比率

5-2 IMC策略

(1)傳播溝通的策略？
(2)行銷推廣的策略？

①舒酸定用牙醫推薦
②索尼易利信用王力宏
③麥當勞用王建民
④桂格燕麥片用證言
⑤星巴克用口碑與公關

6.IMC操作計畫(Plan)

6-1.整合型傳播溝通操作計畫

(1)傳播溝通的訊息內容及訊息一致性
(2)媒體組合計畫與預算分配
(3)廣告創意(電視CF／平面稿)
(4)媒體工具創意(網路、戶外、手機、數位行動)

媒體工具：
電視、報紙、廣播、雜誌、網站、手機、戶外等7大媒體為主

6-2.整合型行銷活動操作計畫

6-2-1.行銷4P工具之計畫

(1)產品
(2)通路
(3)定價
(4)推廣
①SP促銷
②公關PR
③直效行銷
④事件行銷

6-2-2.行銷8P/1S/2C工具計畫

6-2-3.26種行銷活動(見前述)計畫(代言人、旗艦店、玩偶行銷、主題行銷、店頭行銷、置入行銷、議題行銷、贊助行銷、公益行銷、運動行銷、廣編特輯行銷、DM行銷、網路行銷、手機行銷、體驗行銷、人員行銷、電話行銷、VIP行銷等)

相互整合運用，發揮綜效

7.IMC進入執行(Do)

7-1.內部組織對人員的整合執行
7-2.與外部協力組織及人員的整合執行

8.IMC效益(Effectiveness)

8-1.檢討IMC執行後的有效利益與無形效益
8-2.策定改善與應變計畫

9.IMC的ROI(Return on Investment)

針對IMC活動的投資報酬率(ROI)檢討改進

Unit 1-12 整合行銷傳播的整合涵義、對象及IMC價值鏈 I

IMC是整合行銷傳播的英文縮寫，但有一個問題是，IMC到底是「I」重要？「M」重要？或「C」重要？換言之，到底是「整合」（I）、「行銷」（M）或「傳播」（C）那個比較重要呢？

一、「I」、「M」、「C」哪一個重要？

上述提問其實是一個很有趣，但是值得深思與辯證的問題。純就理論而言，倒是沒有這方面的研究發現，但就企業實務而言，依據筆者本人詢問過一些專業行銷經理人，所得到的答案是：

第一，這三者都很重要，只要有一個做不好或做不對或做不出該有的競爭力，那麼就不會有成功與卓越的IMC績效。

第二，但是，在IMC的過程中，要發揮他們更大的「綜效」（Synergy）及「策略性行銷效果」，的確要特別關注及掌握一個完美的「整合」（Integrated）機制，才會對IMC發揮加分或1＋1＞2的綜效效果出來。

因此本文將從筆者個人過去的工作經驗心得，以及詢問諸多企業實務界的行銷經理人的寶貴意見及經驗智慧，試圖找出這一個主題的架構與答案。由於內容豐富，特分七單元說明。

二、本單元的架構圖示

本單元將試圖分析下列六件事情，也是在整合行銷傳播的運作中，必須要停下來，深刻思考的右圖所示的六件大事，這些都是非常實務與實戰性架構與問題，很少在純教科書理論上看到或具體討論到。但筆者個人經過長期性的思考及研究，確信這些東西是非常重要的。因此，在下面內容中，將逐一提出看法。

三、什麼是「整合」？

什麼叫做「整合」呢 ？完整的來說，整合應該具有以下四點涵義：1.整合是指非單一的東西，因為單一的東西，就無須整合；2.整合是指一個Package（套裝）的東西，是指一個Mix（組合）的東西，也就是應該加入適當、適宜、適合的東西，在這樣一個Package或Mix組合裡頭，變成一個Powerful（有力量的）的團結力量東西；3.整合是指在行動（Action）與執行力的過程中，必須發揮很有力的「連結」（Link）及「配適」（Fit）的貫串舉措，將前述的一整個Package或Mix，做最大功效的Link及Fit；4.整合是指應發揮1＋1＞2的綜效（Synergy）效益，要遠比單一的動作及功能，還要高出更多倍的效益產出。

因此，總的來說，整合的深層意涵，應具有如右圖所示的三種邏輯性關係。

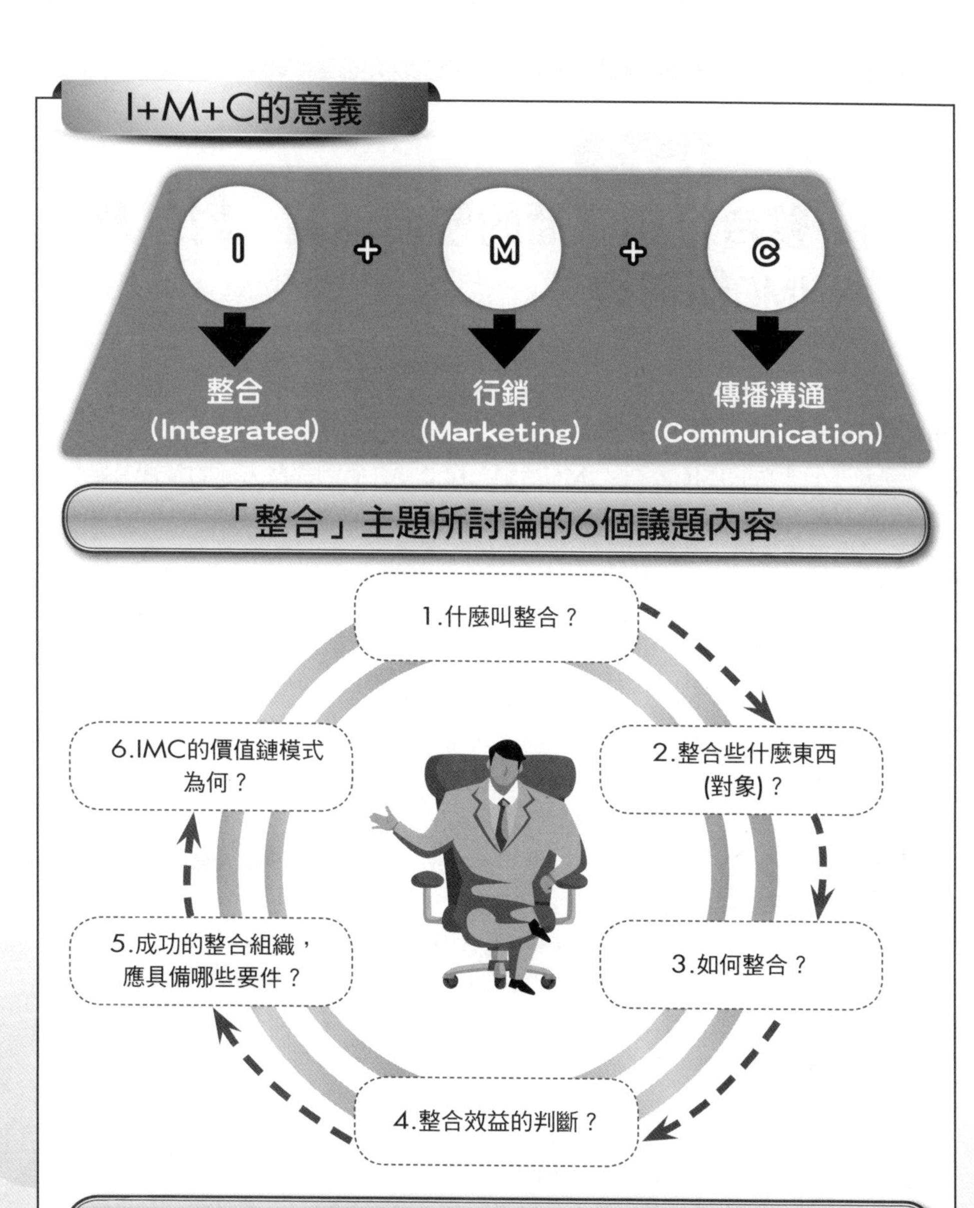

整合的3階段邏輯性涵義

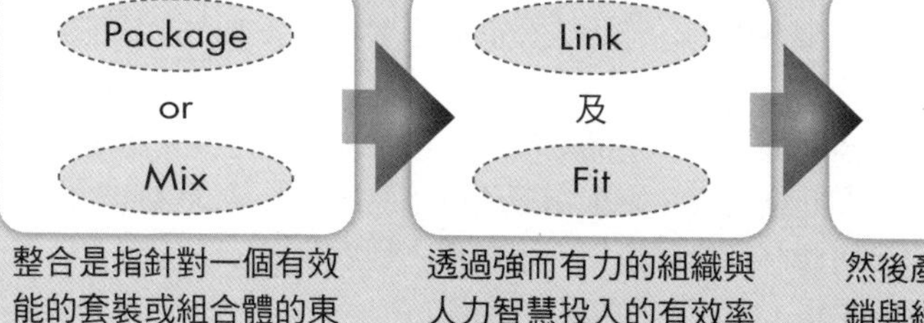

整合是指針對一個有效能的套裝或組合體的東西。

透過強而有力的組織與人力智慧投入的有效率及有效能的連結、配適及團結機制過程。

然後產生對公司各種行銷與經營效益上的更大綜效成果，做到事半而功倍之效。

Unit 1-13 整合行銷傳播的整合涵義、對象及IMC價值鏈 II

「整合」究竟要要整合什麼東西（整合的對象）？這是一個重要的議題。

四、要整合什麼東西

到底一個成功的IMC公司或IMC活動，應該要注意到那些方面的整合工作？就實務架構而言，大概至少要做好如右圖所示的五大整合對象，茲說明如下。

(一)內部組織與人員的有效整合：在這個議題上，有二個問題，要進一步說明之。

第一，哪些單位與人員必須重視整合、協調、溝通和團隊合作呢？包括下列對象組織：

1.公司總部與各門市（直營店／加盟店）的有效整合。

2.企劃部門與業務部門的有效整合。

3.生產與銷售（產／銷）部門的有效整合。

4.業務與非業務部門的有效整合。

第二，下一個問題是，怎麼才能做到比較理想的內部組織與人員的整合呢？通常，歸納企業界的作法，大概有以下幾種方式：

1.成立跨部門的「專案小組」。叫Project Team也好，叫Cross Function Team（跨功能部門矩陣小組）也好，都是企業界經常為了某一項重大的行銷活動或經營活動而做的組織行動。在這個專案小組或專案委員會中，還必須注意到幾件事情：

(1)此小組要有一個強的、有實權的專案負責人，通常是董事長、總經理或執行副總等。

(2)必須定期（每週／每月／每天）舉行開會，檢討追蹤工作進度，發現問題、解決問題、研討對策，以即時因應市場的不斷變化。

(3)必須從一開始到結束，就納入更高層的「專案管制」追考案件，有更高層的人做監督考核工作，才會有所警覺。

2.設立具有高誘因的責任利潤中心制度、獎金制度、賞罰分明制度或SBU（戰略事業單位）制度，然後為「整合機制」注入人員的誘因要素，大家才會真正努力團結及分工整合工作。

3.建立明確的「品牌經理制」或「產品經理制」，各自在明確權責範圍內，真正擔負起自己的責任。並且在此權力下，有權指揮所有相關部門，共同整合工作的執行力，創造出工作的成果。而此制度無疑也加入了內部「良性競爭」的機制在裡面，會促使公司整體更加進步與成長。

為方便讀者能了解上述說明，茲將五大整合對象之一的內部組織與人員之整合簡單示圖如右，以供參考。

應做好整合的5件事情

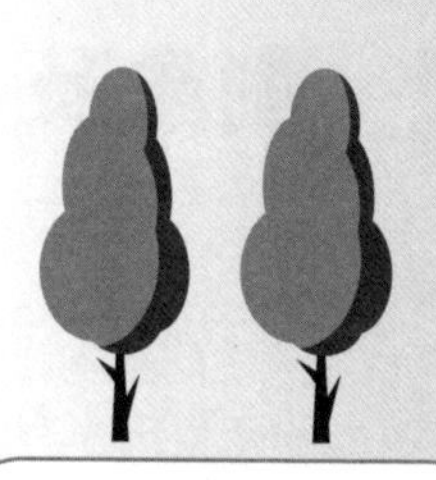

1.內部組織與人員的整合

2.與外部組織及人員的整合

Integrated 整合

5.行銷資訊情報的有效整合

4.行銷活動與媒體傳播工具，雙方間有效的整合

3.各行銷活動間，彼此的有效整合

內部組織與人員的有效整合

內部組織與人員的有效整合

- 1.整合的對象
  - (1)公司總部與各門市店的有效整合
  - (2)企劃部門與業務部門的有效整合
  - (3)產／銷部門的有效整合
- 2.如何做好內部組織的整合
  - (1)成立跨部門的專案小組或專案委員會，以專責此事
  - (2)設立具有高誘因的Profit Center或SBU體制
  - (3)建立明確的品牌經理制或產品經理制，力求權責合一

Unit 1-14 整合行銷傳播的整合涵義、對象及IMC價值鏈III

IMC的成功，除了因為前文所提的內部組織與人員有效整合所奠定的基本功外，也有一部分需要借助外力，將各行銷活動間彼此有效整合，才能夠產生更顯著的效益。

四、要整合什麼東西（續）

(二)外部組織與人員有效整合：IMC的成功，有一部分是借助外部專業公司與人員智慧所產生的。因為行銷活動範圍已愈來愈大，分工愈來愈精密，專長也愈來愈多元，任何一個公司或行銷經理人，必然不可能做到每一件事情。因此，他們必須仰賴委外專業單位的支援、協助及分工而成。公司及行銷經理人員，則必須扮演與外部單位溝通、協調及整合的工作。

IMC過程中，經常尋求外部組織的專業公司包括以下幾種：1.廣告代理商；2.媒體購買服務代理商；3.店頭行銷公司、通路行銷公司；4.網路行銷公司；5.公關公司、活動公司；6.數位行銷公司；7.電視／報紙／雜誌／廣播媒體公司；8.戶外廣告代理商；9.設計公司／印刷公司；10.贈品公司；11.運動行銷公司；12.市場調查／市場研究公司；13.收視率／閱讀率統計調查公司；14.資訊軟體公司；15.傳播製作公司、微電影製作公司；16.藝人經紀／代言人公司，以及17.其他異業合作結盟公司等。

在與上述外部合作單位及人員的整合過程中，應注意以下幾項重要原則：

1.應邀請他們在商品概念構想、可行性評估以及研發過程中共同參與，提供智慧及不同的看法。

2.隨時地、機動地因應市場的瞬息萬變及問題的浮現，找出有效的解決對策。

3.委外公司應要求專職的窗口及人力投入支援，並且要選擇最好、最強且最能配合良好的委外公司。

4.這些委外公司，必須提供給本公司好的創意點子，以及有效的行銷提案。公司應不斷要求他們的品質水準。

(三)各行銷活動間，彼此的有效整合：這是一個關鍵議題，IMC的成功，絕對不是辦一場活動或動員新聞頻道SNG轉播，或是發布幾則見報的新聞稿、辦一些年終慶／年中慶促銷活動，就可以使產品最後的銷售業績長紅或市占率大幅提升。事情沒那麼簡單，行銷也不是如此簡單即可致勝的。尤其面對今日如此低成長與微利時代高度激烈競爭環境下，一定要將下個單元所列十一項主要行銷活動（Primary Marketing Activities），做一個完整的、周延的、有效的、強力的、縝密的、有系統的及合適的整合，才能發揮「行銷」本身的真正力量及競爭力。

IMC過程中，經常借助的外部專業公司

外部組織與人員的有效整合

1. 廣告代理商
2. 媒體購買服務代理商
3. 店頭行銷公司、通路行銷公司
4. 網路行銷公司
5. 公關公司、活動公司
6. 數位行銷公司
7. 電視／報紙／雜誌／廣播媒體公司
8. 戶外廣告代理商
9. 設計公司／印刷公司
10. 贈品公司
11. 運動行銷公司
12. 市場調查／市場研究公司
13. 收視率／閱讀率統計調查公司
14. 資訊軟體公司
15. 傳播製作公司、微電影製作公司
16. 藝人經紀／代言人公司
17. 其他異業合作結盟公司等

委外、借助外部專業公司的4項原則

外部專業公司的協助

1. 在產品研發過程中，即應適度參與原則
2. 因應市場快速變化，隨時提出有效因應對策原則
3. 要求要有穩定的專業人員及窗口負責原則
4. 必須不斷提供有效的好點子、好創意、好想法

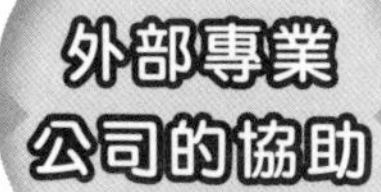

Unit 1-15 整合行銷傳播的整合涵義、對象及IMC價值鏈IV

前文提到五大整合對象之三的「各行銷活動間，彼此的有效整合」，文中提及的十一項主要行銷活動，以下將說明之。

四、要整合什麼東西（續）

(三)各行銷活動間，彼此的有效整合（續）：換言之，必須把這十一項（8P/1S/2C）主要行銷活動，視為一個Mix（組合體），要「環環相扣」，一環扣緊一環，無所遺漏才行，而且每一環都很強，都有競爭力，都能與最強競爭對手相抗衡。換言之，在這十一項行銷組合力量，我們要檢視／反省／評估自己，並不斷針對弱點予以補強。

1.Product：我們的產品力夠強嗎？能夠滿足顧客嗎？能有特色嗎？能物超所值嗎？與其他品牌的差異又在哪裡？

2.Place：我們的通路力夠普及嗎？能夠滿足顧客的便利性嗎？能夠上架到主要賣場？上架到最好的賣場專區位置？是否有最醒目的店頭POP配合？通路經銷商是否都是A級店？是否最願意為我們推銷此品牌？我們給他們的條件及支援是否比競爭對手更好？

3.Price：我們的產品定價是否在顧客可接受的範圍？是否有物超所值之感？是否比別的品牌價格更合理划算？我們的定價是否隨著規模經濟量產而合宜的下降回饋？

4.Promotion：指廣告與促銷活動力。我們是否支出適度的廣告預算？是否每月或逢節慶舉辦必要的大型促銷回饋活動？我們所拍的廣告CF、廣播特稿、代言人等是否具有吸引力及效果？我們的廣告及SP促銷支出總額與競爭對手比較又是如何？

5.PR：我們與各大電子／平面／廣播等媒體關係如何？我們有優於競爭對手嗎？包括對我們的公司及品牌做有利的、高頻率、大篇幅的報導及見稿嗎？

6.Physical Environment：我們的賣場、直營店、加盟店、服務現場、店內、專櫃、高級場所等呈現出來的裝潢、設計、動線、色彩、面積大小、清潔、豪華、精緻、等級、品質、燈光、音樂、餐具等，是否讓顧客感受良好、覺得舒適、有代價、願意常來、有尊榮感、高級感、美好回憶、比別處還棒的一種總體感受？

7.Processing：指現場服務流程是否具有相當標準化、一致性、優質的、快速的及有效率的一種實質體會？而且要超越競爭對手。我們的現場服務作業流程，絕不因人的不同、因時間的不同，而有不同的品質水準及效率水準。但我們真能做到這些嗎？

8.Professional Sales

9.Service

10.CRM

11.CSR

各主要行銷活動之間的有效整合

1.整合(Integrated)
2.連結(Link)
3.搭配(Fit)
4.強化(Enhance)

(1)產品力 (Product)

(2)通路力 (Place)

(3)價格力 (Price)

(4)推廣力 (Promotion)

(5)公關力 (PR)

(6)實體環境力 (Physical Environment)

(7)作業流程力 (Processing)

(8)人員銷售力 (Professional Sales)

我們專業的銷售團隊、組織及人員，是否強過競爭對手呢？是否能搭配公司產品力、通路力與價格力所呈現水準呢？我們是否不斷檢測自身銷售組織的編組、人數數量、人員素質與能力的合宜性及競爭力呢？

(9)服務力 (Service)

我們的售前、售中及售後各項服務的機制、制度、流程、人員等之品質、效率及速度等，是否讓顧客真正滿意？是否真的做到「頂級服務」水準？

(10)顧客關係經營 (CRM)

在顧客關係經營、會員經營或VIP會員經營方面，我們做了哪些具體、有效，讓顧客可以感受到客製化、專業化、價值化、服務化、優先化、區別待遇化、回饋化等實質感受與良好口碑呢？

(11)公益行銷 (Corporate Social Responsibility, CSR)

公益行銷或社會行銷已成為今日企業行銷活動的必要一環，行銷不能讓顧客感受到「唯利是圖」，而是「取之社會，用之於社會」，用愛心、關懷、捐助、贊助各種文教、藝術、弱勢族群、醫療、健康、運動、休閒等回饋這個社會。

Unit 1-16 整合行銷傳播的整合涵義、對象及IMC價值鏈V

前文所說明的「各行銷活動間，彼此的有效整合」之十一大項行銷活動中，究竟應如何與媒體傳播活動做有效的整合，才能達到更大的廣宣效果呢？

而在進行此項整合的同時，必須將過去被忽略的行銷資訊情報也予以有效整合，因為數字會說話。IMC必須藉由各種數據的來源與分析，以協助其做出更正確的決策。

四、要整合什麼東西（續）

(四)行銷活動與媒體傳播活動的有效整合：另一個主要的整合議題是，究竟在上述十一大項行銷活動中，應該要如何與媒體傳播活動做有效的整合呢？因為，所有的行銷活動，都希望透過媒體傳播策略及媒介工具大量宣傳曝光，才能達到更好、更大的廣宣效果。

這樣的關係，我們可以右圖表示之。在右圖中，整合的過程中，應該注意及掌握好以下四項原則：

1.應重視每一次行銷活動的「媒體組合」的最適切性及有效性。因此，應做好媒體特性研究及媒體計畫的妥善規劃。

2.應力圖創造出話題性，例如配合時事、人物、流行、季節、電影、時尚、趨勢等，以引起討論話題及媒體注意，進而願意大量報導。例如，多年前上檔的《達文西密碼》電影，以及推出的小說等，即是引起新聞話題。

3.考慮代言人的必要性，以及適合且有效果的代言人選擇，才能有一個人物，可以帶動品牌或產品的報導話題連結性。

4.花錢花在刀口上，應注意及評估每一個行銷活動與預算支出的效益性。然後，從不斷反覆檢討中，找出最好的整合模式、作法及搭配。

(五)行銷資訊情報的有效整合：行銷資訊情報的有效整合，過去經常是被大家忽略的。但是，行銷資訊情報的有效運用，已是今日IMC成功的必要一環。原因是，IMC必須要有數據分析、數據資料庫、數據應用及數據管理，才能協助IMC在直效行銷、行銷決策判斷、顧客服務、顧客分級經營、促銷活動有效性或新商品開發上市的確保等諸多方面發揮功效。

IMC所需要的全方位行銷資訊情報來源，包括業務部門的資訊情報、創造部門的資訊情報、客服部門的資訊情報、製造部門的資訊情報、會員經營部門的資訊情報、商品開發部門的資訊情報、市調公司的資訊情報、廣告公司的資訊情報、公關公司的資訊情報、媒體公司的資訊情報，以及通路商的資訊情報等，計有十一個。

行銷活動與媒體傳播工具的整合

1.媒體組合的有效性重視。
2.話題性創造，引起媒體注意。
3.代言人的必要性。
4.花錢花在刀口上，行銷預算效益性。

Input（投入）

8P/1S/2C
行銷活動
1.產品
2.通路
3.公關
4.廣告
5.促銷
6.人員銷售
7.服務
8.實體環境
9.會員經營
10.公益行銷
11.價格

Process（媒介運用過程）

1.電視媒體傳播
2.報紙媒體
3.雜誌媒體
4.廣播媒體
5.網路媒體
6.戶外廣告媒體
7.店頭媒體
8.DM／刊物媒體
9.電話媒體(T/M)
10.展場媒體
11.手機媒體、平板電腦媒體
12.汽車／公車／火車／飛機／捷運媒體

Output（產出）

1.高曝光度
2.高知名度
3.高形象度
4.高口碑度
5.高喜愛度
6.高促購度
7.高忠誠度

行銷資訊情報的來源及其與IMC之關係

行銷資訊情報來源

1. 業務部門的資訊情報
2. 創造部門的資訊情報
3. 客服部門的資訊情報
4. 製造部門的資訊情報
5. 會員經營部門的資訊情報
6. 商品開發部門的資訊情報
7. 市調公司的資訊情報
8. 廣告公司的資訊情報
9. 公關公司的資訊情報
10. 媒體公司的資訊情報
11. 通路商的資訊情報

1.對整合行銷專案活動(8P/1S/2C)的選擇及計畫
2.對媒體傳播工具的選擇及設計

Unit 1-17 整合行銷傳播的整合涵義、對象及IMC價值鏈VI

整合行銷傳播活動，最後當然還是檢視它所產生的最終成果或效益是什麼？是多少？是否達成原先預估的目標？是超出或不足？以及為什麼會超出或不足的總檢討。另外，還有一個屬於IMC組織與人才的問題，是攸關能夠執行成功IMC策略及行銷致勝的公司組織體，必然應該具備哪些要件？以下將進一步說明之。

五、整合「效益」的判斷

一般來說，討論行銷效益的「項目」，大致上可如右圖所示，並且再分為「有形」效益及「無形」效益兩種。

當然，在這眾多效益評估的項目中，最重要的還是公司的營收及獲利財務績效指標是否能達成。否則，公司沒辦法維持好的營收及獲利結果，那麼一切都沒什麼好談了。因為企業要活下去，要有好的公司評價，要有好的公司股價，要受到投資機構的青睞，最終還是看營收及獲利績效。其他像市占率、品牌、滿意度、會員數等也很重要，但這些都不能取代獲利績效的唯一事實。除非這個行業已是夕陽產業，每家都虧錢，不再賺錢了。

總之，一個優良、卓越的好公司，或是操作IMC成功的公司，必然也會是一個在營收、獲利、市占率、品牌形象、顧客滿意及社會大眾有口皆碑的優質表現公司。

六、成功執行IMC的組織三要件

另外，還有一個屬於IMC組織與人才的問題，經常在筆者的腦海中思考著。很多人問筆者：為什麼有些公司執行IMC成功，而有些公司卻做不好？問題究竟出在哪裡？如果按照前述各段內容執行就會成功或行銷致勝嗎？這是一個關鍵的好問題，而且並不容易回答。

根據筆者長期的研究思考，顯示一個能夠執行成功IMC策略及行銷致勝的公司組織體，必然應該具備三項要件，或是他們在這三大要件中，表現得比其他公司更為優秀及突出。也許，這就是他們的「獨特組織能力」（Unique Organizational Capabilities）。而這也是所有企業，所有總合競爭力的最終本質基礎，這個基礎打造得好，這個企業的經營及行銷就必然會成功，而成為領先業者及領導品牌。這三項要件，茲說明如下。

(一) IMC在推動過程中，具有優質的行銷制度或行銷機制：也就是說，IMC必須在具有完整／周延的機制、邏輯性的機制、有各種關卡控管的機制、搭配賞罰分明誘因的制度、採責任利潤中心的制度、被數據管理等優質環境中，推動活動比較容易成功。

IMC的整合效益「項目」評估

IMC的有形與無形效益項目

1. 有形效益
   - (1)業績成長率
   - (2)市占率提升
   - (3)品牌知名度提升
   - (4)顧客滿意度比例
   - (5)獲利成長率
   - (6)預算目標達成率
   - (7)會員人數增加
   - (8)來客數增加
   - (9)客單價增加
   - (10)顧客抱怨率下降
   - (11)獲獎或評比得獎
   - (12)各種媒體的見報則數、上新聞次數與秒數
   - (13)現場活動人數
   - (14)降低庫存數
   - (15)通路商滿意度提升
   - (16)顧客再購／回購率增加
   - (17)其他項目

2. 無形效益
   - (1)品牌形象提升
   - (2)品牌口碑提升
   - (3)企業形象提升
   - (4)與政府／社團／社區關係好轉與強化
   - (5)具長期性與策略影響性
   - (6)其他無形效益項目

行銷致勝與IMC執行成功的組織3大要件

1. IMC在推動過程中，具有優質的行銷制度或行銷機制

- (1)是完整／周延的機制
- (2)是邏輯性的機制
- (3)是有各種關卡控管的機制
- (4)是搭配賞罰分明誘因的制度
- (5)是採責任利潤中心的制度
- (6)是被數據管理的

3. 具有優質的IMC行銷執行人才團隊

- (1)人才素質與團隊是IMC執行力成效的最終保證
- (2)沒有優秀的IMC行銷人才團隊，一切免談

2. 具有優質的IMC企業文化因子

- (1)是堅守及實踐顧客導向原則的文化
- (2)是鼓勵不斷行銷創新的文化
- (3)是強調團隊合作與整合資源力量的文化

Unit 1-18 整合行銷傳播的整合涵義、對象及IMC價值鏈VII

任何一個想要成功執行IMC的公司組織體，必然應該具備這三大要件。很多行銷常勝軍，就是他們都能擁有這三大組織要件，而終能領先其他競爭對手。

而筆者為使IMC的「整合」更臻完全，在此也根據麥可·波特教授所提出的「企業價值鏈」模式，加以改寫及移轉到IMC這個主題——筆者親自獨創的IMC價值鏈模式，相信這就是一個非凡卓越與行銷致勝IMC的「整合」全貌及全內容的精華論述。

六、成功執行IMC的組織三要件（續）

(二)具有優質的IMC企業文化因子：優質的企業文化才能打造一個優質的IMC團隊。而什麼是優質的IMC企業文化因子呢？優質的IMC企業文化因子乃是堅守及實踐顧客導向原則的文化，並且鼓勵不斷行銷創新的文化，以及強調團隊合作與整合資源力量的文化。

(三)具有優質的IMC行銷執行人才團隊：人才素質與人才團隊的形成，是IMC執行力成效的最終保證。如果沒有好的、強的、有經驗的、優秀的IMC行銷人才團隊，再多、再好的資源也是枉然。

其實，很多行銷常勝軍，像美國P&G、日本花王、Panasonic、歐洲雀巢、歐洲聯合利華、日本豐田汽車、德國LV精品、美國可口可樂、美國星巴克、美國iPhone手機、台灣的統一超商、統一企業、Asus電腦、家樂福大賣場、新光三越百貨公司、王品餐飲等，各家長期表現卓越的製造業或零售流通業等，就是他們都能擁有這三大組織要件，而終能領先其他競爭對手的原因。

七、「整合」行銷傳播的價值鏈提出

綜上所述，筆者根據在策略管理領域上頗負盛名的麥可·波特教授所提出的「企業價值鏈」模式，加以改寫及移轉到IMC這個主題上，由筆者親自提出所獨創出來的IMC的價值鏈模式，如右圖所示。此圖具有三大涵義，茲扼要說明如下。

第一，任何一個卓越成功的IMC公司組織，應努力具備上述三大成功組織要件。

第二，然後由這個組織去全力做好前述五大IMC的整合方向及作法。

第三，最後，應該就可以順利地創造出比競爭對手更為優越的行銷績效。包括營收持續成長、獲利持續成長、市占率高、品牌價值不斷累積提高、顧客滿意度維持在一個理想高度，以及獲致全社會對本企業、本品牌的良好口碑及良好形象之評價。

作者親自獨創的IMC價值鏈模式

五大整合方向及作法

1. 做好：內部組織與人員的有效整合
2. 做好：與外部組織及人員的有效整合
3. 做好：各行銷活動間，彼此的有效整合(8P/1S/2C)
4. 做好：行銷活動與媒體傳播工具，雙方間有效的整合
5. 做好：行銷資訊情報的有效整合

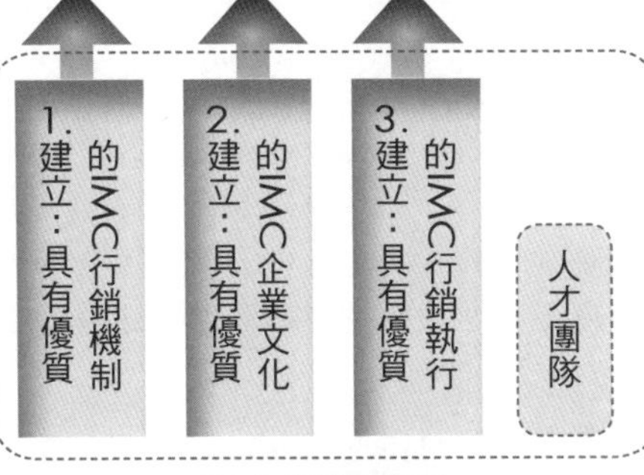

三大組織要件

行銷績效

① 營收成長
② 獲利佳
③ 市占率高
④ 品牌價值高
⑤ 顧客滿意度高
⑥ 企業形象佳

知識補充站

波特價值鏈分析模型

由美國哈佛商學院著名戰略學家麥可·波特提出的「價值鏈分析法」，把企業內外價值增加的活動分為基本活動和支持性活動，基本活動涉及企業生產、銷售、進料後勤、發貨後勤、售後服務。支持性活動涉及人事、財務、計畫、研究與開發、採購等，基本活動和支持性活動構成了企業的價值鏈。不同的企業參與的價值活動中，並不是每個環節都創造價值，實際上只有某些特定的價值活動才真正創造價值，這些真正創造價值的經營活動，就是價值鏈上的「戰略環節」。企業要保持的競爭優勢，實際上就是企業在價值鏈某些特定戰略環節上的優勢。運用價值鏈的分析方法來確定核心競爭力，就是要求企業密切關注組織的資源狀態，要求企業特別關注和培養在價值鏈的關鍵環節上，獲得重要的核心競爭力，以形成和鞏固企業在行業內的競爭優勢。企業的優勢既可以來自於價值活動所涉及的市場範圍的調整，也可來自於企業間協調或合用價值鏈所帶來的最優化效益。

Unit 1-19 整合行銷傳播崛起的因素及現象

歸納總結來看，整合行銷傳播產生與崛起有其背景因素，以下說明之。

一、整合行銷傳播崛起的六大因素

整合行銷傳播產生與崛起的背景因素，茲說明如下。

(一)消費者端的因素：包括1.大眾市場已不存在，分眾／小眾市場崛起；2.消費者生活型態、價值觀、消費型態及消費個性的多元化、多樣化；3.對媒體接受、閱聽、收視之需求。

(二)競爭者端的因素：包括1.競爭者眾，競爭高度激烈，傳統的行銷手法已不足因應競爭；2.大廠／大品牌行銷預算更加提升；3.大廠／大品牌更加獲得應用整合行銷手法。

(三)廣告公司端的因素：包括1.廣告公司及媒體公司也發展出更多、更具創意的整合行銷操作手法；2.廣告公司及媒體公司也必須更加有效的滿足廣告廠商的費用支出效益要求，因此，必須尋求改變與創新。

(四)媒體端的因素：包括1.傳播媒體更加多元化與細分化；2.傳播媒體更加科技化、數位化及網路化；3.傳播媒體更加無所不在，只要眼睛看得到、耳朵聽得到的戶內、戶外廣告媒介均被充分利用。

(五)公司自身端的因素：包括1.面對低成長及微利時代，公司更加強調行銷預算的有效分配及運用效益；2.要求行銷競爭力的提升。

(六)行銷環境端的因素：包括代言人行銷、賣場／店頭行銷、運動行銷、藝文行銷、公益行銷、體驗行銷、旗艦店行銷、主題行銷、部落格行銷、置入行銷，以及其他各種活動行銷的崛起。

二、從單一大眾媒體改變到整合行銷傳播體之變化現象

從單一廣告大眾媒體傳遞訊息方式的傳統作法，改變到新時代的整合行銷傳播之傳遞訊息方式的作法，這中間其實經歷了環境變化的五大現象：

第一，「Full Contact」，必須與消費者做全方位接觸。

第二，「360度傳播訊息」，在每一個消費者的接觸點，都必須攔截到目標顧客群的目光及內心思考，即心占率。

第三，是消費者挑選媒體的年代。

第四，電視廣告不是沒有用，而是沒有以前那麼有用了。

第五，總廣告預算沒有減少，而是一部分移到線下行銷（Below the LINE）去了，例如：店頭促銷、活動行銷、店頭製作物、店頭陳列、店頭啦啦隊、議題操作、直效行銷等。

整合行銷傳播產生與崛起的6大背景因素

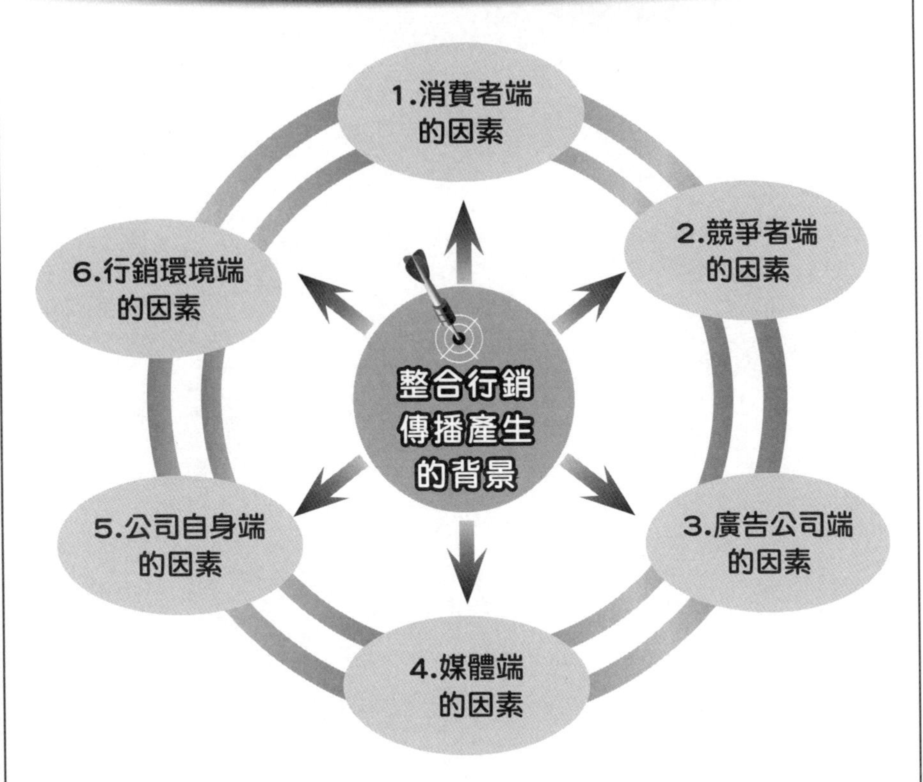

從單一大眾媒體到整合傳播媒體之變化現象

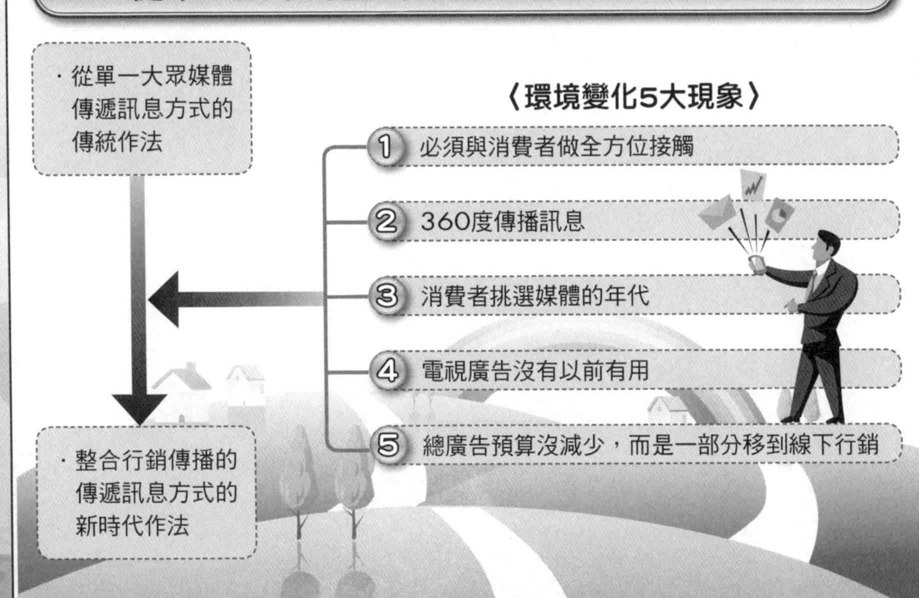

第2章

整合行銷傳播的定義與模式規劃

章節體系架構 

Unit 2-1 整合行銷傳播概念的演進及形成背景 I

有關「整合行銷傳播」（Integrated Marketing Communication, IMC），有學者簡稱「整合行銷」（IM）或「整合傳播」（IC），亦有代理商從資料庫行銷的觀點，稱之為「整合直效行銷」（Integrated Direct Marketing, IDM）。

而學者Schultz則從社會的分化、新科技的出現及資訊流（Information Flow）的移轉等三方面，來推演出整合行銷傳播的形成。至於整合行銷傳播概念的興起，許多重要學者認為自有其特殊的背景因素存在。由於本主題內容豐富，特分五單元介紹。

一、整合行銷傳播概念的演進

「整合行銷傳播之父」Schultz（1996）從社會的分化、新科技的出現及資訊流的移轉等三方面，來論述消費市場的遞嬗，從當中推演出整合行銷傳播的形成如下。

(一)傳統市場（大眾行銷傳播模式）：1970年代以前，這個傳統消費市場的特徵是因為製造商握有廠房、資金及生產技術，而主宰整個市場行銷活動的進行，企業大量生產標準化產品，以相似價格，透過大眾媒體以單一廣告手法來接觸所有的社會大眾。此時的供應廠商也不多，消費者的教育及所得水準，大多處在相對偏低的狀況下，而傳播媒介的發展也極為單純有限。

因為難以確認顧客及其購買行為，過去一百年來的大眾行銷模式，預設整個市場是單一化的大眾市場，多數的廣告規劃流程都是建立在1960年代LINEar、Larry所描述的層級效果模式，消費者會歷經認知→知曉→喜愛→偏好→說服→購買等六個階段的消費行為，呈現出線性關係，在當時也僅能憑藉消費者態度研究來臆測其購買行為，只要行銷者透過媒體發送更多的訊息，則消費者會依循此路徑趨向終點，也就是採取購買行動。在這個模式的前提下，消費者是沒有差異的，也不論他們購買什麼產品。企業透過單向媒介管道及工具說服，就能輕易地建立全國性品牌，此時的市場並無整合行銷傳播的需求。

(二)新市場（消費者導向的行銷趨勢浮現）：直至1970年代中期，因為商品條碼、POS購買點資訊系統、產品資料庫，以及民調統計軟體等新科技的出現，我們對消費者的消費行為有了更具體的測試方式，從分析消費者對商品的反應，我們就能決定下一步的廣告及促銷活動等。

不單是配銷通路的轉變，消費市場也起了巨大的變化，市場上的競爭愈來愈激烈。換言之，不再是由廠商決定消費者購買地點及訊息來源，而是由大型及連鎖化零售商直接回應消費者的需求，然後向上游製造廠商施壓及反映要求，取得主控市場的權力。過渡到新市場之後，市場區隔消費者調查及消費者需求等變數漸受重視，整合大眾媒介、廣告主與配銷通路的需求更為加深。

整合行銷傳播概念的演進

社會的分化 + 新科技的出現 + 資訊流的移轉

Schultz對於整合行銷傳播的形成推演

1.傳統市場——大眾行銷傳播模式

1970年代以前→製造商主宰整個市場行銷活動的進行，企業大量生產標準化產品，以相似價格，透過大眾媒體以單一廣告手法來接觸所有社會大眾。

多數的廣告規劃流程都是建立在層級效果模式，消費者會歷經認知→知曉→喜愛→偏好→說服→購買等六個階段的消費行為，呈現出線性關係，企業透過這個模式就能輕易建立全國性品牌，此時的市場並無整合行銷傳播的需求。

2.新市場——消費者導向的行銷趨勢浮現

1970年代中期→出現新科技：(1)商品條碼 (2)POS購買點資訊系統 (3)產品資料庫 (4)民調統計軟體

不再是由廠商決定消費者購買地點及訊息來源，而是由大型及連鎖化零售商直接回應消費者的需求，取得主控市場的權力。市場區隔消費者調查及消費者需求等變數漸受重視，整合大眾媒介、廣告主與配銷通路的需求更為加深。

3.二十一世紀市場——進入資訊高速公路

新電子科技及網路的出現→使企業引導市場進入行銷／傳播功能的完全整合。

整個市場掌握在消費者手中

這意味著消費者一旦有需求時，產品(服務)的相關生產廠商、售後服務、廣告傳播及通路配銷人員必須能立刻有效回應並滿足消費者，贏得顧客忠誠。

Schultz的結論

行銷經理人必須整合協調所有能影響消費者決策過程的行銷及傳播工具，以及其他訊息來源與消費者進行互動溝通。

企業應捨棄過去由「內而外」的線性、單向說服模式，改由「外而內」的規劃思考，進而與顧客建立長期關係。

Unit 2-2 整合行銷傳播概念的演進及形成背景 II

面對二十一世紀所帶來的急遽轉變，Schultz認為，行銷經理人必須整合協調所有能影響消費者決策過程的行銷及傳播工具，以及其他訊息來源與消費者進行互動溝通。同時企業應捨棄過去由內而外的單向說服模式，改為以消費者為主軸的由外而內的規劃思考，以進行雙向互動，才能與顧客維持長遠關係。

一、整合行銷傳播概念的演進（續）

(三)二十一世紀市場（進入資訊高速公路）：新電子科技及電腦網路（Internet）的出現，對整合行銷傳播計畫產生巨大影響，這股勢力使企業引導市場進入行銷／傳播功能的完全整合。因為在二十一世紀市場中，行銷與資訊流皆朝互動的方向進行，資訊流完全掌握在消費者手中。消費者既是訊息的接收者也是傳播者，消費者可以透過電子化資料傳輸的新形式，隨時從廠商及其他消費者取得所需要的最新資訊，訊息來源變得較以往多元而且複雜。總而言之，整個市場掌握在消費者手中，這意味著消費者一旦有需求時，產品（服務）的相關生產廠商、售後服務、廣告傳播及通路配銷人員必須能立刻有效回應並滿足消費者，贏得顧客忠誠。

Schultz即結論說，面對二十一世紀所帶來的急遽轉變，行銷經理人必須整合協調所有能影響消費者決策過程的行銷及傳播工具，以及其他訊息來源與消費者進行互動溝通。同時企業應捨棄過去由「內而外」的線性、單向說服模式，改為由「外而內」的規劃思考，係從消費者觀點、消費者情境及消費者潛在需求等來進行行銷傳播規劃，亦即了解顧客及潛在消費者的核心需求、媒體使用型態、訊息接觸時機、接收時機、媒體內容表現、媒介工具有效選擇等，與消費者進行雙向互動溝通，進而與顧客建立長期關係。

二、各學者觀點的形成背景

整合行銷傳播興起年代為1990年代，重要學者包括1991年的Dilenschneider、1992年的Duncan和Caywood、1993年的Peppers和Rogers、1993年的Shelson、1994年的Nowak和Phelps，以及1997年的Schultz等人，認為整合行銷傳播的概念之興起，自有其特殊之背景因素存在，尤其1997年的Schultz的論述認為，行銷4P（Product／產品力、Price／定價力、Place／通路力、Promotion／推廣力）已經轉向4C（Consumer／顧客、Cost／成本、Convenience／便利性、Communication／溝通）發展，以勾勒出目前全方位、總體行銷競爭力的兩大架構。

為方便讀者了解，茲分別將上述學者對整合行銷傳播之興起背景論述整理如右表，以供參考。

不同學者對於整合行銷傳播之興起背景論述

年代	學者	整合行銷傳播興起背景
1991	Dilenschneider	✓分眾市場出現 ✓產品種類眾多，市場競爭激烈 ✓在日常生活中資訊氾濫 ✓傳播媒體趨向細分化 ✓媒體訊息的可信度與影響力漸弱
1992	Duncan 和 Caywood	✓廣告訊息的可信度與影響力持續下降 ✓市場跟隨者增多 ✓媒介與閱讀大眾走向零碎化 ✓資料庫使用成本降低 ✓大眾媒體使用成本提高 ✓全球行銷成為趨勢 ✓對成本底線壓力提高 ✓客戶行銷專業程度提高 ✓行銷傳播代理業彼此購併 ✓大賣場權力高漲
1993	Peppers 和 Rogers	✓廣告訊息的可信度與影響力持續下降 ✓大眾媒體的使用成本提高 ✓傳統運用媒體呼喊產品優點只會增加 ✓成本與消費者認知模糊
1993	Shelson	✓競爭者易模仿，產品差異微乎其微 ✓市場效率化後，價格不具優勢空間 ✓企業唯一可創造差異的方式是運用整合行銷傳播訊息，達到和顧客交談目的，進而創造公司、產品和服務在消費者心目中的形象，影響其購買決策知覺行銷。
1994	Nowak 和 Phelps	✓傳播工具多樣化，業者必須整合之。
1997	Schultz	✓行銷4P（Product、Price、Place、Promotion）已經轉向4C（Consumer、Cost、Convenience、Communication）發展。

Unit 2-3 整合行銷傳播的定義 I

目前學界與實務界對整合行銷傳播的定義仍是眾說紛紜，許多學者提出他們對整合行銷傳播的看法，不管是主張整合行銷（IM）、整合行銷傳播（IMC），甚至於後來的整合傳播（IC）（如Thorson & Moore, 1996；Drobis, 1997~1998等），其方向與觀念基本上是一致的，只是著重點有所不同，也因此使其行銷策略的貢獻有所不同。目前僅有的共識是，整合行銷傳播是一個概念，也是一動態流程（Percy, 1997）。以下針對學者所提出看法，特分四單元整理說明之。

一、Shimp（2000）

Shimp（2000）指出，由行銷組合所組成的行銷傳播，近來重要性逐年增加，而行銷就是傳播，傳播亦即行銷。近年來，公司開始利用行銷傳播的各種形式來促銷他們的產品，並獲取財務或非財務上的目標。而此行銷活動的主要形式，包含了廣告、銷售人員、購買點展示、產品包裝、DM、免費贈品、折價券、公關稿，以及其他各種傳播戰略。為了比傳統促銷更適切地詮釋公司對消費者所作的行銷努力，Shimp（2000）將傳統行銷組合4P中的促銷（Promotion）概念擴展成「行銷傳播」（Marketing Communication），並指出品牌須利用整合行銷傳播，以建立顧客共享意義與交換價值。

二、美國4A廣告協會（1989）

目前廣泛被使用的整合行銷傳播的定義，是由美國廣告代理業協會（4A）於1989年提出的（Schultz, 1993；Duncan and Caywood, 1993；Percy, 1997）：「整合行銷傳播是一種從事行銷傳播計畫的概念。確認一份完整透澈的傳播計畫有其附加價值存在，這份計畫應評估不同的傳播工具在策略思考中所扮演的角色，如一般廣告、互動式廣告、促銷廣告及公共關係，並將之結合，透過協調整合，提供清晰、一致訊息，並發揮正面綜效，獲得最大利益。」

此定義強調「過程」，用廣告與其他策略以達最大傳播效果，但並未提及閱聽對象或效益。

三、Schultz（1993）

此外，另一整合行銷傳播的定義，是西北大學的Schultz（1993）與其他學者所提出由外而內（Outside-in）的概念。

Schultz與其他西北大學學者對整合行銷傳播的看法為：「整合行銷傳播是將所有產品與服務有關訊息來源加以管理的過程，使顧客及消費者接觸統合的資訊，並產生購買行為，以維持消費者忠誠度。」

不同學者對於整合行銷傳播之定義

年代	機構／學者	定義	批判／特色
1989	美國廣告代理業協會（American Association of Advertising Agencies, AAAA）	✓整合行銷傳播是一種從事行銷傳播計畫的概念，確認一份完整透澈的傳播計畫有其附加價值存在，這份計畫應評估不同傳播技能在策略思考中所扮演的角色，如廣告、直效行銷及公共關係，並且透過天衣無縫的整合，提供清晰一致的訊息，發揮最大的傳播效益。	✓Duncan和Caywood認為此論述過度強調過程，忽略閱聽對象或效益。
1990	Foster	✓整合行銷傳播就是透過適切的媒體，傳播適切的訊息給適切的對象，引發期望的反應與運用多種傳播工具擴散公司一致的聲音。 ✓「多種傳播工具」與「一致的聲音」，強調「整合」的必要性。	✓此定義與傳統上的「廣告」定義頗接近。
1993	Duncan	✓整合行銷傳播是策略性的控制或影響所有相關訊息，鼓勵企業組織、消費者或利益關係人的雙向對話，藉以創造互惠關係。	✓強調企業組織本身而非品牌。 ✓將目標對象擴大，重視長期效果（品牌忠誠度、建立關係）。 ✓重視利益關係人的良好關係，公共關係在整合行銷傳播扮演重要角色。

接下單元

Unit 2-4 整合行銷傳播的定義 II

前文Schultz（1993）對整合行銷傳播的看法，由以下說明，我們將了解其所涵蓋的範圍較4A的意義更廣。

三、Schultz（1993）（續）

由此可發現，此定義所重視的是整合行銷傳播過程中，訊息管理及消費者與潛在消費者的重要性，其強調的是品牌與消費者的連結關係，並指出消費者的行為反應，是整合行銷傳播的成敗關鍵。此定義將整合行銷傳播界定為：「消費者接觸到的所有資訊來源」，涵蓋範圍較4A的意義廣（Duncan and Caywood, 1993）。

四、Medill（1993）

根據Schultz與其他西北大學學者對整合行銷傳播的看法，後來西北大學Medill學院於1933年提出更完整的整合行銷傳播定義為：「整合行銷傳播是發展一種長期對顧客及潛在消費者，執行不同形式的說服性傳播計畫過程，其目標是要直接影響所選定之傳播閱聽眾的行為，並考慮一切消費者接觸公司或品牌的來源，亦即，此為顧客或潛在消費者與服務的接觸，並以此作為未來訊息傳遞的潛在通路。此外，並運用所有與消費者相關、且可使之接受的傳播形式。總而言之，整合行銷傳播由顧客及潛在消費者出發，以決定並定義出一個說服性傳播計畫所應發展的形式及方法。」

對此定義，Schultz（1993）認為較美國4A的定義更為廣泛，強調應由消費者角度來思考整合行銷傳播。以消費者或潛在消費者立場做為策略思考原點，嘗試了解消費者與潛在消費者需求，不僅是消費者態度，還包括動機與行為。此外，必須從顧客觀點來看傳播，亦即所謂的「品牌接觸點」，此為顧客與潛在消費者及品牌接觸的所有方式，包括包裝、商品貨價、朋友推薦、媒體廣告或顧客服務（Schultz,1993）。

五、Duncan（1993）

另外，Duncan在1993年提出他對整合行銷傳播的定義：「整合行銷傳播是組織策略運用所有的媒體與訊息，互相調和一致，以影響其產品價值被知覺的方式。」此定義不限於消費者，似乎只要是對企業或其品牌訊息有興趣者皆包含在內。不同的是，其強調企業組織或代理商、強調態度而非行為的影響。而後Duncan又修正其定義，認為「整合行銷傳播是策略性地控制影響所有相關的訊息，鼓勵企業組織與消費者及利益關係人的雙向對話，藉以創造互惠關係」（Duncan and Caywood, 1993）。

不同學者對於整合行銷傳播之定義（續）

年代	機構／學者	定義	批判／特色
1993	Schultz	✓整合行銷傳播是種長期對顧客及潛在消費者發展、執行不同形式的說服傳播計畫之過程，目的是為了直接影響目標傳播視聽眾的行為，考量所有消費者能接觸公司及品牌的來源，也就是考量當潛在管道運送未來訊息時，能同時運送與消費者相關且為其所接受的傳播形式。整合行銷傳播由顧客及潛在消費者出發，以決定並定義一個說服傳播計畫所應發展的形式與方法。	✓此論述乃是由外在客戶觀點而至內部企業行銷目標與產品之由外而內法。 ✓強調品牌與消費者的連結關係，認為消費者的行為反應是整合行銷傳播的成敗關鍵點。 ✓將整合行銷傳播定義為：「消費者接觸到的所有資訊來源」，比4A之定義廣。
1993	Oliva	✓擁有顧客行為資訊的資料庫，並傳送個人的、雙向溝通的適當形式，提供支援的適當形式，在對的時間，應用對的廣告促銷，傳送對的訊息給人們知道未來的方向。	✓回應Schultz的定義，兩者皆將整合行銷傳播目標放在鼓勵目標群展開購買行動，並使用所有能接觸目標對象的工具。
2000	Shimp	✓整合行銷傳播應考量公司或品牌所擁有之能接觸到目標群的一切資源，進而採用所有與目標群相關的傳播工具，傳送商品或服務訊息，讓目標群接收。整合行銷傳播起始於目標群，再回頭決策與定義傳播型態，以及方法的思考，使得傳播方案得以發展。	

Unit 2-5 整合行銷傳播的定義III

看完這三單元的學者們對整合行銷傳播之觀點，我們可以得到以下結論，就是他們認為整合行銷傳播是品牌或企業以消費者為出發點，運用適當的傳播策略與組合進行長期的行銷策略規劃，並經過訊息管理對外傳達出一致性聲音，以強化並建立品牌與所有消費者、利益關係人之連結關係，使顧客及潛在消費者接觸到統合的資訊，進而產生購買行為與建立顧客忠誠度。

五、Duncan（1993）（續）

此外，Schultz更進一步從APQC的研究中定義整合行銷傳播為：「整合行銷傳播者為一策略性企業活動，此針對顧客、消費者、潛在消費者與其他內在與外在目標閱聽眾，進行長期的計畫、發展、執行與評估，可協調、可測量並具說服性的品牌傳播策略。」此新定義卻能掌握住整合行銷傳播所有的核心，並將整合行銷傳播提升至策略層次，並擺脫整合行銷傳播過去所限的傳播戰略（Tactical）位置（Schultz, 1997）。

六、Percy（1997）

Percy（1997）認同Medill學院與美國廣告協會對4A的定義，即主張整合行銷傳播是一種與消費者之間的溝通過程，絕非一簡單的行銷動作；而整合行銷傳播亦是一種行銷溝通企劃的概念，必須透過通盤企劃帶來附加價值，利用各種傳播方式以提供傳播的清晰性與一致性，並提高行銷計畫的影響力。

小博士解說

實務定義——國華廣告對「整合行銷傳播」的定義

國華廣告公司屬於台灣電通廣告集團旗下的一員。在國華廣告公司網站，介紹該公司的服務時，國華廣告公司即強調，從整合行銷傳播（IMC）的觀點與功能，提高對廠商的行銷服務。該公司對IMC理念的闡述如下：「整合行銷溝通」（Integrated Marketing Communication, IMC）是國華協助客戶規劃品牌溝通活動時所力行的行銷準則。在IMC的理念之下，國華的服務涵蓋各種與溝通有關的項目，包括客戶服務、創意、促銷、公關、媒體、CI（企業識別體系）、市場研究等。隨著整體環境朝向資訊科技發展，國華亦將服務觸角擴展至網際網路這個新媒體，以滿足客戶在數位時代的溝通需求。承襲日本電通追求「最優越溝通」的企業理念，國華提供全方位的溝通服務，協助客戶達成品牌管理的任務。

IMC定義的彙整

學者	時間	定義	重點
美國廣告代理協會AAAA	1989末	IMC是一種從事行銷傳播計畫的概念。這份計畫應評估不同的傳播技能在策略思考中所扮演的角色，如廣告、促銷活動、公共關係、直效行銷等，並將之整合，提供清晰、一致的訊息，並發揮最大的傳播效益。	將傳播技能放在策略面做思考、整合、散布一致聲音及發揮最大效益。
Foster	1990	IMC就是透過適切的媒體，傳播適切的訊息給適切的對象，引發期望的回應，運用多種傳播工具擴散公司一致的聲音。	適切傳媒的一致聲音。
西北大學麥迪爾新聞研究	1991	IMC是一種長期對既有及潛在消費者發展、執行不同形式說服傳播計畫的過程，目標是要直接影響所選定的傳播視聽大眾的行為。	認為IMC建立在顧客與品牌之間的關係上。
Duncan	1993	IMC是一組策略影像或控制所有訊息的過程，必須協調所有的訊息和組織所用的媒體，整合影響消費者對於品牌的認知價值，鼓勵目標性的對話，以創造和滋養企業與消費者和其他利益關係人的利潤關係。	對消費者的態度。
Schultz等	1993	IMC是將所有與產品或服務有關的訊息來源加以管理的過程，使既有及潛在消費者接觸整合的資訊，產生購買行為並維持消費忠誠度。	消費者與品牌之間的關係。
Relph Oliva	1993	IMC是一個有顧客行為資訊的資料庫，傳送個人的、雙向溝通的適當形式。重要的是在適當的時機，採用適當型態的展示和潮流，以合適的訊息讓人們知道未來的方向，並採用適當形式的廣告和促銷。	資料庫對整合行銷面的共識。
Shimp	1997	IMC是對於現有及潛在消費者長期發展，並施行各種不同形式、具說服性的傳播活動過程。IMC應考量公司或品牌所有可接觸到目標群的資源，進而採行與目標群相關之傳播工具，使商品或服務的訊息得以讓目標群接收到。	IMC起始於顧客、再回頭策略、定義傳播型態與方法。

Unit 2-6 整合行銷傳播的定義IV

IMC最簡要的意義，主要是將「廣告」單一觀點擴大成「行銷溝通」來看。

七、總結：IMC的綜觀

(一)IMC最簡要的意義：「IMC」為Integrated Marketing Communication的簡稱，此乃美國西北大學教授Don E. Schultz、Stanley I. Tannenbaum及北卡羅萊納大學教授Robert F. Lauterborn於1990年代初期所共同主張的一個概念。其論調主要是將「廣告」單一的觀點擴大成「行銷溝通」（Marketing Communication）的角度來看。以往，「廣告」被當成是一個獨自的溝通媒介，且以大眾媒體為主；但隨著整體消費市場需求已逐漸趨向飽和的今天，應該將能與「行銷」做更直接連結的大眾媒體廣告（Mass Media）、公關（PR）、促銷（SP）、活動（Event）、包裝（Package）、直效行銷（Direct Marketing）、資料庫行銷、品牌塑造、網路行銷、通路配合、定價策略、產品差異化改革及情報系統等，全體統合起來，以所謂「IMC」的概念來運作才對。

「IMC」的概念已流行若干年，一般廣告主行銷企劃人員、廣告人或多或少都有這個觀念。事實上，「IMC」的基本概念非常簡單，就是將各種與消費者溝通的手段發揮整合的效應。所謂「整合效應」，就是說將所有品牌及企業訊息經過策略性規劃協調後，其效果將大於廣告、PR、SP、Event、包裝等各自獨立企劃及執行的成果，且可避免各部門為預算或權力而競爭或引起衝突的情況。

(二)將傳統行銷4P，轉換成4C：談到「IMC」時，首先有一個重要的觀念必須提到，也就是因應消費市場及行銷環境的劇烈轉變，它將傳統行銷「4P」的作法轉變到「4C」的觀點來看。

1.在開發產品時，應該先想想消費者真正的需求在哪裡？（Product → Consumer）

2.在擬定產品定價時，應先了解消費者需求的滿足成本為多少？（Price → Cost）

3.在進行通路鋪貨時，應先考慮到如何提供消費者購買的方便性。（Place → Convenience）

4.而在實施推廣活動時，應從雙向對話的角度進行消費者溝通。（Promotion → Communication）

由於「IMC」的理念是站在消費者的立場提供行銷服務，因此，「消費者資料庫」（Database）的建立及分析運用，便成為一項重要的行銷工作。

(三)行銷4P vs. 4C（4P對4C之互動與結合意義）：行銷4P組合固然重要，但4P也不是能夠獨立存在的，必須有另外4C的理念及行動來支撐、互動及結合，才能發揮更大的行銷效果。4P對4C的意義如右圖所示。

行銷4P組合與4C的相呼應

4P	vs.	4C
1.Product（產品）	 	1.Customer-Orientation或是Customer Value（即堅守顧客導向與顧客價值創造）。
2.Price（定價）		2.Cost Down（成本降低，或降價，回饋消費者及產生價格競爭力）。
3.Place（通路）		3.Convenience（便利性，即產品應普遍在各種虛實賣場上架，隨處隨時可買得到）。
4.Promotion（推廣／廣告／促銷）		4.Communication（傳播溝通，要做好全方位的整合行銷傳播訊息任務，建立好品牌及高知名度）。

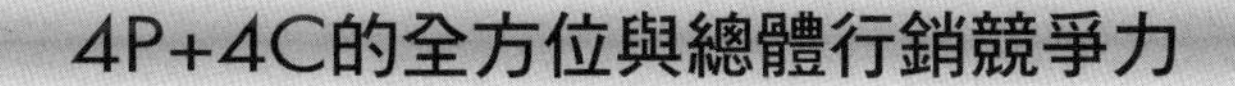

4P+4C的全方位與總體行銷競爭力

- 4P
  - 1.Product（產品力強）
  - 2.Price（價格力強）
  - 3.Place（通路力強）
  - 4.Promotion（競爭力強）

- 4C
  - 1.Customer-Orientation及Customer Value（堅守顧客導向與創造顧客物超所值的價值）
  - 2.Cost Down（持續性成本改革下降）
  - 3.Convenience（通路便利性、普及性）
  - 4.Communication（整合行銷傳播有效溝通）

Unit 2-7 整合行銷傳播的定義V

從上述分析來看，企業要達成經營卓越與行銷成功，的確必須同時將4P與4C做好、做強、做優，如此才會有整體行銷競爭力，也才能在高度激烈競爭、低成長及微利時代中，持續領導品牌的領先優勢，進而維持成功於不墜。

七、總結：IMC的綜觀（續）

(四)4P+4C→達成經營卓越與行銷成功之目標：4P+4C要如何結合，才能發揮高度效益？以下原則可供參考。

1.我們的產品或服務業的服務設計、開發、改善或創新，是否真的堅守顧客需求滿足導向的立場及思考點，以及是否為顧客在消費此種產品或服務時，真的為顧客創造了他們前所未有的附加價值？包括心理及物質層面的價值在內。

2.我們的產品定價是否真的做到了價廉物美呢？我們的設計、R&D研發、採購、製造、物流及銷售等作業，是否真的力求做到了不斷精進改善，使產品成本得以Cost Down，因此能夠將此成本效率及效能回饋給消費者。換言之，產品定價能夠適時反映產品成本而做合宜的下降。例如，數位照相機、液晶電視機、智慧型手機、平板電腦、MP數位隨身聽、NB筆記型電腦等產品隨時間演進，均較初上市時，不斷向下調降售價，以提升整個市場買氣及市場規模擴大。

3.我們的行銷通路是否真的做到了普及化、便利性及隨處隨時均可買到的地步呢？這包括了在實體據點（如大賣場、便利商店、百貨公司、超市、購物中心、各專賣店、各連鎖店、各門市店）、虛擬通路（如電視購物、網路B2C購物、型錄購物、預購），以及直銷人員通路（如雅芳、如新等）。在現代人工作忙碌下，「便利」其實就是一種「價值」，也是一種通路行銷競爭力所在。

4.我們的廣告、公關、促銷活動、代言人、事件活動、主題行銷、人員銷售等各種推廣整合傳播行動及計畫，是否真的能夠做好、做夠、做響與目標顧客群的傳播溝通工作，然後產生共鳴，感動他們、吸引他們，建立在他們心目中良好的企業形象、品牌形象及認同度、知名度與喜愛度。最後，顧客才會對我們有長期性的忠誠度與再購習慣性意願。

(五)行銷組織架構，亦應配合IMC，才會產生效果：要徹底將IMC的理念及精神貫徹於行銷作業時，首先必須忘掉過去的習慣及經驗，從零開始。對IMC而言，真正重要的是在執行的過程。事實上，有許多標榜已實施IMC多年的企業，其實仍停留在老方法，讓廣告、PR、SP、Event、直銷、包裝通路、產品規劃、定價等在不同部門各自運作。IMC真正的障礙是超乎企業組織的，即使企業主展露出規劃IMC的企圖，然而他們的企業本身就是一大障礙。企業唯有突破組織中各自為政的障礙，才能讓IMC真正在企業中扎根，並看到成效。

IMC全方位定義圖示架構

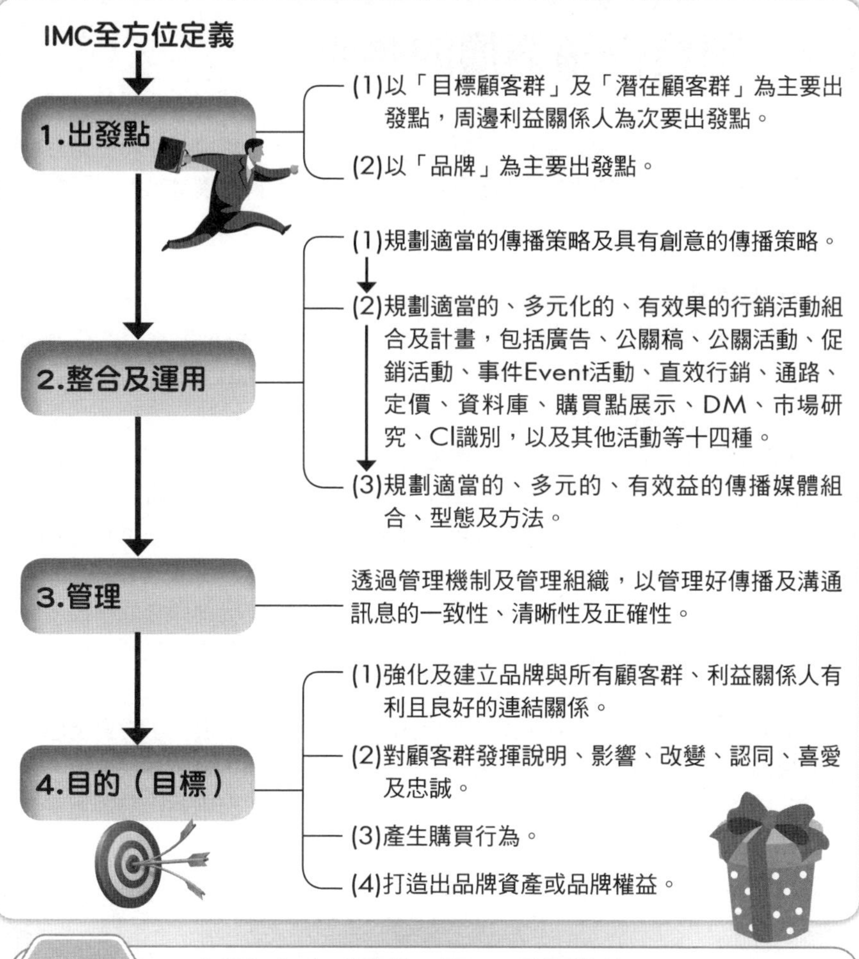

知識補充站

企業如何突破障礙，讓IMC發揮效益？

在結構上，企業主的組織有許多地方與「整合」的概念格格不入，廣告、PR、SP、Event、直銷及產品開發等功能的部門各自為政；且企業主在經營階層主管所受過的訓練當中，鮮少包括完整的IMC概念。在整個品牌策略由行銷企劃人員擬定後，交由廣告、PR、SP、直銷、Event等部門去執行，IMC需要的是強化集體的策略開發，同時對每一種傳播功能（工具）都必須平等看待，而且必須成立行銷專案小組、專案委員會及定期專案會報，每天、每週、每月都能隨時檢討及改善，直到最佳的行銷績效出現為止。因此，IMC是企業組織各部門團隊合作戰力的表現及需求。企業組織中的各單位必須都有這樣的共識，才能讓IMC真正在企業中扎根，並看到成效。

Unit 2-8 整合行銷傳播的規劃 I

最早的整合行銷傳播模式是以消費者資料庫為出發，後來發展成將行銷計畫與行銷組合進一步向下延伸的整合行銷傳播模式。由於本主題內容豐富，特分三單元說明之。

一、Schultz模式

依據Schultz等人對整合行銷傳播的定義，Petrison和Wang為整合行銷傳播在規劃與執行上提出兩個思考起點，一個是計畫的整合（Planning Integration），另一個是執行的整合（Executive Integration）。

(一)計畫整合：有如Schultz的策略整合，指的是想法上的整合（Thinking Integration），發展出一套可供評估的傳播策略。因為傳統上企業廣告部、公關部都是獨立運作，削弱了行銷的功效。計畫整合就是要透過策略推演，把所有與產品有關的行銷活動加以整合協調。

(二)執行整合階段：有如Schultz所指的戰術整合，是指溝通訊息的一致，所以又叫做訊息的整合，乃利用相同的調性、主題、特徵、標誌、訴求，以及其他相關的傳播特性，來達成整合的目的。

Duncan和Moriarty（1998）進一步指出上述「計畫性整合」，相對應地，必須有協調良好的「行銷傳播團隊」（Cross-Functional IMC Team）存在，該團隊不僅包括行銷、傳播人才及組織外重要人員，甚至重要顧客也可一併納入該團隊。其任務是擬定行銷傳播計畫，傳播策略是整個計畫的重心，該份傳播策略，將使所有共同從事行銷及傳播工作的成員凝聚共識、共同思考。

Haytko（1996）在執行整合行銷傳播計畫時，歸納出三項原則：協調性（Coordination）、一致性（Consistency）及互補性（Complementarity）。

Schultz、Tannenbaum和Lauterborn（1993）為整合行銷傳播，提出一個完整的企劃模式，如右圖所示，可知整合行銷傳播模式與大眾傳播模式的差別，在於從顧客需求出發。這個模式的起點是消費者和潛在消費者的資料庫，這個資料庫對一個扎實的整合行銷傳播計畫是必須的。第二個步驟是分析資料庫了解不同消費族群，如忠誠購買者、潛在客戶、游離客戶的價值體系；簡言之，是了解他們的需求、疑慮，然後決定該對你的客戶提供什麼產品及服務，才能進一步建立顧客的忠誠度。行銷目標必須相當明確，同時在本質上也須是具體的目標，這是方便量化評估。下一步就是決定要用什麼行銷工具來完成此一目標。如果我們將產品、通路、價格都視為是和消費者溝通的要素，那麼整合行銷傳播企劃人員將擁有相當多樣廣泛的行銷工具來完成企劃，其關鍵在於哪些工具、哪種組合最能夠協助他達成行銷傳播目標。最後一個步驟是選擇有助於達成傳播目標的戰術。

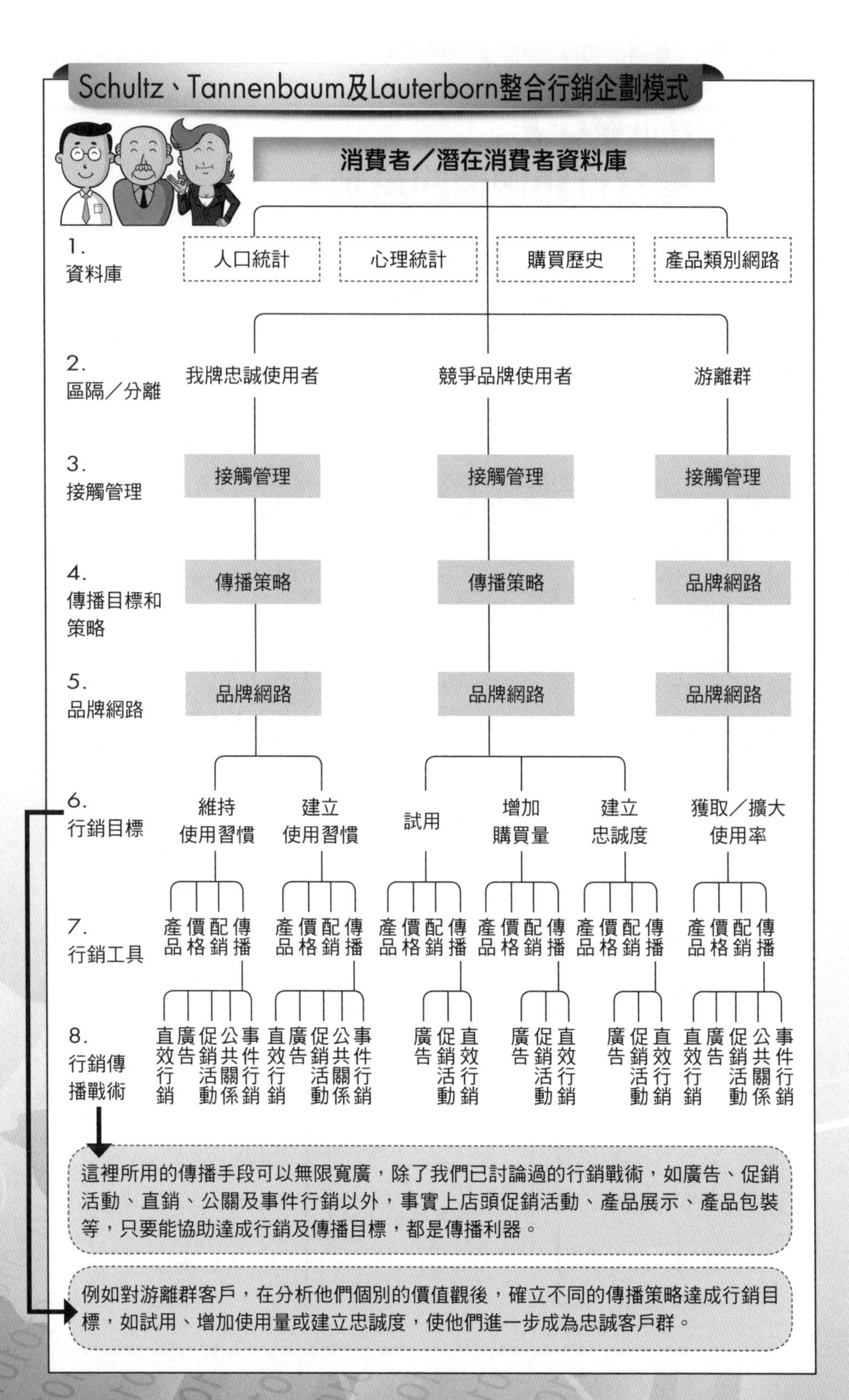
Schultz、Tannenbaum及Lauterborn整合行銷企劃模式
消費者／潛在消費者資料庫
1. 資料庫
人口統計
心理統計
購買歷史
產品類別網路
2. 區隔／分離
我牌忠誠使用者
競爭品牌使用者
游離群
3. 接觸管理
接觸管理
接觸管理
接觸管理
4. 傳播目標和策略
傳播策略
傳播策略
品牌網路
5. 品牌網路
品牌網路
品牌網路
品牌網路
6. 行銷目標
維持使用習慣
建立使用習慣
試用
增加購買量
建立忠誠度
獲取／擴大使用率
7. 行銷工具
產品 價格 配銷 傳播
產品 價格 配銷 傳播
產品 價格 配銷 傳播
產品 價格 配銷 傳播
產品 價格 配銷 傳播
產品 價格 配銷 傳播
8. 行銷傳播戰術
直效行銷 廣告 促銷活動 公共關係 事件行銷
直效行銷 廣告 促銷活動 公共關係 事件行銷
廣告 促銷活動 直效行銷
廣告 促銷活動 直效行銷
廣告 促銷活動 直效行銷
直效行銷 廣告 促銷活動 公共關係 事件行銷
這裡所用的傳播手段可以無限寬廣，除了我們已討論過的行銷戰術，如廣告、促銷活動、直銷、公關及事件行銷以外，事實上店頭促銷活動、產品展示、產品包裝等，只要能協助達成行銷及傳播目標，都是傳播利器。
例如對游離群客戶，在分析他們個別的價值觀後，確立不同的傳播策略達成行銷目標，如試用、增加使用量或建立忠誠度，使他們進一步成為忠誠客戶群。

Unit 2-9 整合行銷傳播的規劃 II

二、余逸玫模式

余逸玫（1995）則是將Schultz模式，針對消費品企業提出另一種修正模式（如下圖所示），認為整合行銷傳播的首要工作，除了消費者及企業利益關係人之外，要以掌握消費者資料庫為起點，進一步將消費者分類，發展溝通策略，產生溝通訊息；另一方面則發展企業利益關係人的溝通策略，對於各利益群體產生的溝通策略最後需加以整合。

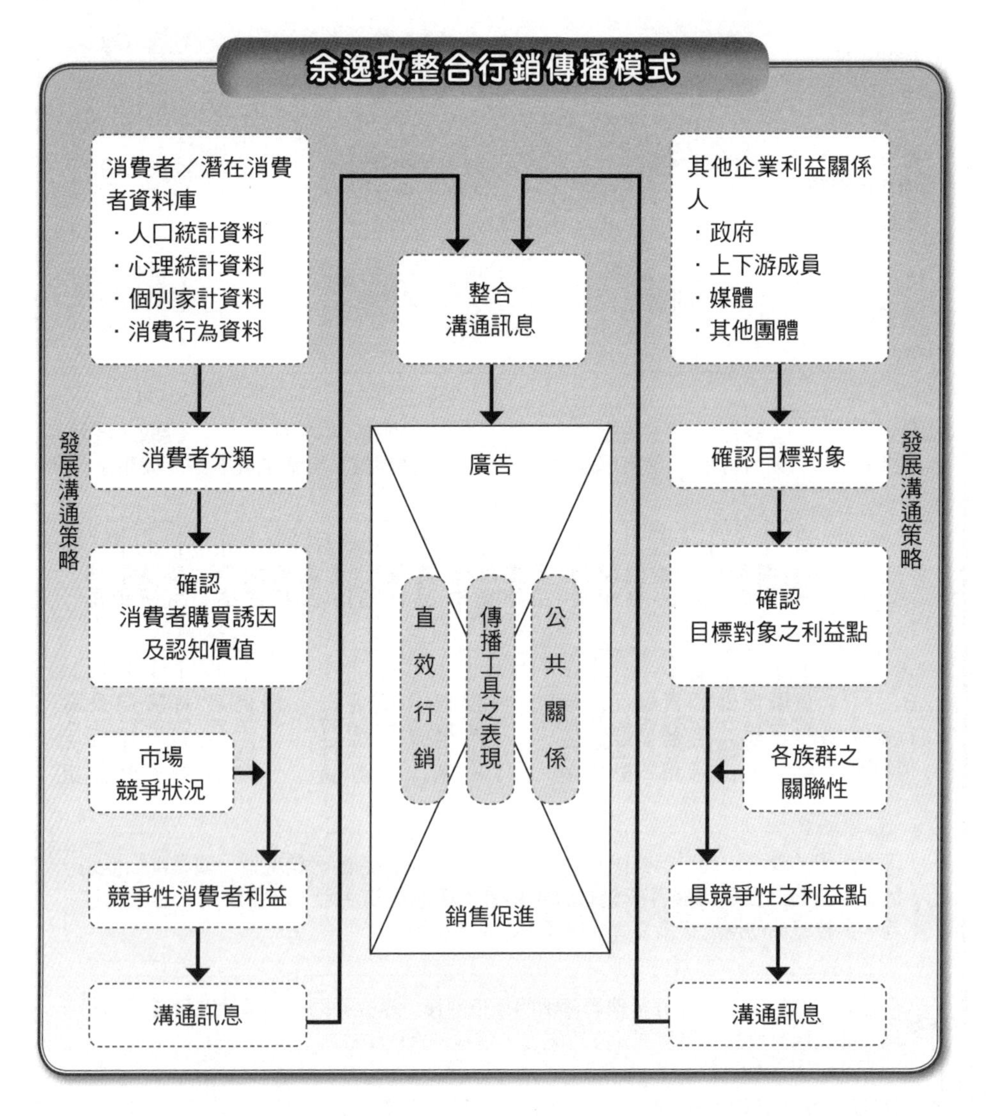

三、Burnett模式

John Burnett和Sandra Moriarty在《*Introduction to Marketing Communication*》一書中也提出了整合行銷傳播模式（如下圖所示），不似之前模式所注重的以消費者資料庫為出發，而是以傳統4P行銷為架構，將行銷計畫與行銷組合進一步向下延伸，認為整合行銷傳播的模式是讓訊息計畫者確認，行銷組合不單只有一種方式可以傳遞訊息，在產品、通路與價格一致性的策略下，發展一致性的訊息與傳播策略，將所有行銷組合結合在一起，加上其他計畫與非計畫行銷訊息的控制與處理，構成整合性的行銷傳播作業。

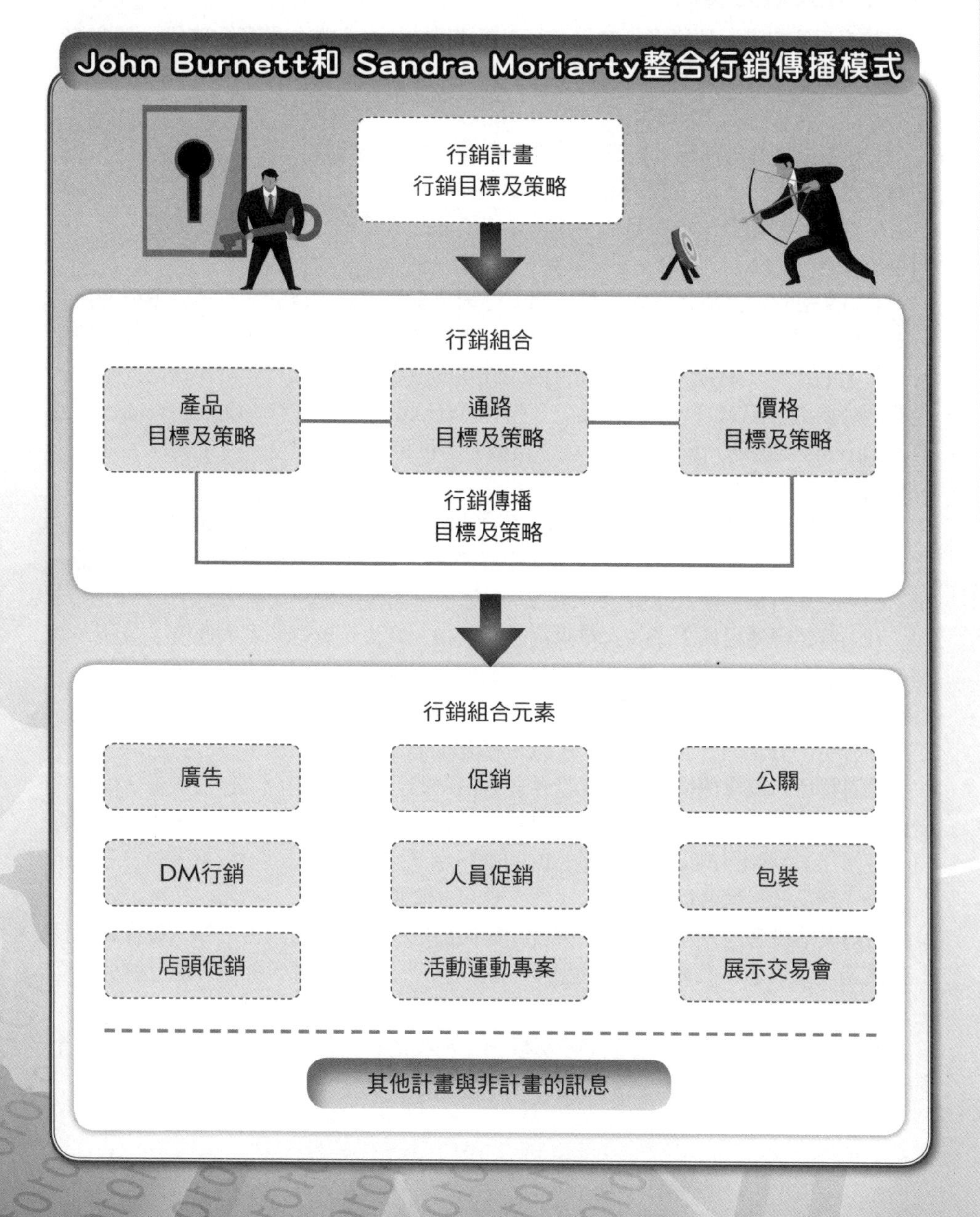

Unit 2-10 整合行銷傳播的規劃III

看完前面學者們的整合行銷傳播模式之後，筆者為方便讀者能將之運用於實務上，做了以下結合理論與實務的研究，以供參考運用。

四、戴國良研究模式

筆者研究參考上述學者們的整合行銷傳播模式，加上實務界實行整合行銷傳播的經驗，發展出一完整的整合行銷傳播企劃模式，整個企劃流程如右圖所示，並說明如下。

(一)觀察消費者所需／建立消費者資料庫：企業組織要將產品進入市場前，應對消費者進行調查，了解消費者的行為，觀察消費者最想要什麼樣的產品，並進一步將調查所得的資料建立成消費者資料庫，以作為產品定位區隔及選定企業要進入之目標市場的參考。

(二)產品定位區隔／選定目標市場：行銷規劃最主要的目的之一，就是找尋最有利的目標市場，以便開發新產品。在精確地掌握消費者訊息之後，第二階段便是將產品進行區隔定位，選定一個可以獲得最大利益的目標市場發展行銷計畫。在此階段，企業同時要進行SWOT（Strengths／優勢、Weaknesses／劣勢、Opportunities／機會及Threats／威脅）分析，評估企業組織各方面因素，了解是否有足夠能力進入市場加入競爭。

(三)發展行銷傳播策略：企業產品要和消費者溝通什麼訊息？又希望消費者對企業有什麼樣的認知？企業可能針對不同的消費族群，發展出各式各樣的產品，行銷人員若不將這些行銷策略加以整合，溝通的訊息很可能會出現相互衝突。

(四)擬定傳播目標：哪些人在購買的過程中，會決定影響購買的態度，這些人就是你的傳播目標。過去的行銷傳播運用一般的大眾傳播工具向「大眾」進行行銷，但1990年代以後已是「分眾」時代，企業組織溝通的訊息很容易被消費者忽略。因此，了解與分析「真正的」傳播目標，才能確認溝通訊息被接收。

(五)整合／選擇傳播工具：實務界最常使用的行銷傳播組合，包括廣告、促銷、公關，以及直效行銷，各種工具都有其功能及特色，因此必須整合於一體；同時，從這些傳播工具得到目標閱聽眾對產品的回饋訊息，這些訊息提供給行銷人員參考，進一步修正產品及行銷傳播策略，以達到「雙向」溝通。

(六)與消費者建立品牌關係：整合行銷傳播主要目的除了銷售之外，最重要的目的是透過訊息溝通，改變消費者的態度，對品牌產生良好關係，並建立起品牌強而有力的關係。

另外，筆者於 2013年又進一步發展出一完整的整合行銷傳播企劃模式，整個企業流程如右圖所示。

本書作者研究之整合行銷傳播模式

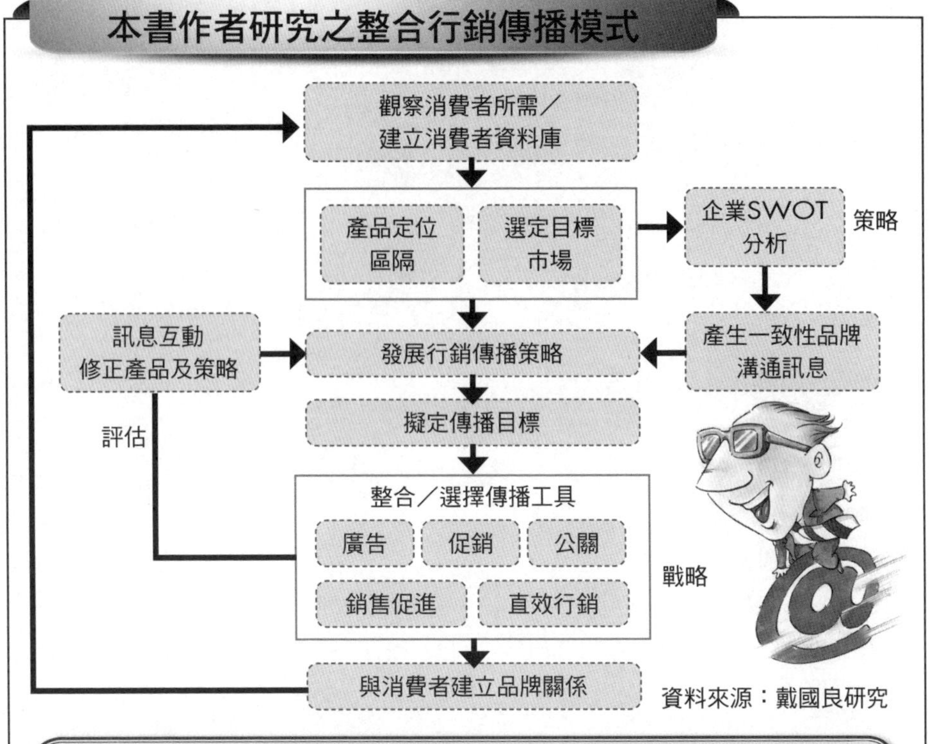

資料來源：戴國良研究

品牌化整合行銷傳播模式操作——以味全林鳳營鮮奶為例

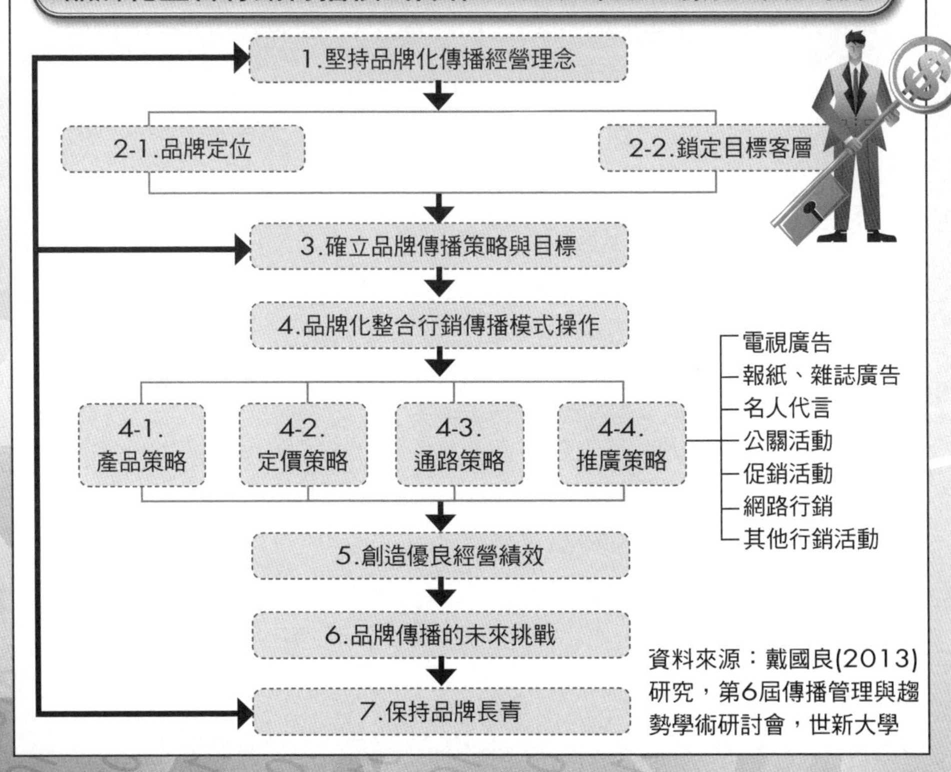

資料來源：戴國良(2013)研究，第6屆傳播管理與趨勢學術研討會，世新大學

第2篇

廣告概論、媒體企劃與媒體購買

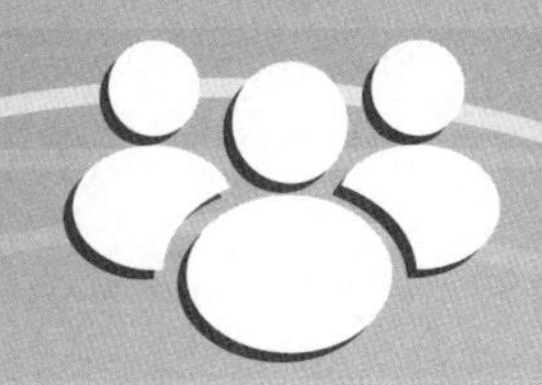

第3章

廣告概論

章節體系架構 

廣告的定義、種類與功能

什麼是廣告？廣告分為哪些種類？為什麼拍廣告要很多錢？廣告的目的是什麼？為什麼拍廣告可以讓產品、服務或人出名？

一、廣告的定義及種類

所謂「廣告」，就是指一個組織和它的產品透過大量的傳播媒體，例如：電視、廣播、報紙、雜誌、網路、手機、郵寄、戶外展覽或大眾運輸工具，來傳送訊息給目標觀眾或聽眾。

而廣告種類則包括產品廣告、企業形象廣告、促銷廣告、選舉廣告、公益廣告，以及政府廣告等六種。

二、廣告功能與作用

廣告具有什麼功能呢？一般來說，至少包括具資訊（訊息）傳達功能、具說服功能，以及具提醒功能等三項。

而在廣告作用方面，我們可以將廣告所產生的作用分為一般作用及市場作用來說明。在一般作用方面，廣告能使消費者辨明此產品與其他產品之差異；廣告可以提供產品的消息、特色，以及購買地點；廣告可以引導消費者免費使用試用品，以期增加產品使用量；當然，廣告可以建立消費者對產品的喜好與忠誠度。

在市場作用方面，廣告至少具有銷售通路、推廣、傳播、教育、經濟發展，以及社會等六種市場作用。

三、廣告代理商定義

而什麼是廣告代理商呢？根據4A（American Association of Advertising Agencies，美國廣告代理商協會）定義，廣告代理商是一群有創意及經營者所組成的公司，為了廣告主利益而發展廣告企劃及行銷工具，並向媒體購買版面及時段。

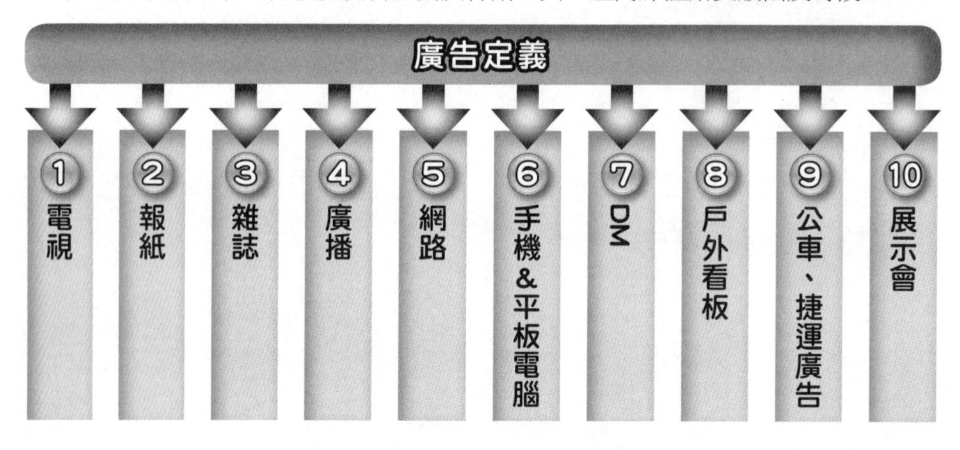

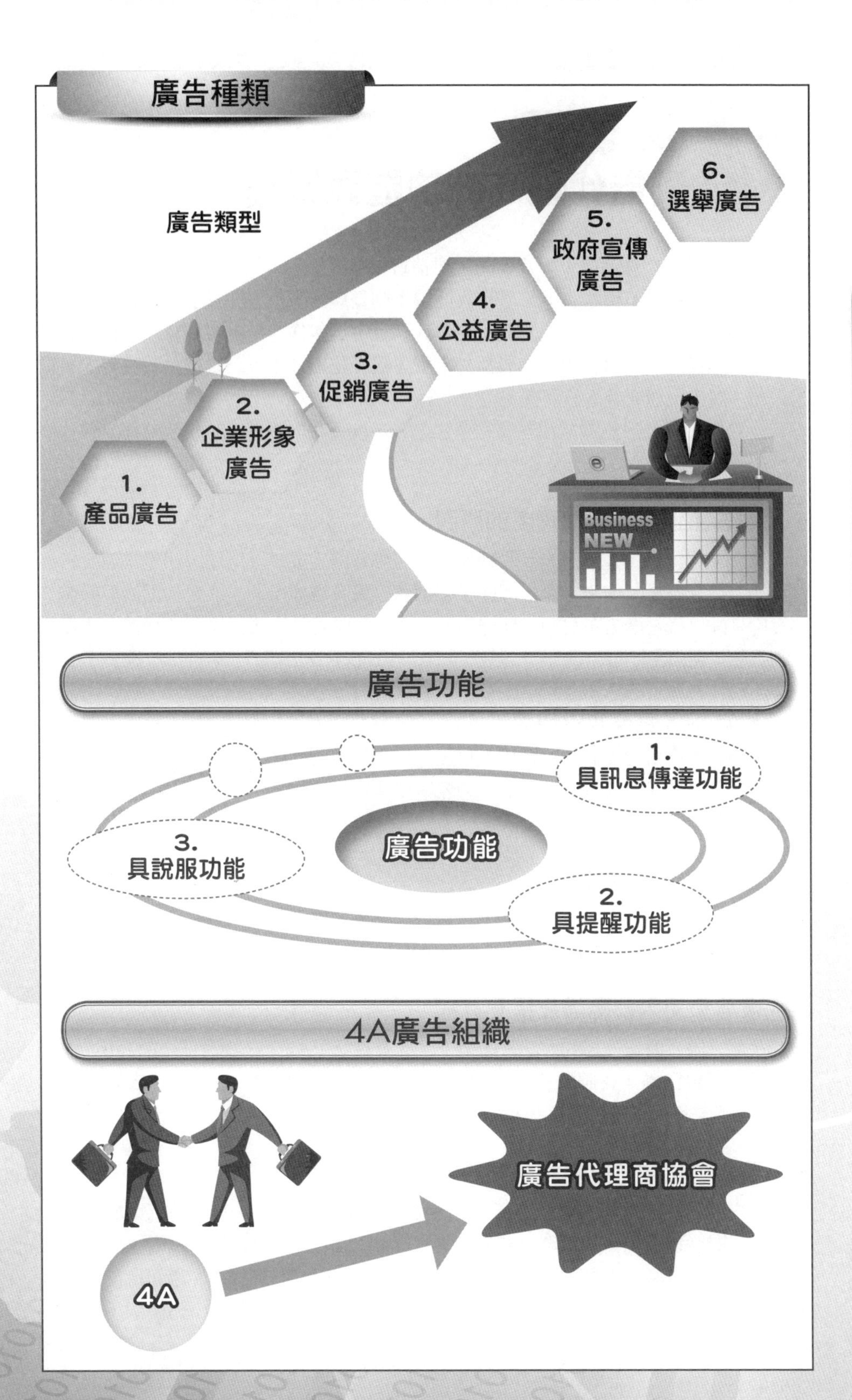
廣告種類
廣告類型
1.
產品廣告
2.
企業形象
廣告
3.
促銷廣告
4.
公益廣告
5.
政府宣傳
廣告
6.
選舉廣告
Business
NEW
廣告功能
1.
具訊息傳達功能
廣告功能
3.
具說服功能
2.
具提醒功能
4A廣告組織
廣告代理商協會
4A

Unit 3-2 廣告代理商的功能與策略

一般對廣告代理商的了解是，如果要拍廣告就要找它，但其他部分，例如在媒體刊登廣告是否就可不用找它呢？曾有人問過：刊登廣告直接找報社登不是最便宜嗎？為何要找廣告代理商？一般以為直接到報社刊登會比較便宜，其實錯了。台灣報紙廣告多是代理商制，到報社刊登一般都是定價（最多是繳社價），是價格最高的，找廣告公司、廣告代理商登報最便宜。

上述媒體購買只是廣告代理商的型態之一，以下我們將進一步說明為何需要找廣告代理商的原因了！

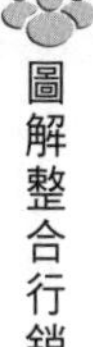

一、廣告主運用廣告代理商的原因

廣告主之所以會運用廣告代理商原因，可整理歸納成以下五點，一是代理商各部門均專心從事廣告工作。二是代理商吸引創意人員有發揮空間。三是代理商與媒體之間互動良好。四是廣告主可節省廣告作業支出。五是可隨時更換廣告代理商，選擇更具創意的代理商。

二、廣告代理商型態與功能

廣告代理商可分為公司綜合廣告代理業、專門廣告代理業，以及媒體購買中心（發稿公司）三種。其主要功能在於幫助客戶提案、企劃廣告，以及製作廣告（CF、平面稿、廣播稿、戶外）。

三、選擇廣告公司條件

而廣告主要如何選擇廣告公司呢？可依以下三個原則挑選，一是廣告公司的規模與經驗。二是廣告公司的創意與服務。三是廣告公司的服務費用。

四、廣告公司內部組織及提案流程

一般來說，廣告公司的內部組織至少包括業務部（AE）、創意部（Creative）、媒體部（媒體企劃、媒體購買）、製作部、公關部、企劃部，以及財務部等七個部門。其對廣告廠商的簡報提案流程，大致如右圖所示。

五、廣告公司創意與媒體策略的要素

廣告公司在創意與媒體策略兩方面涵蓋起來有八大要素。其中創意策略包括三大要素，即消費者未來性策略、創新的點子，以及CF戲劇性的執行拍攝。而媒體策略則包括五大要素，即對正確的人（目標群）、在正確的時間刊播，以正確的地點呈現、注視正確的事件，以及正確的預算控制。

廣告代理商提案及上檔流程

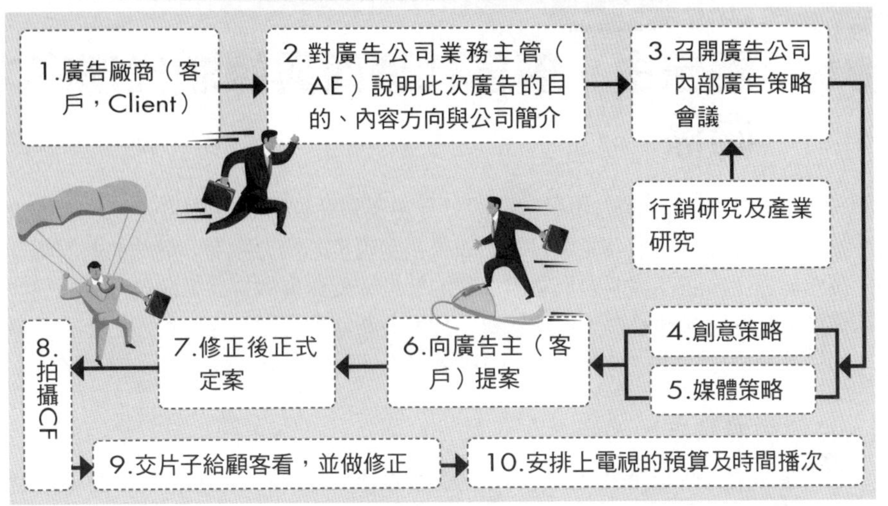

廣告公司內部組織

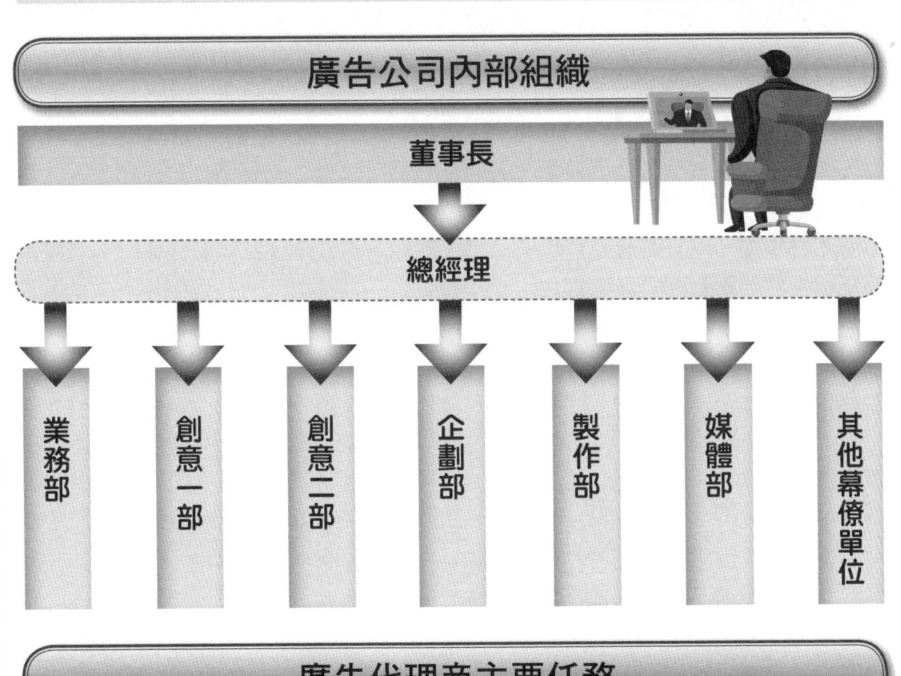

廣告代理商主要任務

製拍叫好又叫座的電視廣告片（TVCF）

Unit 3-3 廣告主、廣告代理商與媒體代理商之關係

一般來說，廠商行銷工作經常要與外界專業單位協力進行才可完成，有不少事情，並不是由廠商自己做就能做好的，如果找到優良的協力廠商，借助他們的專業能力、創意能力、人脈存摺能力及全力以赴的態度，反而會做得比廠商自己要好很多。例如做廣告創意、媒體購買、公關報導、大型公關活動、置入性行銷等工作，就經常需要仰賴外圍協力公司的資源，才能發揮更大的行銷成果。

一、為何需要廣告代理商

我們來分析為何廠商需要找廣告代理商？無非是因為他們不但有比較好的創意展現，而且很專業。相較之下，廠商就缺乏這方面的專業。當然，廠商必然選擇優質的廣告代理商，才會做出成功的廣告片，播放之後，也才會有好的成效。

二、為何需要媒體代理商

廠商需要找媒體代理商的原因，是因為他們可以集中向媒體公司採購，因此在規模經濟效應下，可以買到比較便宜的媒體時段託播成本。如果廠商自己去買的話，其成本必然會增加，而且媒體公司也不一定會理你。再來是因為媒體代理商具有媒體組合規劃與媒體預算配置的專業能力。

三、為何需要公關公司

廠商需要找公關公司的原因，是因為他們與各媒體公司（包括電視台、報社、廣播、網站、雜誌社等）的人脈關係比較熟悉，隨時可以請求這些媒體公司出SNG車（電視立即轉播車）、派出人員採訪、增加上報、上電視新聞等露出的機會，而這可能是廠商自己比較不容易做到的。再來是因為公關公司舉辦各種公關活動（例如：新產品發表會、法人說明會、新裝上市展示會、展覽會、戶外大型活動、晚會活動、歌友會等）的經驗及專業比廠商本身要來得強，故委託他們做比較好。

公關公司雖有上述優點，但收費方面則是視狀況而論，有些是年度常態性收費的，例如：一年收240萬元，即一個月收20萬元，則公關公司固定要做哪些事情。有些則是按件計酬的，例如舉辦一場新產品發表記者會是20萬～30萬元之間。或是更大型的活動，也可能在100萬元～300萬元之間不等。

四、廠商本身應該做什麼事？

如前述所言，廠商在各種行銷過程中，不免會委託外圍專業單位來協助公司各項行銷活動的推展，這是必然的，也是必須的。但是，廠商在這些過程中，也應該保有一些原則與能力才行。至於需有哪些能力，茲整理如右頁，以供參考。

廣告主、廣告代理商與媒體代理商之關係

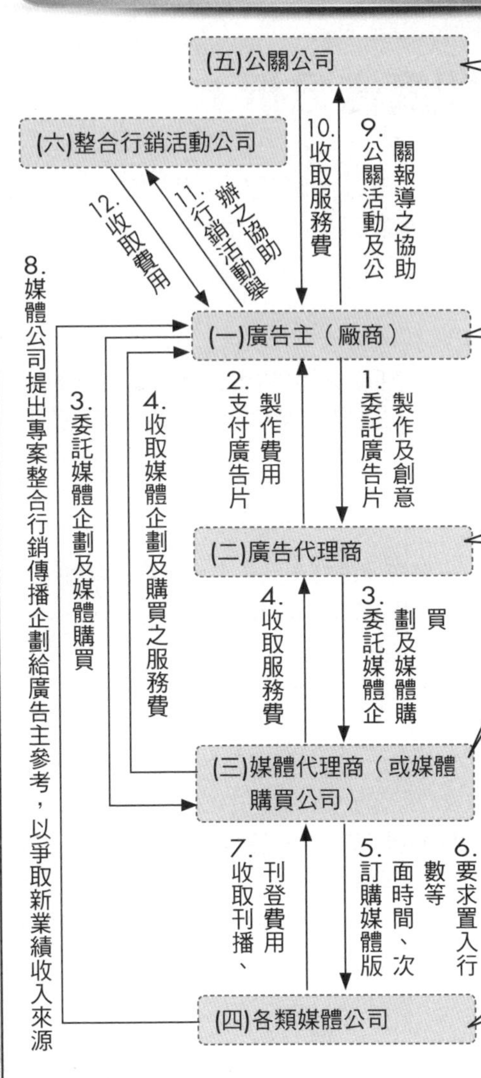

・例如：奧美公關、21世紀公關、精英公關、先勢公關等。

・例如：統一企業、統一超商、TOYOTA汽車、中華汽車、Nokia手機、中華電信、箭牌口香糖、光泉、味全、金車、東元、日立、SONY、Panasonic、Acer、Asus等。

・例如：李奧貝納、奧美、智威湯遜、台灣電通、上奇、麥肯、電通國華、BBDO、黃禾、達彼思、聯廣、太笈策略、華威葛瑞、東方、陽獅等。

・例如：凱絡、傳立、媒體庫、宏將、優勢麥肯等。

・電視公司：無線4台、有線電視台，如TVBS、三立、緯來、東森、八大、中天、福斯、民視、非凡等。
・報紙：蘋果、聯合、中時、自由。
・雜誌：商業周刊、天下。
・廣播：飛碟、中廣、台北之音、kiss radio等。
・網路：雅虎奇摩、Google、FB、IG、YouTube等。
・戶外廣告代理公司。

知識補充站

廠商應保有一些原則與能力

首先，廠商要有良好的抉擇判斷力。能判斷出這些公司的提案及創意好不好，然後提出討論修正的意見及做最後最好的抉擇。其次，廠商應注意這些外圍行銷夥伴的能力好不好、強不強，包括：1.創意能力；2.案子推動的執行力；3.過去配合的成果及效益；4.他們是否把我們當成是重要的客戶，因此能專心一意的投入在本公司；5.他們是否是一家穩定及有口碑的行銷夥伴公司，以及6.過去雙方的各項合作紀錄是否順暢、愉快及具有默契。

Unit 3-4 最主流媒體電視廣告分析 I

電視廣告（TVCF）迄今仍是廠商最主要的首選刊播媒體。為何它在網路盛行的時代下，仍能如此獨領風騷？由於本主題內容豐富，特分兩單元說明之。

一、電視廣告的優點

電視廣告之所以能發揮效益，在於電視具有以下三個優點，一是電視具有影音聲光效果，最吸引人注目。二是台灣家庭每天開機率高達90%以上，是最高的觸及媒體，代表每天觸及的人口最多，效果最宏大。三是電視屬於大眾媒體，而非分眾媒體，各階層的人都會看。

二、電視廣告的正面效果

電視廣告的正面效果包括以下三點，一是短期內打產品知名度（或品牌知名 度）效果宏大。二是長期為了維繫品牌忠誠度，並具有reminding（提醒）效果。三是促銷活動型廣告與企業形象型廣告，均有顯著效果。

三、電視廣告的缺點

既然電視廣告效果大，為什麼仍有廠商不用呢？這當然是因為電視廣告的費用太高了。

電視廣告刊播成本可說是所有各大媒體中的最高者。一般中小企業負擔不起，只有中大型公司才有能力上廣告。

一般來說，平均每30秒一支廣告，在民視、三立八點檔戲劇台播出一次，即要至少3萬元以上成本支出。

四、電視廣告刊播預算估算

(一)新產品上市：至少要3,000萬元以上才夠力，一般在3,000萬～5,000萬元之間，才能打響新產品知名度。

(二)既有產品：要看產品的營收額大小程度，像汽車、手機、家電、資訊3C、預售屋等，營收額較大者，每年至少花費5,000萬～1億元之間。一般日用消費品的品牌，約在3,000萬～5,000萬元之間。

五、電視廣告的頻道配置原則

電視廣告的頻道配置選擇有兩大原則。首先，要看產品的TA屬性與電視頻道及節目收視觀眾群是否具有一致性；再來，要選擇較高收視率的頻道及節目。至於兩大原則的案例部分，茲說明於下個單元。

首選刊播廣告媒體

電視廣告

TVCF，TVC

→ 迄今為止，首選的刊播廣告媒體！

電視廣告的優點

電視廣告3優點

1.具影音效果，最吸引人注目！

2.每天開機率90%以上，最多觸及消費者！

3.是大眾媒體，而非分眾媒體！

電視廣告正面效果

電視廣告效果

1.短期內，可打響產品知名度！

2.長期具品牌維繫的提醒效果！

3.若搭配促銷型廣告，可提高業績！

電視廣告刊播預算估計

1.新品上市 → 至少3,000萬～5,000萬

2.既有產品 → 大概每年營收額2%～8%，金額3,000萬～1億元，視不同產品而定

電視廣告頻道配置選擇2原則

TVCF頻道配置2大原則

1.產品的TA（消費族群），須與電視節目觀眾族群一致！

2.要選擇較高收視率的頻道及節目！

最主流媒體電視廣告分析 II

電視廣告之所以能發揮效益，在於電視具有影音聲光效果、最高的觸及媒體，以及屬於大眾媒體等優點，但是如果廣告配置不好的話，效益還是有限的。

五、電視廣告的頻道配置原則（續）

在產品目標市場屬性要與電視頻道及節目收視觀眾群一致性部分，例如：汽車、藥品、信用卡、預售屋等產品，就上新聞類頻道節目；洗髮精、沐浴乳等產品，則上綜合台、電影台頻道節目。

至於要選擇較高收視率的頻道及節目部分，例如：新聞台以TVBS新聞、三立新聞、東森新聞為主；綜合台以三立台灣台、民視綜合台為主；電影台以東森國片、洋片台為主；新知台以Discovery、國家地理頻道為主。

六、電視收視族群的輪廓

電視收視族群的輪廓（profile）有以下六種，包括：1.地區別（北、中、南、東）；2.年齡層（0～7；8～12；13～19；20～22；23～30；31～35；36～40；41～50；51～60；60以上）；3.性別（男、女）；4.學歷別（國小、國中、高中、大學、研究所）；5.工作性質（白領、藍領、退休、家庭主婦、學生），以及6.所得別（低、中、高所得）。

七、電視廣告片內容之訴求與呈現

電視廣告片內容訴求方式與強調重點，包括：1.產品獨特性與產品差異化特色；2.產品功能與效用；3.促銷活動內容；4.帶給消費者的利益點；5.名人、藝人證言式廣告內容；6.心理滿足與訴求；7.服務；8.幽默有趣訴求；9.唯美畫面訴求，以及10.反面恐怖訴求。

而電視廣告片（TVCF）的呈現，最主要有五種型態，即促銷活動型廣告片、新產品上市型廣告片、新代言人型廣告片、品牌維繫與提醒型廣告片，以及企業形象型廣告片。

八、決定電視廣告花費效果的因素

哪些因素決定電視廣告花費的效果呢？首先是吸引人的電視廣告片（TVCF）。其次是適當且足夠的電視廣告預算編列，讓廣告曝光度足夠。再來是有效的媒體組合（Media-mix Planning）規劃，讓更多的TA看到這支廣告片。當然，合理的媒體刊播購買價格是一定要的。還有，不要忘了，也是最重要的，那就是你的「產品力」。

電視收視族群6種輪廓

收視族群輪廓面向

1. 地區別
2. 年齡層
3. 性別
4. 學歷別
5. 工作性質別
6. 所得別

國內主要電視頻道家族

1. 無線台

(1)台視
(2)中視
(3)華視
(4)民視

2. 有線電視家族頻道

(1)TVBS	(5)年代	(9)福斯衛視
(2)三立	(6)八大	(10)中天
(3)東森	(7)壹電視	
(4)緯來	(8)民視	

電視頻道類型（分眾）

1 綜合頻道	5 戲劇頻道	9 日片頻道
2 新聞頻道	6 新知頻道	10 體育頻道
3 國片頻道	7 兒童卡通頻道	11 宗教頻道
4 洋片頻道	8 音樂頻道	12 其他類頻道

↓

各有不同的收視族群與適合的產品廣告

Unit 3-6
廣告決策內容 I

廣告的發想與形成決策的過程中，有其一定步驟，依序為廣告目標的決定、廣告預算的決定、廣告訊息的決定、廣告媒體的決定、廣告預算的分配，以及評估廣告效益等。由於內容豐富，特分兩單元說明之。

一、廣告目標的設定

廣告目標為達成其目的，可區分為四項，茲說明如下。

(一)告知性目標（Informative Advertising）：此項作用是希望產品在開發的初步階段中，能夠讓消費者明瞭產品之特質並引發其需求。例如，嬌生嬰兒洗髮精在初上市時，其產品廣告之訴求目標，即在告知成人與嬰兒所使用的，是不一樣的，為了保護嬰兒的髮質，必須使用專門用於嬰兒的特別配方洗髮精。

(二)說服性目標（Persuasive Advertising）：此項作用是希望產品在成長期的多家競爭中，能夠提出有力的訴求與證據，以支持並說服消費者認同與信賴本公司產品。說服性廣告，常透過「比較廣告」來凸顯自己的品牌；也常透過專家或實際使用者出面做口頭印證。例如：花王日用品的廣告，每一次均出現街頭或家庭中實際訪問花王產品的使用者感想，透過這種非廣告明星之表達，可以增加一般人的接受性，而事實也證明花王與白蘭的廣告都相當成功。

(三)提醒性廣告（Reminder Advertising）：此項作用適用於成熟期階段，主要作用是希望提醒消費者對品牌的忠實、對品牌隨時知悉，或者是一些促銷性活動之參與；例如，國泰人壽公司的電視廣告就屬於此種性質。

(四)促銷性廣告（SP Advertising）：為配合降價、週年慶、節慶或是打折等活動，而做的廣告宣傳片。

二、廣告預算之決定方式

廠商廣告預算的決定方式（Deciding the Advertising Budget），大致有五種方式，即銷售額占比率法、競爭公司對照法、目標達成法、長期投資法，以及市占率法。

三、媒體的決定

媒體的決定（Deciding on the Media）包括媒體的形式（Major Media Types）、如何選擇媒體、媒體時機之決定（Deciding on Media Timing），以及媒體組合四部分，茲分別說明如下。

(一)媒體的形式：包括電視（無線電視與有線電視）、報紙、雜誌、廣播、直接郵寄、戶外廣告，以及網路廣告等八種。

廣告決策流程
1.廣告目標的決定
2.廣告預算的決定
3.廣告訊息的決定
4.廣告媒體的決定
5.廣告預算的分配
6.評估廣告效益
廣告4目標
1.告知目標——產品開發的初步階段
希望能讓消費者明瞭產品之特質並引發其需求。
2.說服目標——產品成長期階段
希望能提出有力的訴求與證據，以支持並說服消費者認同與信賴本公司產品。
3.提醒目標——產品成熟期階段
希望提醒消費者對品牌的忠實與隨時知悉，或是一些促銷性活動之參與。
4.促銷／購買目標
配合降價、節慶等活動而做的廣告宣傳片。
廣告預算決定方式
$
廣告預算決定方式
1. 依年營收額比例率
2. 依競爭對手對照法
3. 依某種目標達成法
4. 依市占率法
5. 依長期投資法
廣告媒體的形式
NEWS
廣告媒體
1.電視
2.報紙
3.雜誌
4.廣播
5.戶外
6.網路
7.手機
8.DM／刊物

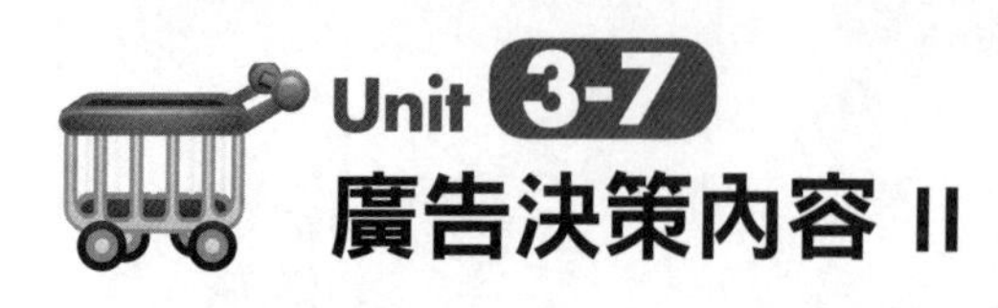

Unit 3-7 廣告決策內容 II

好的廣告內容，更需要搭配一個好的媒體計畫，這樣才能將好產品或好服務推廣出去，讓目標消費者知道！

三、媒體的決定（續）

(二)如何選擇媒體：選擇媒體必須依循三個主要的項目進行，即分辨哪個媒體會吸引什麼樣的群眾、再從中選擇最理想的媒體，以及確定預算做最好的利用，並獲致最大效益。

如何選擇媒體，要看產品和它的廣告需求。關鍵在於現在若要廣告這項產品，哪個媒體最有效？當然，要先定義什麼叫做「最有效」？有效的廣告需要以下四個條件的廣告媒體：

1.可以盡可能爭取目標大眾。

2.可以賦予欲傳遞的訊息最大的能見度。

3.可以在預算內，盡量的節省傳遞訊息的費用。

4.可以在一個適合產品和群眾的環境裡傳遞訊息。

(三)媒體時機之決定：包括廣告時機與時機類型考慮因素，以下說明之。

1.廣告時機類型：廣告是要密集式的、連續式的，或是間歇式的。

2.時機類型考慮因素：包括廣告溝通之目的、產品的性質、購買頻率、目標顧客之流動率、分配通路，以及目標顧客之遺忘率等六因素。

(四)媒體組合：媒體組合意即在廣告中運用兩種以上媒體，有其下列原因：

1.增加觸及率：因消費者對媒體的接觸不一樣，多一種媒體可增加接觸範圍。

2.互補效果：各類型媒體有其特性，電視有聲光效果，廣播有聲音效果，報紙和雜誌可提供詳細內容，互相使用比僅使用單一媒體來得有印象效果。

3.發揮綜效：集合上述兩項優點而獲得最大的廣告效果。媒體組合是要利用各種媒體的特性，做最佳的組合，因此在組合上必須考慮量與質的有效運用。

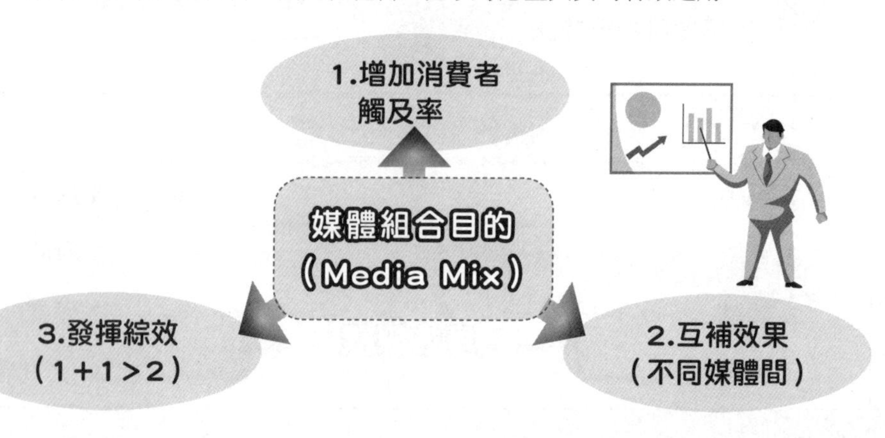

品牌廠商處理電視廣告作業流程10步驟

Step 1 廠商有廣告製拍行銷需求，並與廣告代理商聯絡。

Step 2 廣告代理商赴廠商處聽取需求簡報。

Step 3 廣告代理商了解需求後，回公司討論及分工，即準備對廠商客戶的廣告企劃提案。

簡報內容
策略、腳本、分鏡畫面、代言人選擇及導演聘請；必要時，導演也會出席。

Step 4 準備完成後，即赴廠商客戶處做簡報，討論及修改。

Step 5 經修改後，第二次廣告創意提案，討論並定案腳本、畫面、代言人，討論TVCF製拍費用（每支約200萬～300萬元之間）。

代言人費用約100萬～1,000萬元之間。

Step 6 導演展開拍攝，約需2週～1個月A拷帶TVCF完成。

Step 7 廣告代理商攜帶A拷帶到廠商客戶處播放，討論及修改地方。

Step 8 導演經修改後，B拷帶完成，給客戶看過並討論，確定OK完成。

Step 9 準備依媒體代理商所提出的電視廣告播出時間表（CUE表）上檔播出。

Step 10 播出1週後，馬上由廠商客戶、廣告代理商及媒體代理商展開效益評估。

END

Unit 3-8 廣告預算分配與廣告效果評估

公司決定廣告預算時，第一步要先想清楚，追求的是營收，還是利潤成長，目的不同，預算差別很大。

一、廣告預算分配考量點

(一)媒體間：做廣告預算時，決定採用何種媒體，並依廣告的目標來採用媒體比例的高低，其中的媒體包括報紙、電視、廣播、DM、傳單、戶外廣告等之分配。

(二)媒體內：在相同的媒體內，廣告預算會依據媒體的性質、強弱及時段而來選擇電台或時段。

(三)地域別：廣告主會對整個銷售區來做廣告預算的分配，銷售較弱的地區會使用較多的廣告預算來鼓勵經銷商銷售，而銷售良好的地區，只需用到足以維持該產品競爭地位的廣告預算即可。

(四)月別：廣告主會依據產品在一年時節中需求量的多寡，來分配廣告預算。有些廣告主在淡季時仍會推出該品牌的廣告，因為要維持大眾對該品牌的認知及印象。

二、評估廣告效果

所謂廣告效果，簡單地說，就是廣告主把廣告作品透過媒體揭露之後，所產生的影響。這影響包括：有沒有看過這個廣告（所謂的「廣告認知效果」）、這個廣告在傳達什麼訊息、喜不喜歡這個廣告（所謂的「偏愛效果」）、會不會受廣告影響而購買這個產品（所謂的「廣告促購效果」）等。在實施廣告效果評估時，通常會針對這幾個指標進行調查。

一般來說，評估廣告效果（Evaluating Advertising Effectiveness）可分為事前測試（Pre-Testing）與事後評估（Post-Evaluating）。

「事前測試」的目的在於廣告未正式播出之前，先行觀察對象的反應，是否能達到預期的廣告目的，以免未來投入大量廣告費用後，效果不彰，甚至是反效果時，白白浪費了行銷資源。而透過「事後評估」，以檢測媒體安排的好壞，並再度了解該廣告對視聽大眾的影響程度。

「事前測試」的素材可以是Storyboard、Motion board或CF帶，一般多採用焦點團體座談（Group Interview）或設一定點進行調查（Central Location Test）。而「事後評估」，則多採用電話調查的方式，但當有些廣告表現難以透過電話進行詢問時（有音樂沒旁白的CF、廣告情節片段零碎）或差異性不夠時，此時就會採用定點調查，讓受測者再看CF，以確切掌握消費者廣告認知情形。

廣告效果評估作業模式（正規模式）

1.產品概念測試 Product Concept Test → **2.廣告概念測試 Creative Concept Test** → **3.廣告效果前測 Advertising Pre-Test** → **4.廣告效果追蹤調查 Advertising Post-Test**

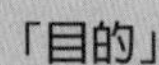

1.產品概念測試 Product Concept Test

「目的」
- 先透過相關的市場分析與產品分析，再透過合適的調查設計，以找出該項產品所適合的消費群與產品概念。

☞找出產品的市場定位

2.廣告概念測試 Creative Concept Test

「目的」
- 從消費者對每一個廣告概念的評價中，找出最適合的一個廣告概念。
- 從測試過程獲得資訊，作為廣告策略發展的參考。
- 找出每個概念在競爭環境中的定位。

☞找出與消費者最有效的溝通方式

3.廣告效果前測 Advertising Pre-Test

「目的」
- 藉此了解是否有溝通上的盲點及負面影響等，以指引發展出更出色的創意表現。
- 預知將來廣告露出的結果，並作為最後修正的參考。

☞將與消費者的溝通方式達到最佳狀態

4.廣告效果追蹤調查 Advertising Post-Test

「目的」
- 了解廣告活動的實施效果與當初所設定的廣告策略是否需做調整？
- 了解消費者態度改變的情況、購買動機、試購與續購的行為。
- 對競爭者所造成的影響如何、競爭者的相對情形如何？

☞與消費者的溝通是否達成？

廣告預算分配考量點

廣告預算分配5考量

1. 依不同媒體效果而有所不同
2. 依不同地區效果而有所不同
3. 依淡旺季不同而有所不同
4. 依不同月別、季別而有所不同
5. 依不同競爭狀態而有所不同

Unit 3-9 戶外廣告

目前台灣的戶外媒體（Out of Home, OOH）可約略分為下列兩大項，茲說明之。

一、戶外看板

除了加油站看板外，最常見的戶外看板就是一般大樓牆壁張貼的帆布廣告。就算只有公司行號及電話，也是最簡單的戶外看板。另外像高速公路兩旁的T Bar，也可劃分於戶外看板當中。

人潮愈多的地方，戶外看板也愈多。商圈中，戶外看板是消費者進入商圈購物前最末端的媒體，因此以台北地區來說，西門町、東區、信義區等商圈，是目前戶外看板聚集最明顯的地方。抬頭一看，隨時可見各式各樣的大型廣告看板。

二、交通媒體

交通媒體是目前成長力道最強勁的戶外媒體，每年的廣告量高達19億多元。依運輸工具的不同，交通媒體可再分為以下四種：

(一)公車：最早從公車內張貼的廣告，到現在車體外的廣告，公車的廣告形式也愈來愈多變化。公車廣告進入「車體外廣告」後，目標族群也從搭乘公車的民眾，擴展到凡是「能看到」公車的族群皆屬之。公車有一定的行駛路線，因此對廣告主而言，可以有很清楚的選擇範圍。而在ACNielsen的調查中，公車車廂的接觸率高達八成，也顯示出未來公車媒體的前景看好。至於被詬病的「偷車」情形也獲得改善了。

(二)捷運：因為火車和捷運的運輸工具，通車形式接近，所以將兩者歸為同一類別。早期車廂內廣告、捷運車體彩繪廣告，或是各站內燈箱廣告，發展到現在於捷運站內也可以大做文章，都是為了要吸引路人的目光。捷運一天的人潮進出量有100萬人次，一個月就有3,000萬，加上以上班族和學生族群為主的客層定位非常清楚，廣告主能清楚地知道目標族群就在這裡！因此除了食品類的廣告外，精品、金融、數位、保養品等較高消費的產品，也都很適合捷運廣告的刊登。

(三)計程車：計程車與公車相較之下活動力較高，除了往來於重要街道外，同時能穿梭於大街小巷，並能不斷來回於人潮聚集處，更加提高其曝光度，近來已成為新興的戶外媒體。計程車媒體也能和消費者產生「互動式行銷」，方式就是利用車座背面DM盒中的廣告DM或試用品，讓乘客自由拿取。而這種與消費者有更多互動方式的行銷手法，未來成為媒體的附加價值後，更能獲得廣告主的青睞。

(四)機場：機場媒體的應用不外乎是燈箱看板和手推車廣告。由於機場廣告行之有年，所以目標族群的應用非常清楚。機場同時是國家的大門，因此企業於此做形象廣告非常適合。

台灣的戶外媒體

1.戶外看板

① 加油站看板

② 大樓牆壁張貼的帆布

③ 廣告高速公路兩旁的T Bar

2.交通媒體

所謂交通媒體，指的就是以交通運輸工具作為傳播媒介的廣告，透過這些媒體訊息，傳遞給搭乘這些運輸工具的消費者。

(1)公車廣告

從早期方正的車體外廣告，現在則有更多廣告主選擇以「破格」方式呈現：廣告圖樣延伸至窗戶，也有更多活潑的呈現方式。

什麼是「偷車」？

由於公車媒體之前分別由不同代理商負責，在競爭激烈下，為人所詬病的情形就是在削價競爭下，為持平成本的「偷車」，也就是假設合約上明定100輛公車，但卻可能只有七、八成的公車貼上廣告主的廣告。但這樣的情形，在目前由柏泓媒體取得大台北地區3,000多輛、近八成數量的公車之後，將可杜絕此情況發生。

(2)捷運廣告

捷運手扶梯上的長型廣告、牆壁兩旁，甚至連結天花板和地板的巨型壁貼海報，或是從天花板垂掛而下的布幔，每一個地方的呈現，都是為了要吸引路人的目光。

(3)計程車廣告

最早的計程車廣告僅是簡單幾行字的貼紙，而目前則有更活潑的作法，除了車頂燈箱經由交通部運研所測試合格，具有安全性和合法性，另外車體兩側、側窗、後窗的廣告貼紙，也能讓路過的人車一眼就能看到。

(4)高鐵、台鐵、機場廣告

包括燈箱看板和手推車廣告。機場同時是國家的大門，很適合企業做形象廣告。

Unit 3-10
電視廣告提案實例

為讓讀者對電視廣告提案過程有一個確切了解，本文以○○房屋仲介廣告為實例說明之。

一、各房仲品牌傳播訴求

品牌	支持點	主張
1.信義	信任、四大保障	信任帶來新幸福
2.永慶	20週年真實案例故事	因為永慶更加圓滿
	網路功能與服務（超級宅速配）	家的夢想就在眼前
3.太平洋	20年與時並進的服務	最久最好的朋友
4.住商	責任感（顧客服務最優先）	有心最要緊（你希望的家安心交給我）
5.有巢氏	社區深耕熱心	你家的事我們的事
6.中信	大小關鍵都嚴謹 無微不至的服務	用心

二、競爭者觀察

要如何觀察競爭者呢？有以下觀察要點，包括：1.持續溝通一個廣告訴求，在消費者心中累積印象；2.二大品牌（信義、永慶），占住品類訴求（成家的幸福）；3.其他品牌（住商、中信、有巢氏）談人員服務尋求差異性，以及4.廣告手法以平實、生活題材為主者具信賴感，而過去一些誇張特效超寫實的廣告表現已不復見，多打感性、溫馨牌。

三、廣告目標及策略思考點

○○房屋仲介公司的廣告目標，是要讓該公司成為令人尊敬及感動的領導品牌。而策略思考點方面有以下四點，包括：1.專注在買賣房屋的行為；2.跟其他競爭品牌有差異的，別家沒有講的；3.對買賣雙方都有利的，以及4.一個可以長久經營的廣告主張。

四、廣告主張及其製作

○○房屋仲介公司的廣告主張如下：首先是沒有賣不掉的房子，因為找了不會賣的人；再來是強調○○房屋仲介公司是買賣房屋的專家；其主張是因為該公司了解買賣的需求，因此看見房子的真價值。

有了上述明確的廣告主張後，接著要進行的是廣告故事大綱的擬定、廣告分鏡角本的撰寫、廣告主角的挑選，以及廣告拍攝時程表的規劃等事項。

廣告提案內容分析

1.各競爭品牌傳播訴求比較

2.競爭品牌觀察

3.廣告目標

4.策略思考點

5.廣告主張

沒有賣不掉的房子，因為找了不會賣的人 ⇒ ○○房屋是買賣房屋的專家 ⇒ 因為了解買賣的需求，○○房屋看見房子的真價值

6.廣告故事大綱

7.廣告分鏡腳本

8.廣告拍攝時程表

9.廣告主角人選

10.廣告拍攝預算

第 4 章

媒體企劃與媒體購買

章節體系架構 

Unit 4-1 各種媒體分析 I

企業較常使用的行銷宣傳媒體，包括：電視廣告（TV）、報紙媒體（NP）、雜誌媒體（MG）、廣播媒體（RD）、網路媒體（Internet）、戶外（交通）媒體（Out of Home, OOH）、夾報DM與刊物媒體，以及手機媒體等八大媒體，如何在有限的預算下，發揮最大的宣傳效益？由於內容豐富，特分四單元說明之。

一、八大媒體的未來趨勢重要性及產值

上述所提八大媒體，就其未來發展趨勢，可將其分為主要媒體以及輔助媒體二大類。

首先，電視廣告仍是目前最主要的第一大媒體，在未來仍扮演舉足輕重的地位。報紙媒體則是因為閱報率逐漸下滑與重要性逐漸下降等原因，而居輔助媒體的地位。

而輔助媒體有雜誌媒體、戶外媒體、夾報DM與刊物媒體。網路媒體因其閱聽眾以15～35歲年輕族群為主力，在未來有日益重要的趨勢；另外，以目前幾乎人手一機的現象來看，手機媒體在未來相信會有更大幅度的成長。

二、電視媒體分析

TV＝ 無線電視台 ＋ 有線電視台（Cable TV）

無線電視台

- 台視
- 中視
- 華視
- 民視
- 公視（無廣告）
- 台語台（無廣告）
- 客家台（無廣告）
- 原住民台（無廣告）

有線電視台（Cable TV）

主要頻道家族：（從25頻道～70頻道）

- TVBS（3個頻道）
- 三立（4個）
- 八大（3個）
- 年代（3個）
- 福斯（4個）
- 東森（7個）
- 緯來（5個）
- 非凡（2個）
- 壹電視（2個）
- 中天（2個）

三、收視占有率分析

(一)無線台占10%：以晚間綜藝節目及八點檔戲劇節目為較高收視率，以及全國550萬戶家庭均可收看到。

(二)有線台占90%：以新聞節目、電影節目、戲劇、綜藝節目為較高收視率，以及全國普及率85%，約500萬戶家庭可收看到。

各主要媒體的未來發展趨勢

	媒體類別	主要／輔助	未來趨勢	今年廣告規模
1.	電視媒體 （有線＋無線）	最主要媒體	‧目前為第一大媒體 ‧未來仍是重要	220億
2.	報紙媒體	輔助媒體	‧閱報率下滑 ‧重要性漸下降	30億
3.	網路媒體＋行動媒體	最主要媒體	‧未來日益重要 ‧15～35歲年輕族群為主力	150億
4.	雜誌媒體	輔助媒體	‧下滑	20億
5.	廣播媒體	輔助媒體	‧下滑	15億
6.	戶外媒體	輔助媒體	‧上升	30億
7.	夾報DM、刊物媒體	輔助媒體	‧持平發展	30億

有線電視主要頻道類型

分眾頻道類型

1.新聞台	★★★★★★（最重要）
2.綜合台	★★★★★★（最重要）
3.國片台	★★★★★☆（次重要）
4.洋片台	★★★★★☆（次重要）
5.兒童卡通台	★★★☆☆☆（普通）
6.戲劇台	★★★☆☆☆（普通）
7.音樂台	★★★☆☆☆（普通）
8.體育台	★★★☆☆☆（普通）
9.新知台	★★★☆☆☆（普通）
10.宗教台	★★★☆☆☆（普通）
11.購物台	★★★☆☆☆（普通）

Unit 4-2 各種媒體分析 II

前文提到目前我國的電視媒體分為無限電視台與有線電視台兩大種，前者就是早期的台視、中視、華視，以及後來的民視、公視（無廣告）；後者則是1993年開放有線電視系統合法經營，主要頻道包括TVBS、東森、三立、八大、緯來、中天、年代、非凡、福斯、壹電視等多台。

根據前文分析，電視仍是目前及未來的強勢媒體。問題是我們要如何得知哪些電視台節目的觀眾是我們要主打廣告的對象呢？以下收視率的調查，可提供我們做媒體規劃的參考。

四、國內收視率的調查

我國電視媒體收視率是根據外商A.G.B尼爾森公司（Nielsen）所調查研究的。尼爾森公司在全國2,200個家庭（北、中、南、東部）裝置收視記錄器，以電腦記錄收視戶收看每台節目的狀況。

各電視媒體公司每月均會向尼爾森公司付費幾十萬，購買每日的節目收視率狀況，以作為節目精進分析及廣告業務之用。

一般來說，收視率1.0以上的節目，就算是很好的收視率了。1.0平均代表該節目全國有22萬人口同時在收視，2.0代表有44萬人口在看，0.5代表有11萬人口在看。收視率在0.1以下的收率，就算是比較差一點的節目。

而所謂高收視率節目的意涵，代表著：1.有較多的收視觀眾；2.可以訂較高的廣告價碼；3.可以有較多的廠商想上這個節目的廣告時段，以及4.電視公司可以從此節目中賺到較多的利潤。例如：三立台灣台的八點檔戲劇（台語）、民視無線台的八點檔戲劇（台語）。

五、收視觀眾輪廓

從尼爾森每日收視資料庫，除可整理出每個節目的每分鐘收視率之外，還可以整理出收視觀眾的輪廓（Profile）內容，包括：1.在哪一個縣市或地區別；2.男性或女性；3.年齡層別；4.工作性質別（白領上班族、藍領）；5.學歷別（國小、國中、高中職、大學以上），以及6.家庭所得別等，以作為廣告業務推廣之用。

六、廠商下節目廣告的基本原則

國內收視率調查公司

A.G.B尼爾森調查公司

1. 收視率愈高，代表廣告收入愈多！
   - 收視率決定電視台的生死！
2. 在全台灣2,200個家庭裝設收視記錄器！
3. 收視率每1.0就代表全台有22萬人同時在看此節目！
4. 0.5以上的節目就算不錯了，0.1以下節目則較差！

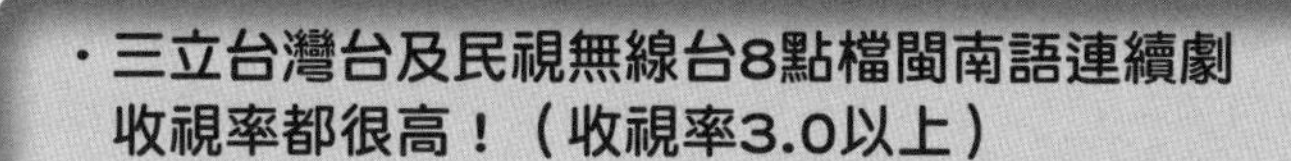

收視觀眾輪廓

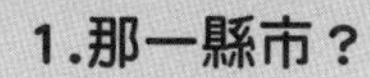

2.性別如何？

6.學歷別如何？

5.工作性質別如何？

4.所得別如何？

Unit 4-3 各種媒體分析III

前文提到電視仍是最主流的強勢媒體，但自從有線電視台的興起，其獲利程度已大大領先無線電視台。而居次主要媒體的報紙類，隨著年輕人不看報紙的趨勢增加中，閱報率逐漸衰退，已陸續關掉幾個老報，但因報紙仍有分眾族群的價值，仍有小獲利的機會。

七、電視仍是最主流的媒體

(一)尼爾森對各種媒體收視率的調查：近一週及昨日你曾經看過電視占85%、網路占95%、報紙占18%、雜誌占16%、廣播占15%、戶外占60%（含公車、捷運、看板、霓虹燈等），可見電視仍是最主流的媒體。

(二)無線台與有線台的獲利情形：有線電視台經營到目前為止，仍是屬於賺錢的；每年獲利額大致在1億～8億，視不同台而定；其中以三立、東森及TVBS三家電視台最賺錢，無線台則不易賺錢。

八、報紙概況

報業經營普遍困難，這幾年來，陸續關掉了中時晚報、星報、大成報、台灣日報等。主要原因是發行量大幅下滑，閱報率下滑，致使廣告量收入不足，故虧損關門。

目前閱報率的排名次序：第一是蘋果日報、第二是自由時報、第三是聯合報、第四是中國時報。

這四種報紙的發行份數分別為蘋果日報15萬份、自由時報30萬份（含贈送多）、聯合報15萬份，以及中國時報15萬份。

年輕人不看報紙的趨勢增加中，閱報率衰退，而閱報者多為中老年人，故廣告不易拓展，也跟著不易賺錢。但報紙仍有價值及分眾族群，並不會完全消失不見。

到目前，四大報處於虧錢狀況，只有虧大或虧小的問題。中時報系被旺旺集團所收購，更名為旺旺中時傳媒集團，擁有中視及中國時報。

房地產業及零售業，仍是報紙廣告客戶主要來源。蘋果日報廣告量較多，以房地產專版支撐最有力，其次為娛樂綜藝版的廣告量較多。

《報紙發行量15年來大幅減少》

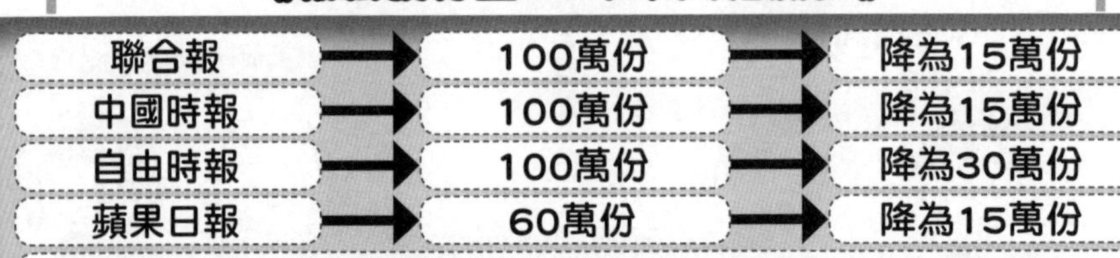

- **報紙廣告從25年前最高峰150億元下滑到目前最低的30億元，難怪四大綜合報都虧錢！**

報紙媒體（NP）

2大財經報
1.經濟日報
2.工商時報

＋

4大綜合報
1.自由
2.蘋果
3.中時
4.聯合

＋

1晚報
聯合晚報
（2020年6月停刊）
中時晚報
（2016年早已停刊）

各媒體曾看過比率（昨天／最近一週內）

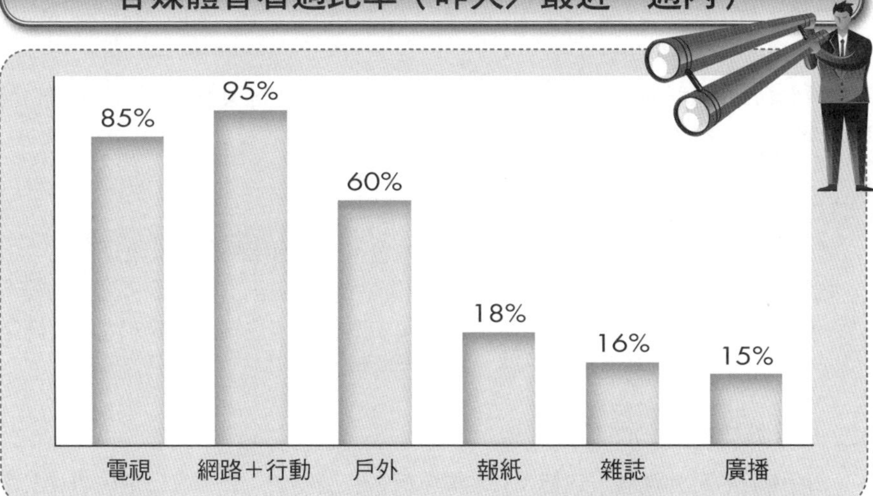

報紙大都不賺錢

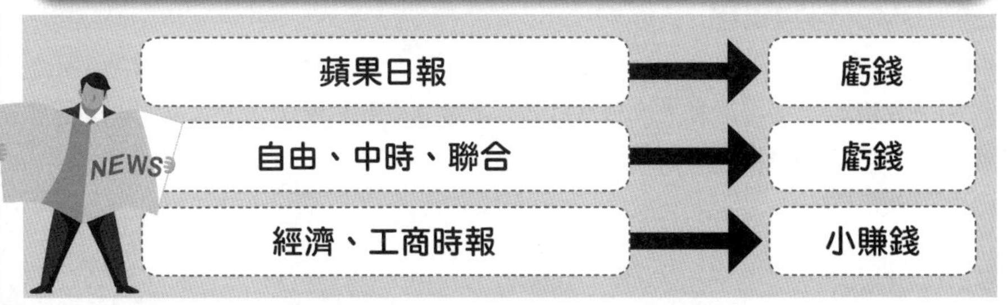

Unit 4-4 各種媒體分析 IV

網路的興起，讓網路廣告成為僅次於電視廣告的媒體寵兒。

九、網路媒體（Internet）

網路廣告總量，去年已達150億元左右，僅次於電視廣告量（220億），報紙廣告量（30億），已居第三位。領先廣播（15億）、雜誌（20億）及戶外廣告（30億）。

網路廣告量目前仍以雅虎奇摩、FB臉書、IG、YouTube、Google、LINE及新聞網站居多。

十、廣播媒體（Radio）

廣播媒體近幾年來並無成長，屬於搭配性輔助媒體。

目前收聽率及廣告量較多集中在中廣、飛碟、台北之音、Kiss Radio、News新聞網、高雄港都、台中大眾等。

廣播廣告收聽群仍以開車上班族群及國、高中學生夜間收聽為主。廣播電台目前只有小賺錢，不易經營。

十一、雜誌媒體（Magazine）

雜誌媒體近年來經營並不容易，收起來的也不少，但出版社仍為數眾多。

雜誌屬於分眾及小眾閱讀者，區分為商業財經性、語言、電腦、遊戲、親子、女性、服飾、美妝等二、三十種分類雜誌。其中商業財經性雜誌，較知名的有商業周刊、天下、遠見。目前雜誌廣告仍屬於輔助性媒體。

十二、戶外媒體（OOH）

一般所說的戶外媒體，包括：1.大樓看板、包牆廣告；2.都會公車廣告；3.都會捷運廣告；4.高速公路T-Bar廣告；5.辦公大樓電梯門口LED廣告；6.機場廣告；7.火車廣告，以及 8.高鐵廣告等多種。戶外廣告仍有需求，故仍呈現微幅成長。

十三、DM、刊物媒體

常見的DM、刊物媒體，包括：1.夾報DM及宣傳DM（房地產、賣場）；2.百貨公司、大賣場週年慶活動大本DM特刊；3.會員刊物、VIP刊物；4.便利商店預購DM，以及5.宅配到家訂購DM等多種。

Internet媒體的類型

1.入口網站及搜尋網站
- 雅虎奇摩
- 百度
- PChome
- yam
- Google

2.社群網站
- Facebook (臉書)
- 推特(Twitter)
- Dcard
- 抖音(TikTok)
- 痞客邦
- IG
- YouTube

3.專業網站
- 巴哈姆特(遊戲)
- 親子母嬰網站
- Mobil 01(手機)
- 其他

4.新聞內容網站
- 聯合新聞網
- Now news
- 蘋果新聞網
- 中時電子報
- ETtoday

5.購物網站
- 雅虎奇摩
- 富邦momo網
- 東森＋森森
- 博客來
- PCHome
- 蝦皮

6.其他網站
- FG (fashion guide)

網路行銷（數位行銷）方式與工具

數位行銷廣宣方式

1. 關鍵字廣告
2. Banner橫幅廣告
3. 影音廣告
4. eDM廣告
5. 臉書粉絲專頁、IG粉絲專頁
6. 部落格、部落客撰文推薦
7. Fashion guide市調大隊與星級評鑑
8. YouTube影音廣告
9. Google聯播網廣告
10. 品牌官網
11. 網路活動設計
12. 手機APP及LINE官方帳號

Unit 4-5 媒體企劃與媒體購買

廠商如何將有限的行銷預算發揮最大的宣傳效益，不妨考慮借力使力。

一、媒體企劃的意義

媒體企劃（Media Planning）的意義，係指媒體代理商依照廠商的行銷預算，規劃出最適當的媒體組合（Media Mix）及其他行銷活動，以有效達成廠商的行銷目標，為廠商創造最大的媒體效益，此謂之媒體企劃。

二、媒體購買的意義

媒體購買（Media Buying）的意義，係指媒體代理商依照廠商所同意的前述媒體企劃案，以最優惠的價格，向各媒體公司（例如電視台、報紙、雜誌、廣播、戶外、網路公司等）洽購好所欲刊播的日期、時段、節日、版面、次數及規格等。

三、媒體代理商存在的原因

媒體代理商因為具有集中代理較大廣告量的優勢條件，因此可以向各媒體公司以議價、殺價的方式，取得較優惠的廣告刊播價格。如果是廠商自己去刊播，則必會花費更高的成本，故廠商大都透過媒體代理商代為處理媒體購買及刊播這一類的事。

目前較知名的廣告公司及媒體代理商，以及這兩者與廣告主之間的關係，茲整理如右頁，以供參考。

四、廣告主依賴六大類公司功能

一般來說，廠商（廣告主）要宣傳自己的產品或服務所需要的外製單位，可歸納成下列六大類：

(一)廣告代理商：企劃、製作有吸引力的廣告與TVCF。

(二)媒體代理商：規劃出最有效率的媒體組合計畫案，並取得較優惠的刊播成本、時段、節目及版面。

(三)公關公司：平常協助廠商做好與媒體界的公關關係，以利公關報導的露出，以及協助舉辦一些公關活動事宜。

(四)活動公司：協助廠商舉辦重要活動的規劃案及執行案。

(五)店頭行銷公司：協助廠商處理全省各地賣場店頭布置陳列、設計及廣宣事宜。

(六)設計公司：協助廠商做好產品設計、包裝設計、簡介設計、DM設計、店面設計、贈品設計、公仔設計等事宜。

媒體企劃與媒體購買

什麼是媒體企劃？

行銷預算  規劃有效率的媒體組合 ＋ 行銷活動組合  展開執行

什麼是媒體購買？

廠商行銷預算 → 交給媒體代理商做媒體企劃及媒體購買 → 向各種媒體公司購買時段、版面，以刊播廣告

媒體代理商存在的原因

媒體採購量大  有議價、殺價優勢  故取得較低上廣告價格

較知名的廣告公司及媒體代理商

廣告公司

- 奧美公司
- 智威湯遜公司
- 李奧貝納公司
- 台灣電通公司
- 聯廣公司
- 我是大衛公司
- 麥肯公司
- 電通國華

媒體代理商

- 凱絡公司
- 傳立公司
- 媒體庫公司
- 奇宏
- 宏盟
- 宏將公司
- 喜思公司
- 貝立德公司
- 星傳

廣告公司、媒體代理商及廣告主三者間關係

廠商（廣告主） → 廣告代理商：企劃、製拍好的廣告片或平面廣告稿

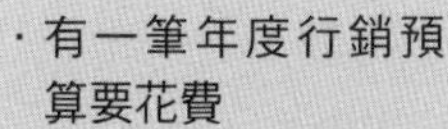

媒體代理商：依預算額度，做好媒體企劃與媒體購買

各媒體公司：電視台、報紙、雜誌社、廣播電台、網路公司、戶外及交通公司等

正式刊播出來

廠商（廣告主）：
- 有一筆年度行銷預算要花費
- 確立行銷的目標與目的

例如：統一企業、統一超商、TOYOTA、資生堂、SK-II、中國信託、花旗、可口可樂、味全、金車、惠氏

Unit 4-6

行銷預算的意義、緣由及如何配置

什麼是行銷預算呢？它是如何被編列與配置在媒體規劃上？以下說明之。

一、行銷預算的定義

行銷預算（Marketing Budge）係指廠商為維繫或提升年度營收額、銷售量或業績或市占率，而必須透過各種媒體廣告刊播與舉辦各種行銷活動、促銷活動的上述支出費用，此即行銷預算之意。

二、行銷預算總額怎麼來

大部分採取占「年度營收額」多少百分比或固定百分比，以編列行銷預算全額。例如：年營收額30億X3%＝9,000萬預算；年營收額100億X1%＝1億預算；年營收額10億X3%＝3,000萬預算。

實務上，如果年度營收額變化不大，則行銷預算也都會以過去年度支出多少為依據參考。當然，行銷預算也不是固定不變的，有時候會增加，有時候也會減少。但為何是依營收額比例法編列行銷預算呢？因為可以作為管銷費用比例的控制支用，以及確實得多少獲利率（額）的管控之用。

行銷支出預算案例

公司名稱	營業額	百分比	行銷預算
1.阿瘦皮鞋	20億元	1.5%	3,000萬元
2.林鳳營鮮奶	30億元	3%	9,000萬元
3.茶裏王飲料	20億元	2%	4,000億元
4. 三星手機	100億元	1.5%	1.5億元
5.貝納頌	10億元	5%	5,000萬元
6.中華電信	1,000億元	0.5%	5,000萬元
7.CITY CAFE	130億元	0.3%	3,900萬元
8.統一7-11	1,600億元	0.1%	1.6億元

三、行銷預算如何配置

行銷預算分配（Allocate）在哪些項目，要看以下幾點原則：1.哪一種媒體或活動的「效益」較大，效益愈大者，就分配愈多。例如：電視廣告效益較大，就會分配較多；2.要看「整合性行銷傳播」的操作原則，不是只有集中在某一個媒體或活動，而是一種搭配組合操作；3.要看過去的支出實際效益狀況如何而分配；4.要看競爭對手的行動而參考，以及5.要看TA的媒體行為及生活行為如何，做最適當的預算配置。

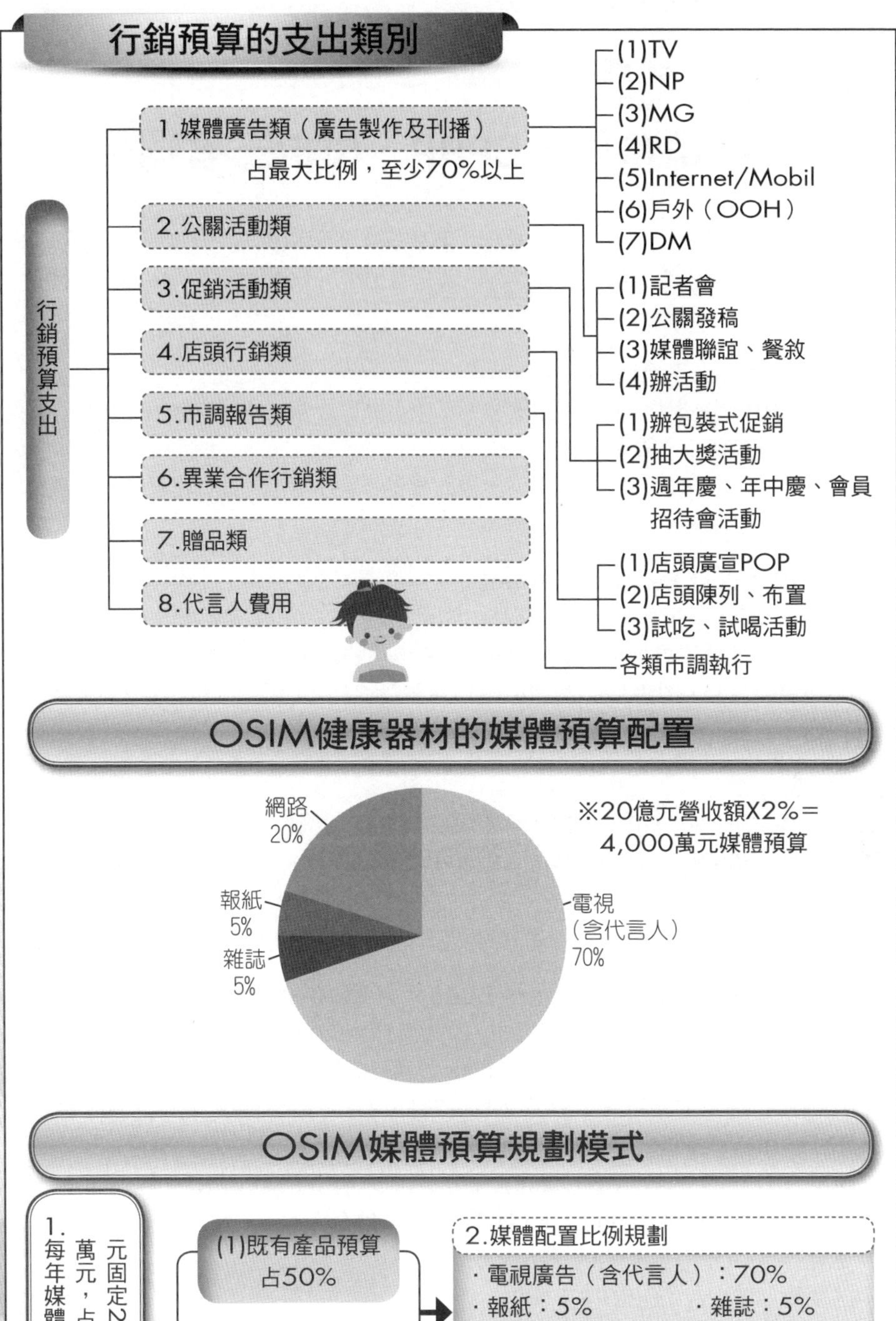

行銷預算的支出類別
行銷預算支出
1.媒體廣告類（廣告製作及刊播）
占最大比例，至少70%以上
(1)TV
(2)NP
(3)MG
(4)RD
(5)Internet/Mobil
(6)戶外（OOH）
(7)DM
2.公關活動類
(1)記者會
(2)公關發稿
(3)媒體聯誼、餐敘
(4)辦活動
3.促銷活動類
(1)辦包裝式促銷
(2)抽大獎活動
(3)週年慶、年中慶、會員招待會活動
4.店頭行銷類
(1)店頭廣宣POP
(2)店頭陳列、布置
(3)試吃、試喝活動
5.市調報告類
各類市調執行
6.異業合作行銷類
7.贈品類
8.代言人費用
OSIM健康器材的媒體預算配置
網路 20%
報紙 5%
雜誌 5%
電視（含代言人）70%
※20億元營收額X2%＝4,000萬元媒體預算
OSIM媒體預算規劃模式
1.每年媒體預算的4,000萬元，占年營收額20億元固定2%
(1)既有產品預算 占50%
(2)新產品預算 占50%
2.媒體配置比例規劃
・電視廣告（含代言人）：70%
・報紙：5%
・雜誌：5%
・網路：20%
2.配置原則
・依過去幾年經驗的實際媒體效果而分配

Unit 4-7 行銷預算、CPRP、GRP三者關係

對於一個「新產品」正式上市推出，我們從以下可以得知，如果沒有花費3,000萬元以上的電視廣告費，也會沒有足夠的廣告量出來，效果會不太大。因此，行銷要花錢的。

一、GRP＝Gross Rating Point

所謂GRP，係指廣告收視率之總和或總收視點數之意；即廣告播出之後，我們應該可以達到多少個總收視點數之和。

GRP愈高，代表總收視點數愈高，被消費者看到或看過的機會也就愈大，甚至看過好多次。

二、CPRP＝Cost Per Rating Point

所謂CPRP，係指每收視點之成本，亦指電視廣告的收費價格之意。

目前，大部分業界均採CPRP保證收視率價格法，也就是說，廠商有一筆預算要刊播在電視廣告上，則會保證播出後，依收視率狀況，保證播到GRP達成的數字目標值。

三、公式

CPRP＝總預算／GRP；GRP＝總預算／CPRP。例如：CPRP＝5,000元／每10秒，總預算＝500萬元，則GRP＝5,000,000／5,000元＝1,000個。故總收視點數要達到1,000個GRP，但須除以30秒一支廣告，故為300個GRP。如果放在收視率1.0的節目播出，則可以播出300次，若分散在五個新聞台，則每台播出60次。

四、目前CPRP價格在3,000元～7,000元／每10秒之間

CPRP價格在廣告淡季時，空檔多，故會降價到3,000元～3,500元／每10秒。廣告旺季時，大家搶著上，故會上升到7,000元／每10秒。

上述廣告旺季通常為每年5月、6月、7月、8月、9月為夏天旺季，以及每年11月、12月、1月、2月為冬天旺季。而廣告淡季則是指過年後的3月、4月，以及夏天後的10月、11月等。另外，各種頻道收視率的不同，也會影響CPRP，目前如下：

1.新聞台：CPRP在6,000元～7,000元之間為最高。

2.綜合台：CPRP在4,000元～4,500元之間。

3.國片、洋片台：CPRP在3,000元。

4.兒童台：CPRP在1,000元為最低。

一般而言，廠商每一波的電視廣告量支出，不能少於500萬元，太少則消費者看不到幾次。大約500萬元～1,500萬元之間為宜。故如果每年有3,000萬元的電視廣告支出預算，則可以分配在二波～四波之間播出，平均每季一次，計四次；或上半年、下半年各一次。另外，對於一個「新產品」正式上市推出，如果沒有花費1,000萬元以上的電視廣告費，是不會有太大的效果。

行銷預算、CPRP、GRP三者間關係

GRP = R（reach，觸及率） X F（frequency，頻率）
=Gross Rating Point
=總收視點數
=收視率之總和
=愈高愈好

CPRP Cost Per Rating Point
=每收視點數之成本
=總預算（託播）／GRP
=每10秒在3,000元～7,000元之間
=又稱為「保證收視率的廣告收費」

各頻道類型的CPRP值

1.新聞台：每十秒CPRP在6,000元～7,000元。

2.綜合台：每十秒CPRP在4,000元～4,500元。

3.國片、洋片台：每十秒CPRP在3,000元～4,000元。

2.兒童台：每十秒CPRP在1,000元。

每一波段電視廣告預算

每一波段（2週）→ 至少500萬～1,000萬元

每年度 → 至少4波段，即2,000萬～4,000萬元

Unit 4-8 廣告媒體的選擇及電視媒體的企劃

當行銷人員面對有限的行銷預算，要如何做出最大的廣告效益呢？其實這就考驗到行銷人員是否「smart」了！

一、廣告媒體的選擇因素

廣告媒體的選擇至少應該考慮到下列四個因素，一要選擇最有效果及效益的媒體才行。二是媒體的閱聽視觀眾，必須與廠商的TA（目標消費族群）一致或相符合才行。三是也要考慮到行銷預算的多或少，行銷預算太少，則就不可能上很多電視廣告，因為電視廣告費比較貴。四要考量到預算全部用在主流媒體或一部分用在輔助媒體上。

二、電視媒體企劃的思考步驟

首先考量的是，我們公司產品的TA（目標消費族群）與電視節目的收視觀眾群是否一致。

其次考量的次序是頻道類別、頻道台別、 節目別、時段別／週間別，以及播放次數，茲舉例說明如右頁。

三、何謂Cue表？

所謂Cue表，係指根據廣告播出排期表或刊播表，包括刊播的日期別、週間別、頻道別、節目別、次數別及合計別數等事項內容。

四、廣告（TVCF）製作流程

廣告（TVCF）的製作，其流程可歸納整理如下：1.廠商企劃人員對廣告公司做簡報及溝通；2.廣告公司創意總監對本公司提出創意簡報及製作費用（含腳本畫面、配樂、調性、廣告主角、代言人等）；3.針對創意提案，雙方討論、溝通、修正OK；4.正式進入TVCF拍攝期，約需3週～4週；5.製拍完成A拷，給廠商觀看，討論及修改；6.完成修正B拷，給廠商觀看，修改及確認OK，以及7.B拷修正OK後，即可播出。

一般來說，TVCF製作成本很高，便宜的要100多萬元，一般平均要250萬元，貴的要500多萬元一支。到國外拍攝可能要600萬～1,000萬元以上。國際品牌精品級的，可能要2,000萬元以上。

TVCF拍攝經常找知名藝人為廣告主角，大約要價100萬～600萬元不等。多少會帶來較佳的收看吸引力、視覺效果及提升業績等效益。當然，找素人以較低成本拍攝也是可以的，沒有絕對性，要看各種狀況及條件而定。

電視媒體企劃購買步驟

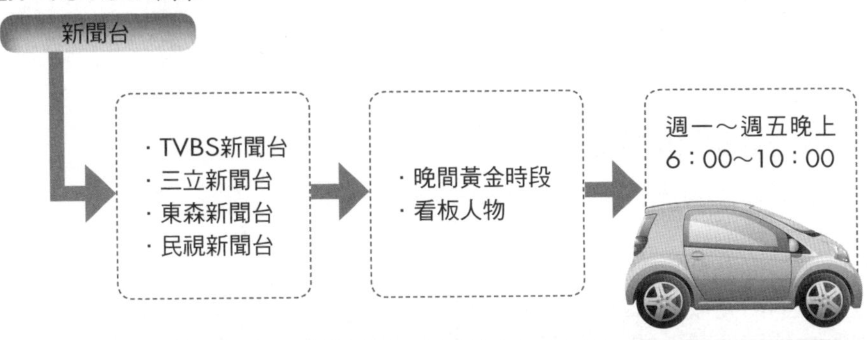

Cue表（電視廣告播放時程表）

頻道別	節目別	節目時間	週間別		
			日期別		

電視廣告媒體的選擇因素

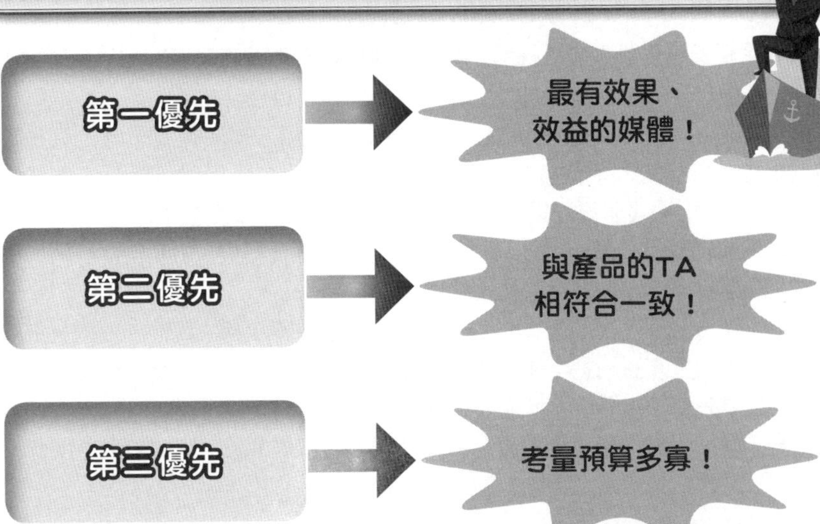

Unit 4-9 媒體廣告刊播後之效益評估

行銷預算花在廣宣活動上無非是想要創造好業績、好營收，進而創造高知名度、高好感度的品牌形象。

因此，對於媒體廣告刊播後，評估該廣告是否有達到預期效果，乃是理所當然的事。

一、廣告效益如何評估？

媒體廣告刊播後，如何評估其廣宣效益（效果）呢？茲歸納整理成以下六點，以供參考，一是銷售量、業績額是否有明顯上升，此最為重要。二是新品牌知名度是否上升。三是既有品牌喜愛度、好感度、忠誠度是否維持。四是企業優良形象是否上升。五是GRP總收視點數是否達成預計曝光目標數。六是通路商的口碑是否給予高度的肯定。

二、廣告效益如何驗證？

上述是廣告效益的評估面向，至於如何驗證廣告效益，則需要數字參考。

(一)銷售量、營業額：是否有比過去平均期間內，有上升或成長多少百分比。

(二)品牌知名度、好感度、忠誠度的變化：須透過市調公司的委託市調來觀察。

(三)GRP達成：媒體代理商會提供電腦數據報表。

(四)通路商口碑：由業務部門蒐集反映。

(五)消費者口碑：各門市店、各經銷店、各專櫃、各加盟店蒐集反映。

三、電視廣告是否會帶來業績的上升？

雖說電視媒體仍是主流及強勢媒體，但難免會有電視廣告是否一定會帶來業績馬上上升或長期上升的疑慮？

一般而言，電視廣告播出應該會帶動業績的提振，或回復或上升，只是這種效果的大小也並不一定，要依各公司狀況、各產品狀況、市場競爭狀況、景氣狀況、TVCF廣告片吸引人之狀況，以及其他促銷行銷活動的完整配套才行。

行銷要成功、有效益，不能只靠電視廣告一項，而是要360度整合行銷傳播（或全傳播）的配套操作，才會產生最大效果。

例如：廣告刊播，可搭配促銷賣場活動、大型抽獎活動、代言人行銷、媒體公關報導、店頭陳列／布置活動、產品改良推出、業務人員加強、通路商獎勵活動，以及其他必要行銷活動（如價格等）進行宣傳。

但是，長期不做廣告或停掉廣告太久時間，則確信業績一定會下滑，因此，各大品牌都不敢隨意刪減或停掉廣告。

行銷支出預算2大目的

行銷預算的花費與廣宣活動效益

2大目的

1.創造好業績、好營收。

2.創造高知名度、高好感度的品牌形象。

廣告活動要搭配其他行銷活動

廣告刊播 搭配+

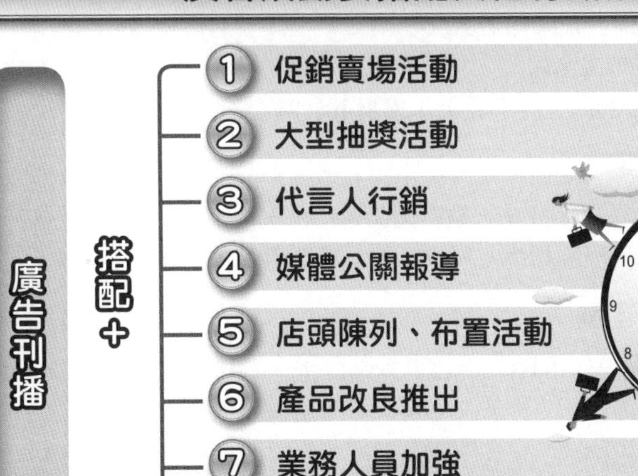

1. 促銷賣場活動
2. 大型抽獎活動
3. 代言人行銷
4. 媒體公關報導
5. 店頭陳列、布置活動
6. 產品改良推出
7. 業務人員加強
8. 通路商獎勵活動
9. 其他必要行銷活動（如價格……）

行銷要成功、有效益，不能只靠廣告一項

而是要：
360度整合行銷傳播(或全傳播)的配套操作，才會產生最大效果。

不做廣告可以嗎？

- 停掉廣告
  或
- 廣告縮減太多
- 廣告吸引力不足

必使：
- 業績下滑
- 品牌心占率下滑
- 市占率下滑

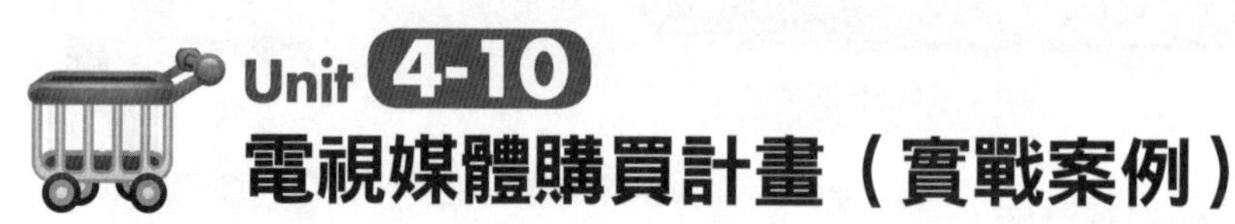

Unit 4-10 電視媒體購買計畫（實戰案例）

為讓讀者對電視媒體的購買計畫能有一完整的概念，除了前文專業知識的說明外，本單元以國內某知名房屋仲介公司的媒體購買計畫為實務案例說明之。

一、企劃要素

(一)廣告期間：○○年3月12日（星期四）到3月25日（星期三）共計十四天。

(二)媒體目標：持續提升企業知名度及好感度。

(三)目標對象：30～49歲全體。

(四)預算設定：電視500萬元（含稅）、素材40″ TVC。

二、節目類型購買設定

節目類型購買設定以下三部分，一是新聞節目占65%。二是戲劇節目占13%。三是綜合節目占22%。至於目標群頻道收視率，因年代久遠，在此略而不談。

三、排期與聲量規劃建議

本波聲量預估可購買291GRPs（不含東森部分），為快速建立目標群記憶，建議採取策略有二：一是兩週內密集播放；二是聲量規劃採前重後輕操作。

3月													
四	五	六	日	一	二	三	四	五	六	日	一	二	三
12	13	14	15	16	17	18	19	20	21	22	23	24	25
3/12～3/17（6天）聲量比重分配 60%						3/18～3/25（8天）聲量比重分配 40%							

四、類型頻道預算分配

頻道家族	頻道名稱	平均收視率%	頻道預算分配（含稅）			
			頻道預算（含稅）	類型頻道預算（含稅）	各頻道預算占比	類型頻道預算占比
1.新聞	TVBS-N	0.51	$672,000	$3,262,800	13%	65%
	TVBS	0.33	$252,000		5%	
	三立新聞台	0.43	$588,000		12%	
	某新聞台	0.44	$554,400		11%	
	東森新聞台（客戶直發）	0.46	$600,000		12%	
	非凡新聞台	0.31	$294,000		6%	
	民視新聞台	0.33	$302,400		6%	
2.綜合綜藝類	三立台灣台	1.39	$110,880	$1,113,080	2%	22%
	三立都會台	0.46	$168,000		3%	
	東森綜合台（客戶直發）	0.27	$200,000		4%	
	中天綜合台	0.36	$252,000		5%	
	中天娛樂台	0.19	$67,200		1%	
	年代MUCH台	0.27	$315,000		6%	

<table>
<tr><td rowspan="3">3.
戲劇</td><td>八大戲劇台</td><td>0.27</td><td>$210,000</td><td rowspan="3">$624,120</td><td>4%</td><td rowspan="3">12%</td></tr>
<tr><td>東森戲劇台（客戶直發）</td><td>0.06</td><td>$200,000</td><td>4%</td></tr>
<tr><td>緯來戲劇台</td><td>0.35</td><td>$214,120</td><td>4%</td></tr>
<tr><td colspan="3">總計</td><td colspan="2">$5,000,000</td><td>100%</td><td></td></tr>
</table>

五、Cue表檔次分布

雖採CPRP購買方式，但Cue表所安排之計費檔次保證播出，並保證總執行檔次至少1,200檔以上（不含東森家族）。

<table>
<tr><td rowspan="2">NO.</td><td rowspan="2">頻道屬性</td><td rowspan="2">頻道別</td><td>四</td><td>五</td><td>六</td><td>日</td><td>一</td><td>二</td><td>三</td><td>四</td><td>五</td><td>六</td><td>日</td><td>一</td><td>二</td><td rowspan="2">檔次</td></tr>
<tr><td>12</td><td>13</td><td>14</td><td>15</td><td>16</td><td>17</td><td>18</td><td>19</td><td>20</td><td>21</td><td>22</td><td>23</td><td>24</td></tr>
<tr><td>1</td><td rowspan="5">新聞類</td><td>TVBS-N</td><td>3</td><td>4</td><td>2</td><td>2</td><td>1</td><td>2</td><td>1</td><td>1</td><td>3</td><td>2</td><td>2</td><td>0</td><td>1</td><td>24</td></tr>
<tr><td>2</td><td>TVBS</td><td>5</td><td>4</td><td>1</td><td>0</td><td>2</td><td>1</td><td>0</td><td>3</td><td>1</td><td>1</td><td>0</td><td>0</td><td>0</td><td>18</td></tr>
<tr><td>3</td><td>三立新聞台</td><td>7</td><td>8</td><td>7</td><td>6</td><td>3</td><td>4</td><td>4</td><td>3</td><td>5</td><td>5</td><td>4</td><td>0</td><td>0</td><td>56</td></tr>
<tr><td>4</td><td>某新聞台</td><td>3</td><td>3</td><td>7</td><td>5</td><td>1</td><td>3</td><td>3</td><td>3</td><td>1</td><td>6</td><td>4</td><td>0</td><td>1</td><td>40</td></tr>
<tr><td>5</td><td>非凡新聞台</td><td>7</td><td>6</td><td>0</td><td>0</td><td>5</td><td>4</td><td>3</td><td>3</td><td>3</td><td>0</td><td>0</td><td>1</td><td>0</td><td>32</td></tr>
<tr><td>6</td><td rowspan="6">綜合綜藝類</td><td>民視新聞台</td><td>2</td><td>2</td><td>4</td><td>3</td><td>0</td><td>1</td><td>1</td><td>0</td><td>2</td><td>2</td><td>2</td><td>0</td><td>0</td><td>21</td></tr>
<tr><td>7</td><td>三立台灣台</td><td>0</td><td>0</td><td>1</td><td>2</td><td>1</td><td>0</td><td>0</td><td>0</td><td>0</td><td>0</td><td>2</td><td>1</td><td>0</td><td>7</td></tr>
<tr><td>8</td><td>三立都會台</td><td>1</td><td>0</td><td>2</td><td>2</td><td>0</td><td>1</td><td>0</td><td>1</td><td>0</td><td>2</td><td>2</td><td>0</td><td>1</td><td>12</td></tr>
<tr><td>9</td><td>中天綜合台</td><td>3</td><td>4</td><td>2</td><td>1</td><td>1</td><td>1</td><td>0</td><td>0</td><td>2</td><td>2</td><td>1</td><td>1</td><td>0</td><td>18</td></tr>
<tr><td>10</td><td>中天娛樂台</td><td>1</td><td>1</td><td>1</td><td>1</td><td>0</td><td>0</td><td>0</td><td>1</td><td>1</td><td>0</td><td>1</td><td>0</td><td>0</td><td>7</td></tr>
<tr><td>11</td><td>年代MUCH台</td><td>5</td><td>4</td><td>5</td><td>5</td><td>4</td><td>4</td><td>3</td><td>4</td><td>3</td><td>5</td><td>5</td><td>2</td><td>2</td><td>52</td></tr>
<tr><td>12</td><td rowspan="2">戲劇類</td><td>八大戲劇台</td><td>4</td><td>6</td><td>3</td><td>2</td><td>4</td><td>4</td><td>3</td><td>2</td><td>3</td><td>1</td><td>1</td><td>2</td><td>0</td><td>36</td></tr>
<tr><td>13</td><td>緯來戲劇台</td><td>4</td><td>5</td><td>0</td><td>0</td><td>4</td><td>4</td><td>4</td><td>2</td><td>3</td><td>0</td><td>0</td><td>1</td><td>0</td><td>28</td></tr>
<tr><td colspan="3">Cue表檔次</td><td>45</td><td>47</td><td>35</td><td>29</td><td>26</td><td>29</td><td>22</td><td>23</td><td>27</td><td>26</td><td>24</td><td>8</td><td>5</td><td>351</td></tr>
<tr><td colspan="3">東森家族（客戶直發）檔次</td><td>17</td><td>19</td><td>15</td><td>12</td><td>13</td><td>9</td><td>7</td><td>4</td><td>4</td><td>4</td><td>3</td><td></td><td></td><td>107</td></tr>
<tr><td colspan="3">總檔次</td><td>62</td><td>66</td><td>50</td><td>41</td><td>39</td><td>38</td><td>29</td><td>27</td><td>31</td><td>30</td><td>27</td><td>8</td><td>5</td><td>453</td></tr>
</table>

六、電視執行效益預估

<table>
<tr><th colspan="3">排期</th><th>**3/12～3/25**（共計**14**天）</th></tr>
<tr><td colspan="3">預算</td><td>4,000,000（含稅）</td></tr>
<tr><td colspan="3">素材</td><td>40"TVC</td></tr>
<tr><td colspan="3">GRPs</td><td>291</td></tr>
<tr><td colspan="3">10 "GPRs</td><td>1,164</td></tr>
<tr><td colspan="3">1+Reach</td><td>70.0%</td></tr>
<tr><td colspan="3">3+Reach</td><td>40.0%</td></tr>
<tr><td colspan="3">Frequency</td><td>4.4</td></tr>
<tr><td colspan="3">10"CPRP（含回買）</td><td>3.273</td></tr>
<tr><td colspan="3">P.l.B（首二尾支）GRP%</td><td>60%</td></tr>
<tr><td rowspan="3">Prime Time GRP%</td><td rowspan="2">週一～五</td><td>12：00～14：00</td><td rowspan="3">70%</td></tr>
<tr><td>18：00～24：00</td></tr>
<tr><td>週六～日</td><td>12：00～24：00</td></tr>
</table>

第3篇

整合行銷傳播相關工具

第5章

代言人行銷

章節體系架構 

Unit 5-1 代言人行銷目的及類型

現代的趨勢發展，已有愈來愈多的行業使用代言人，似乎沒有什麼特別限制了。但找代言人代言產品或服務對廠商有何好處呢？以下說明之。

一、代言人行銷的目的

代言人行銷操作的目的，大致有以下三項，一是希望在較短時間內，提高新產品上市的品牌知名度、記憶度及喜愛度。二是希望在較長期的時間內，透過不同的代言人出現，能夠確保顧客群對既有品牌的較高忠誠度及再購度。三是希望代言人行銷有助整體業績的提升，以及盡快把產品銷售出去，這當然是代言人行銷操作的最終目的。

二、適合代言人的產品類別

實務上，我們看過下列這些行業，都曾經運用過代言人行銷產品，包括：1.啤酒產品；2.化妝品、保養品；3.預售屋；4.品牌精品；5.衛浴設備；6.家電產品；7.信用卡、銀行業；8.運動器材；9.服飾業、女性鞋業；10.資訊電腦；11.手機；12.食品；13.飲料；14.健康食品、保健食品；15.藥品；16.航空，以及17.其他產品等。

三、代言人的類型

被邀聘為產品或品牌代言人，其工作類型主要有歌手、藝人（演員、主持、明星）、運動明星、專業人士（醫生、律師、作家等）、網紅、意見領袖、名模，以及素人等七種。

四、國內知名的代言人

(一)名模：林志玲、隋棠。

(二)歌手：費玉清、江蕙、周杰倫、張惠妹、王力宏、羅志祥、李玟、梁靜茹、蔡依林、田馥甄、蕭敬騰、伍佰等。

(三)藝人、演員：陳昭榮、白冰冰、廖峻、桂綸鎂、王月、大S、小S、成龍、莫文蔚、張艾嘉、劉嘉玲、吳尊、羅志祥、楊祐寧、黃曉明、馮紹峰、陳美鳳、劉德華、郭富城、楊謹華、周杰倫、陳妍希、郭采潔、李冰冰、范冰冰、周迅、劉詩詩、吳奇隆、林依晨、張鈞甯、陶晶瑩、阮經天、趙又廷、Angelababy、楊丞琳、章子怡、隋棠、金城武、林心如、盧廣仲、林俊傑、林美秀、郭富城、五月天、陳柏霖、張孝成……等。

(四)運動明星：王建民。

(五)名媛：孫芸芸。

(六)導演：吳念真。

(七)主持人：謝震武。

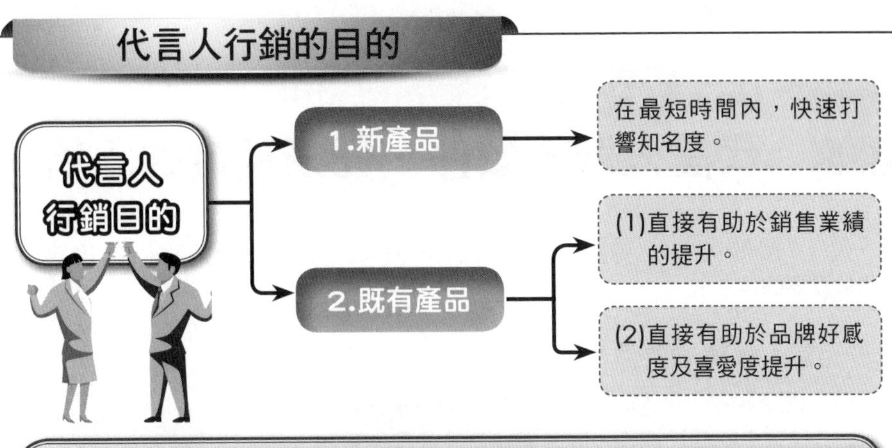

代言人7類型

1. 歌手，如周杰倫、蔡依林
2. 藝人、演員，如劉德華
3. 名模，如林志玲
4. 素人，指普通人
5. 運動明星，如林書豪
6. 專業人士，如醫生、律師
7. 網紅（KOL）及意見領袖

品牌代言人

知識補充站

品牌代言人的類型及功能

目前品牌代言人可分為兩類，即高可信度型和低可信度型。

高可信度型代言人是指具有一定公信力、影響力與傳播力的公眾性人物，一般為某個領域的名人、專家或權威。如演藝界的影歌星、科研界的學者等；高可信度型代言人的功能，主要在於利用其極強的説服力與號召力，來傳播品牌的價值內涵，對於一些高價的產品品牌適合採用此型。如價值不菲的世界名錶OMEGA聘用超級名模辛迪・克勞馥；hTC手機找紅遍全球的鋼鐵人男主角小勞勃道尼。

低可信度型代言人是指公眾影響力較低、不知名的普通人物或卡通造型，來自生活與工作的各個領域，為一般大眾的代表或熟悉的對象。低可信度型代言人獨特的一面：力求還原生活現實，平凡訴求的手法，拉近與大眾的距離，進而達到告知與説服的目的，應用得當則其效果不輸前者。如大同電器產品以大同寶寶成為家喻戶曉的產品代言。

Unit 5-2 代言人選擇要件、任務及合約事項

代言人要花不少錢，因此，如何適當地挑選代言人，以發揮代言人應有的效益，是非常重要的事。

一、代言人選擇的要件

對於選擇適當代言人的要件，有以下幾點應注意。

(一)代言人的個人屬性，應該與該產品的屬性一致。例如：廖峻與維骨力；白冰冰與健康食品；林志玲與華航；蕭薔、劉嘉玲、琦琦、莫文蔚及大S 與SK-II化妝保養品；孫芸芸與日立家電的生活美學；王建民與Acer電腦；陳昭榮與諾比舒冒感冒藥；張惠妹與台啤；隋棠與阿瘦女鞋週年慶；羅志祥與屈臣氏寵心會員卡；王力宏與Sony手機；桂綸鎂與統一超商的CITY CAFE等。

(二)代言人應具備單純的工作及生活背景：不能過於複雜、緋聞頻傳、婚變頻生、私生活不檢點、經常鬧八卦新聞等。換言之，應有正面及健康的個人形象。

(三)代言人最好能喜愛、使用過且深入了解這個產品，則是最理想的：代言人不能與這個產品格格不入。如果是新產品上市，則更應花點時間，深入了解這個產品的由來及特性。

(四)代言人不能耍大牌：必須友善的、準時的、準確的、快樂的、積極的配合公司相關行銷活動上的各種合理要求及通告。

(五)代言人不能搶走產品風采：代言人個人不能搶了產品本身的風采，使消費者記住代言人，卻忘了是什麼產品，使兩者的連結性很弱，這就是失敗的操作了。

二、代言人要做些什麼事

公司花大錢（幾百萬～上千萬）請年度代言人，主要包括做下列這些事情：1.拍攝電視廣告片（CF），大約1支～3支不等；2.拍攝平面媒體（報紙、雜誌、DM）廣告稿使用的照片，大約一組到多組；3.配合參加新產品上市的記者會活動；4.配合參加公關活動，例如：一日店長、社會公益活動、戶外活動、館內活動及賣場活動等；5.配合網路行銷活動，例如：部落格等；6.配合走秀活動，以及7.其他特別約定的重要工作事項而必須出席。

三、代言人合約應該注意事項

代言人合約的內容，大概包括：1.代言期間、期限；2.代言總費用及付款方式；3.代言應做之規定工作事項；4.代言的經紀公司服務費；5.代言人應遵守的個人紀律與規範，避免影響公司及產品的不利，以及6.有關提前解約條款，例如藝人吸毒、負面八卦新聞或不遵守約定事項等，都應列入準備條款，以保障公司權益。

代言人選擇5要件

代言人選擇5要件

1. 高知名度
2. 形象度
3. 代言個人與產品屬性相契合
4. 高度配合度
5. 目標消費群普遍喜歡

代言人要做些什麼事？

1. 拍攝1～2支電視廣告片（TVCF）
2. 拍攝平面使用照片
3. 參加記者會
4. 出席特別活動
5. 配合網路活動
6. 公關報導刊登

代言人合約應注意事項

代言人合約應注意事項

1. 代言期間
2. 代言費多少
3. 支付方式
4. 應做工作內容
5. 規範遵守
6. 解約條款
7. 經紀公司服務費
8. 電視廣告片使用權地區及年限

Unit 5-3 代言人效益評估及如何成功操作

到了年中或年終，公司當然也要對年度代言人進行效益評估。如果評估後發現所花的錢與所得的效益不成正比，這就意味著其中操作環節出了問題。

一、代言人的效益評估

對年度代言人進行效益評估，主要針對兩大項，一是代言人本人的表現及配合度是否達到理想。二是公司推出所有相關代言人行銷的策略及計畫，是否達到了原先設定的要求目標或預計目標。這些目標，包括：1.品牌知名度、喜愛度、指名度、忠誠度、購買度等是否提升；2.公司整體業績是否比有代言人時更加提升；3.公司市占率是否提升；4.對通路商推展業務是否有幫助；5.企業形象是否提升，以及6.公司品牌地位是否守住或提升。

以上目標效益的評估，則是對公司行銷企劃部門及業務部門所做的評估。來看看行企部門在操作代言人行銷活動上，整體是否有顯著的效益產生，並且還要做「成本與效益」分析，看看花錢找代言人的支出，以及所得到的效益，兩者之間是否值得。

二、代言人行銷的成功操作要點

總結來說，代言人行銷的操作，未必是每一個公司都會成功的，經常也有花了錢，但效益卻很低的失敗案例。歸納來說，代言人行銷的成功操作要點，要思考到下列幾點：

(一)要找到對的、適當的、契合的代言人：代言人對了，事情就成功一半。

(二)要做好、做出吸引力的行銷活動：例如要拍好電視廣告片、要做好代言人的報紙、雜誌廣編特輯等。

(三)要做好公關媒體報導：盡可能在各大報紙及各大新聞台、各大綜藝節目的露出度，做出有利且正面的報導。

(四)要做好整個年度十二個月有系統、有計畫性的代言活動：讓產品或服務月月上媒體，月月有活動。

(五)要做好話題行銷：希望借助產品本身及代言人的連結，最好能引出新聞話題，如此，媒體自然就會大量報導。

(六)除了代言人費用外，其他廣宣預算也必須相對應的投入，不能太小氣：否則只找代言人，但缺乏廣宣預算的支持，就很難打響產品及提升業績。

(七)產品本身是否夠好：最後，當然公司也必須注意到自身「產品力」是否具有競爭力及具有特色力，如果產品本身不夠好，不夠優秀，比競爭對手遜色，價格也無競爭力，那麼即使找了代言人，仍然會無功而返，白白浪費錢了。

代言人效益評估

1.對業績成長的貢獻

2.對品牌資產的貢獻

3.對企業形象的貢獻

4.代言人配合度如何

代言人效益

代言人成功操作要點

代言人成功操作要點

① 要找到對的、正確的、契合的代言人

② 要做好公關宣傳報導

③ 要有話題炒作

④ 要一系列的完善規劃

⑤ 代言人本身也要很投入

A咖代言人價碼不低

主攻類別	廣告	活動	代表人物
歌星、影星、偶像劇演員、主持人、名模	500～1,000萬元	30萬元以上	郭富城、劉德華、金城武等
	250～400萬元	30～50萬元	桂綸鎂、林心如、張鈞甯、盧廣仲、蕭敬騰、田馥甄、謝震武、陳美鳳、白冰冰、五月天、趙又廷、楊謹華、小S、陶晶瑩等
	300～500萬元	15～30萬元	
	250～350萬元	20萬元以上	
	150～250萬元	15萬元以上	
超級天王天后	周杰倫、林志玲、劉德華、甄子丹、成龍、王力宏、金城武等均超過1,000萬元新台幣或兩岸1,000萬人民幣的代言費用。		

Unit 5-4 如何找對代言人

娛樂界那麼多明星、藝人，哪一位才是你家產品或服務的最佳代言人呢？以下就是如何找對代言人的訣竅。

一、找代言人應注意問題及原則

基本上，找代言人應注意兩個問題點，一是名人代言產品過多，產生稀釋效應。二是只怕消費者記得名人，卻忘了產品。

因此，找名人代言應掌握以下五個原則，一是應圍繞產品個性及產品定位來選擇代言人，即名人類型要與產品類型匹配、品牌個性要與代言人氣質吻合；例如：日立家電使用名媛孫芸芸代言成功；桂格使用謝震武代言成功；CITY CAFE使用桂綸鎂代言成功。二是利用可信度高的代言人，發揮意見領導魅力。三是避免有爭議、有緋聞風險的藝人。四是應量身訂做，具專屬性，以凸顯品牌。五是能掌握新聞話題性，例如：趙又廷的金鐘獎、阮經天艋舺、楊謹華偶像劇、甄子丹的動作電影、林志玲慈善活動。

二、代言人的配套規劃作法

代言人的配套規劃作法，可歸納整理成廣告+證言+活動+音樂+促銷+報導的總結合，茲說明如下。

1.拍廣告：TVCF及MV、錄歌曲；2.拍照片：報紙稿、雜誌稿、海報、DM宣傳單、人型立牌、手提袋、包裝、戶外看板、產品瓶身等之用途；3.出席活動：包括一日店長、大賣場促銷活動、產品上市記者會、年度代言人記者會、VIP會員Party、品酒會Party、證言活動、公益活動、媒體專訪、戶外活動及網路活動、部落格等；4.舉辦演唱會；5.新歌專輯的配合；6.媒體公開報導，以及7.藝人公仔贈品。

三、中型企業如何找對代言人

中型企業通常缺A咖代言人預算，因此可從偶像劇中、八卦刊物中，找B咖或找有潛力的代言人，其代言價碼會較低，或者也可考慮找優秀素人或徵選素人來拍廣告片。

四、如何找代言人及合約注意事項

廠商可透過藝人經紀人代表、藝人經紀公司、名模公司、廣告代理商、公關公司找代言人。代言期間通常為一年，到期若效益良好，可再續約（如桂綸鎂代言CITY CAFE八年之久）。不過為考慮代言人的多元化與新鮮感功能，通常一年換一個代言人。另外，在代言人合約方面，應注意退場機制與禁止條例。

代言人應注意2個問題點

代言人應注意

1.勿同時代言過多產品，會產生稀釋效果。

2.切勿記得代言人，卻忘了產品是什麼。

代言人合約應注意

合約應注意

1.退場喊停機制

例如：有負面新聞、不利產品形象，喊停！

2.禁止做事條款

例如：合約期不可結婚、不可為同類品牌代言、不可……

如何找代言人？

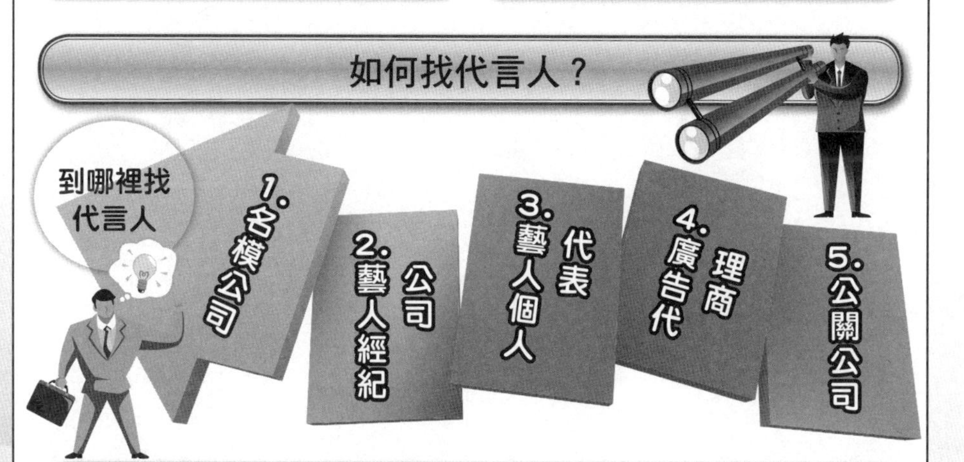

素人代言

案例：統一茶裏王、多芬洗髮精、全聯福利中心、黑松茶花飲料、維他露每朝健康飲料等，均有不錯效果。

優點

成本低很多。

成功點

廣告要有創意，可吸引人注目，產品要有相當特色及訴求明確。

第6章

促銷活動

章節體系架構 

Unit 6-1 促銷的重要性及內容項目

行銷與業務（Marketing & Sales）是任何一家公司創造營收與獲利的最重要來源。

而在傳統的行銷4P策略作業中，「推廣促銷」策略（Sales Promotion Strategy, SP）已成為行銷4P中的最重要策略。而促銷策略通常又會搭配著「價格」策略（Pricing Strategy），形成相得益彰與贏的行銷兩大工具。

一、促銷策略重要性大增的原因

近幾年來，全球各國的促銷策略運作，已非常廣泛、普及而且深入，最主要的原因有以下三點：

(一)在產品水準接近下的勝出策略：大部分的主力品牌，已不太容易創造多大的產品內容差異化優勢，換言之，產品的水準已非常接近，大家都好像差不多，既然大家都差不多，那麼就要比價格、比促銷的優惠或是比服務水準了。

(二)景氣不振造就精明的消費者：近年來，市場景氣可謂低迷，只有微幅成長，甚或衰退。在景氣不振之時，消費者更會看緊荷包，寧願等到促銷時，才大肆採購。換言之，消費者更聰明、更理性、更會等待，也更會分析比較。

(三)處於激烈競爭的環境：競爭者的激烈競爭手段，一招比一招高，一招比一招重，已把消費者養成重口味。但是這也沒有辦法，競爭者只有不斷出新招、出奇招，才能吸引人潮，創造買氣，提升業績，達成營收額創新高之目標，並取得市場與品牌的領導地位。

二、我們每天都被圍繞在促銷環境中

在上述三點原因匯聚下，這幾年的行銷與促銷活動顯得熱鬧非凡，令人目不暇給。我們每天翻閱報紙、雜誌、看電視廣告、聽廣播、到賣場買東西、上網、看手機、坐捷運、注視戶外看板、海報布條、收到宣傳DM等，都會接收很多促銷活動的傳播訊息。可以說，我們每天都被圍繞在促銷的消費環境中。

而這些促銷（SP）活動的內容，可以說包羅萬象、無奇不有、不斷創新，包括比較常見的折扣戰、零利率分期付款、滿千送百、加價購、買二送一、買大送小、抽獎、刷卡禮、滿額送贈品、刮刮樂、紅利積點送贈品、折價券（抵用券、購物金、禮券）、特賣會特價、賣場POP廣告宣傳、試吃活動、試賣會、包裝促銷、代言人促銷，以及其他促銷手法等。

目前促銷活動是僅次於電視廣告的最重要行銷活動，廠商已把行銷支出預算放在促銷活動上，而減少其他廣告支出費用，所以促銷活動很重要！

促銷活動的重要性

促銷活動，僅次於電視廣告的最重要行銷活動！

・廠商已把行銷支出預算，放在促銷活動上，而減少其他廣告支出費用。

對消費者促銷的21種方式

對消費者促銷活動的21種方式

1. 節慶打折（折扣）
2. 無息分期付款
3. 紅利積點折現或換贈品
4. 送贈品（三選一、五選一）
5. 折價券（抵用券、購物金）
6. 抽獎
7. 包裝贈品
8. 特賣會
9. 滿千送百、滿萬送千
10. 來店禮、刷卡禮
11. 店頭POP布置
12. 試吃
13. 代言人廣告
14. 新廣告說明會、展示會
15. 企業與品牌形象廣告
16. 服務增強
17. 刮刮樂
18. 報導型廣告
19. 均一價
20. 買一送一、買二送一
21. 其他促銷方式（紅利點數加倍送）

各種節慶促銷

・年終慶（10月～12月）
・年中慶（5月～7月）
・農曆春節慶（2月）
・元旦節慶（1月）
・元宵節慶（3月）
・中秋節慶（9月）
・母親節（5月）
・父親爸爸節（8月）
・開學季（9月、2月）
・端午節（6月）
・清明節（5月）
・情人節
・冬季購物節
・秋季購物節
・春季購物節
・夏季購物節
・國慶日（10月）
・勞工節慶
・其他

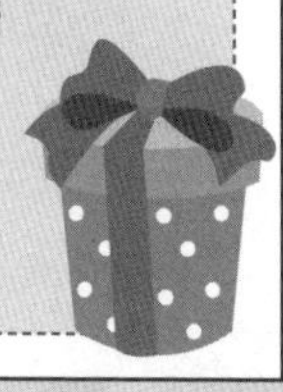

Unit 6-2 促銷活動的效果、目標及效益評估

一、促銷活動九大效果：搶錢大作戰

50% OFF	1.提高業績	2.達成營收預算目標	3.增加現流（現金流入）
全面五折起	4.消化庫存	5.消化過季品	6.提高顧客再購率與忠誠度
買1送1	7.守住市占率與市場地位	8.達成集客、吸客目標	9.回饋主顧客，提高滿意度

二、十二種最有效的促銷活動項目

1. 全面折扣，全面降價（8折、5折、2折起）
2. 滿千折百，滿萬送千（送禮券、折價券）
3. 滿額送贈品
4. 紅利積點回饋（折現金或送贈品）
5. 抽大獎
6. 免息分期付款
7. 買一送一，買大送小，加量不加價
8. 刮刮樂
9. 來店禮
10. 刷卡禮
11. 報紙剪下折價券或優惠券
12. 加價購

三、訂定：每次的促銷活動數據「目標」

1.銷售量目標
2.業績、營收額目標
3.利潤額目標
4.來客數目標
5.客單價目標
6.其他可能目標

四、促銷效益評估

成功的促銷 → 銷售量或營收額大幅增加、上升，使淨利潤也能上升。

失敗的促銷 → 銷售量或營收額只有小幅增加上升，不足以Cover（涵蓋）折扣損失及廣宣支出費用。

營收要增加	EX：	平常（每月） 10億	促銷（當月） 20億
↓ 毛利額要增加		×30%毛利率 3億毛利額	×20%毛利率 4億毛利額
↓ 扣掉促銷費用		−2.5億（管銷費用） 0.5億（淨利潤）	−（2億＋1億） 1億（淨利潤）
↓ 淨利潤要增加		淨利潤從過去每月0.5億元，增加到當月的1億元	

五、成功促銷的五大因素配合

1. 促銷方案誘因足夠吸引人
   - 滿5,000送500
   - 買一送一
   - 全面五折起
2. 廣宣力道足夠、廣宣預算足夠
3. 媒體公關報導及則數露出足夠
4. 各門市店地區性DM夾報行銷及電話行銷足夠
5. 大型賣場與零售據點的店頭POP及陳列配合足夠

六、成功促銷活動的組織搭配

以阿瘦皮鞋連鎖店為例：

業務部：統籌規劃	行銷企劃部：負責廣宣、店頭布置、公關報導	全國300家門市店：第一線待客服務
生產（製造）部：負責備貨足夠	財會部：負責各門市店現金處理作業	物流部：負責各門市店不許缺貨出現，須及時送貨到達
資訊部：負責促銷活動的資訊軟體程式修改配合（店內POS收銀機系統）		

七、促銷活動：事後獎勵

促銷成功，達成預計銷售業績  發布：各有功單位及各有功人員的獎金鼓勵

提出事後檢討報告書，以策勵明年度提出更為有效與精進的促銷方案！

Unit 6-3 節慶打折促銷活動分析

廠商或零售流通業者，利用各種節慶時機，進行各種不同程度折扣的促銷活動，是業界常見的促銷手法與方法，對業績提升，也算是滿有力與有效的途徑。

一、優點分析

利用節慶時機，進行折扣促銷活動，主要有以下幾項顯著的優點：

(一)實惠性：此項活動對消費者而言最具實惠性，因為折扣活動已明顯將消費者所支出的錢省下來了。此對廣大中低收入上班族而言，是具有吸引力的。

(二)立即性與全面性：全館或某種商品的節慶折扣活動，可以使所有消費者都能立即、全面性的享受到此種購物優惠，既不限會員對象，也不限買多少錢或買那些商品。

二、缺點分析

(一)對廠商的毛利率，必然會下降：如過去毛利率30%，今天打九折活動，毛利率就會降為20%。因此，如果折扣活動不能使營業額顯著擴大成長時，則可能會損及獲利結果。

(二)折扣活動畢竟很傷本，成本代價高：因此不能經常舉行，不像其他贈品活動，可以有名額限制或獎品餘額控制。

(三)折扣率太小，則不能吸引人：折扣活動如果折扣機率太小時（如九五折），亦可能無法引起消費者太大注意。

三、效果（效益）分析

折扣促銷活動的效益，應該算是最高與最大的，因此，才會被很多廠商及百貨公司高度運用。

前面已經說過，折扣活動會損及毛利率（毛利額），但是如果營業額的增加，大過於毛利額的減少，那麼總獲利額還算是會增加的，促銷的總效果也算是達成的。舉例來說，假設某化妝品廠商過去每一天的平均營業額是1,000萬元，在毛利率30%下，毛利額每天賺約300萬元（1,000萬元×30%＝300萬元）。現在，如果採取九折促銷價，使每天平均營業額衝到（成長）2,000萬元（即增加1,000萬元），則在毛利率下降到20%下，毛利額每天約為400萬元（2,000萬元×20%）。因此，毛利額平均每天增加100萬元，七天折扣期下來的結果，將增加700萬元毛利額的收入（100萬元×7）。亦即，此折扣促銷活動的總獲利額，將會增加700萬元。當然，假設還有一些廣告宣傳費用，還必須把它扣除。假設是500萬元廣告費用，那麼此廠商淨獲利增加為200萬元（700萬－500萬＝200萬元）。

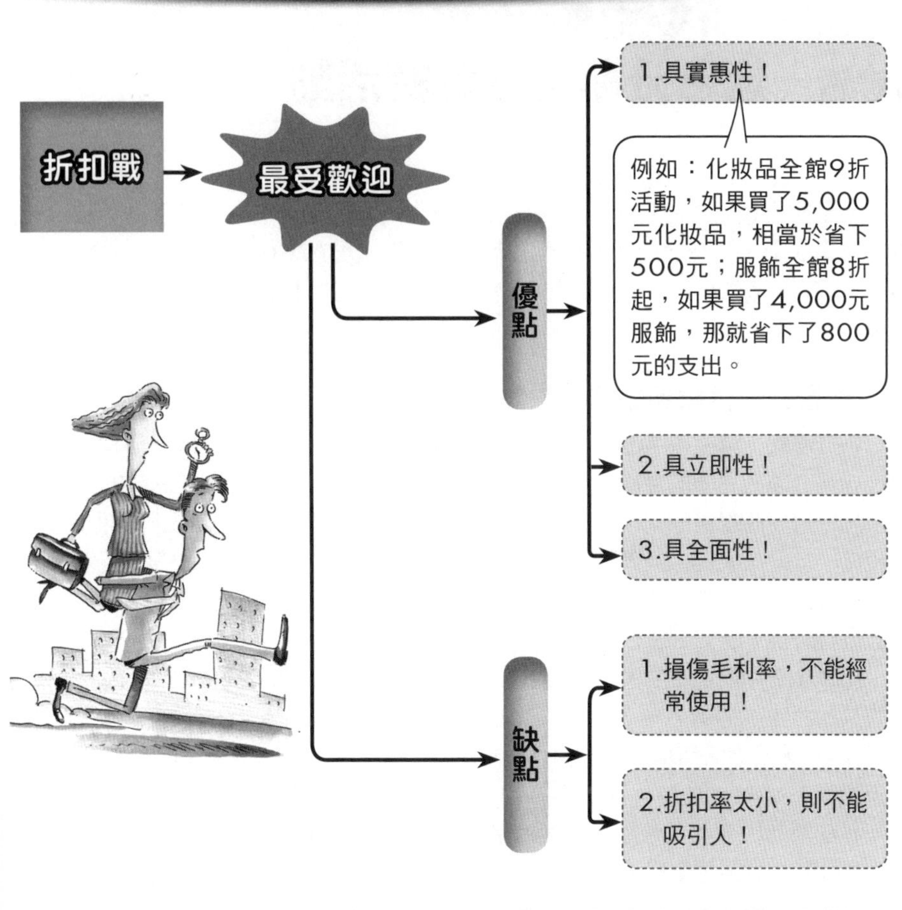
節慶折扣促銷的優點vs.缺點
折扣戰
最受歡迎
優點
1.具實惠性！
例如：化妝品全館9折活動，如果買了5,000元化妝品，相當於省下500元；服飾全館8折起，如果買了4,000元服飾，那就省下了800元的支出。
2.具立即性！
3.具全面性！
缺點
1.損傷毛利率，不能經常使用！
2.折扣率太小，則不能吸引人！

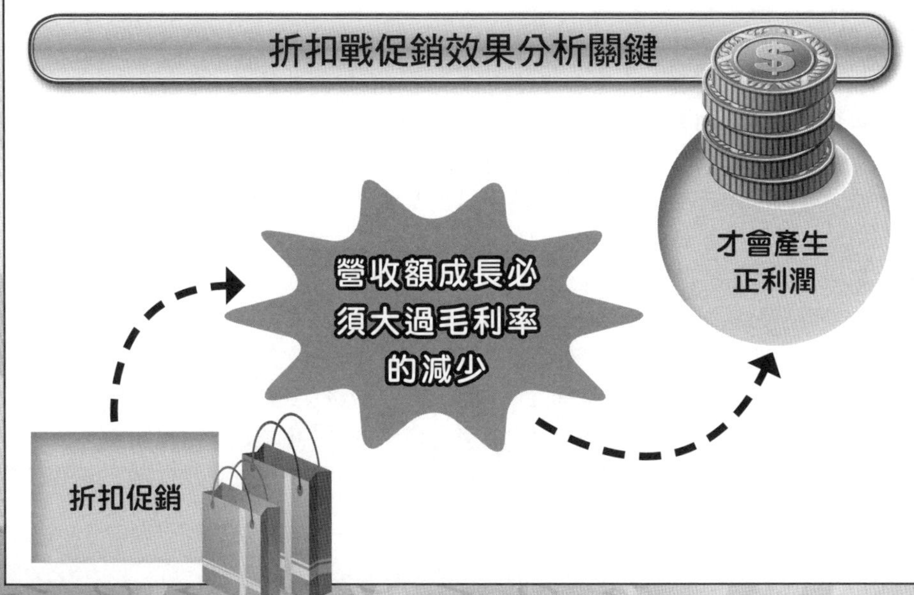
折扣戰促銷效果分析關鍵
折扣促銷
營收額成長必須大過毛利率的減少
才會產生正利潤

Unit 6-4 無息分期付款促銷活動

無息分期付款的促銷方式，在這幾年來，已成為熱門且普及化的促銷有效工具。它主要是配合廠商在做促銷活動時，都可以做有力的搭配，包括各種週年慶、折扣戰、特賣活動、節慶活動時，均可看到它的使用。現在，很多百貨公司、3C連鎖通路、量販店、購物中心、電視購物、型錄購物、汽車銷售公司等，均經常使用此促銷工具。

一、無息分期付款促銷的優缺點

(一)優點：無息（免息）分期付款促銷活動，已被證明是有效的促銷工具。尤其，在現今極低利率的金融環境下，更促使廠商較可以負擔得起利息的支付。此種促銷工具，對於高總價的耐久性產品尤為有效，包括大家電、通信手機、資訊電腦、數位相機、音響、家具、品牌精品、鑽石、化妝品、保養品、汽車、機車等均是。對消費者來說，無息分期付款，可以分期支付，又可以購入使用，因此，對廣大中低收入的上班族而言，是很大誘因。

(二)缺點：廠商或零售流通業者必須負擔銀行分期付款的利率成本。一般要看期數的長短而定，期數愈短者，利率愈低，愈長者，利率愈高。一般而言，大概在5%～8%之間。但這個利率成本負擔，也會吃掉產品的毛利率，使毛利率下降。例如，過去產品毛利率為30%，現在扣掉利率5%成本後，可能只剩下25%的毛利率。當然，有些廠商也會動些手腳，先把價格提高5%，然後再放出無息分期付款，但此舉可能會影響產品銷售價格，而且公司信譽也會受到損害，不值得如此做。

二、執行注意要點

廠商或零售流通業者在跟銀行談判時，應努力爭取到更低、更好的利率負擔成本，以免吃掉毛利率太多。例如：利率負擔是2%跟4%，多2%，如果是100億的刷卡額，就是差2億的利息成本支出了。當然，這方面必須是大廠或大零售流通業者，才有能力跟銀行談判。由顧客信用卡所產生的呆帳，應談判由銀行或廠商負責。國內一般來說，此種呆帳率還算是不太高的。有少數大型連鎖零售業者的分期付款促銷活動，其利率負擔都是要產品廠商及銀行業界兩者負擔。

由於競爭日益激烈、無息分期付款的期數愈拉愈長，從3期到6期、9期、12期、24期、36期、48期、60期等，顯示國內行銷促銷環境非常重口味，廝殺已白熱化。此種促銷工具，必須在信用卡流通及使用非常普及的國家與市場才可以運用。最後，無息分期付款由於成本負擔沉重，不一定要全產品全面性的實施。可以配合某些行銷目標及條件，而對部分商品或是在部分期限下，才執行無息分期付款活動，以免吃掉毛利率太多，又無法刺激買氣，而致使虧錢促銷。

無息分期付款的適用品類

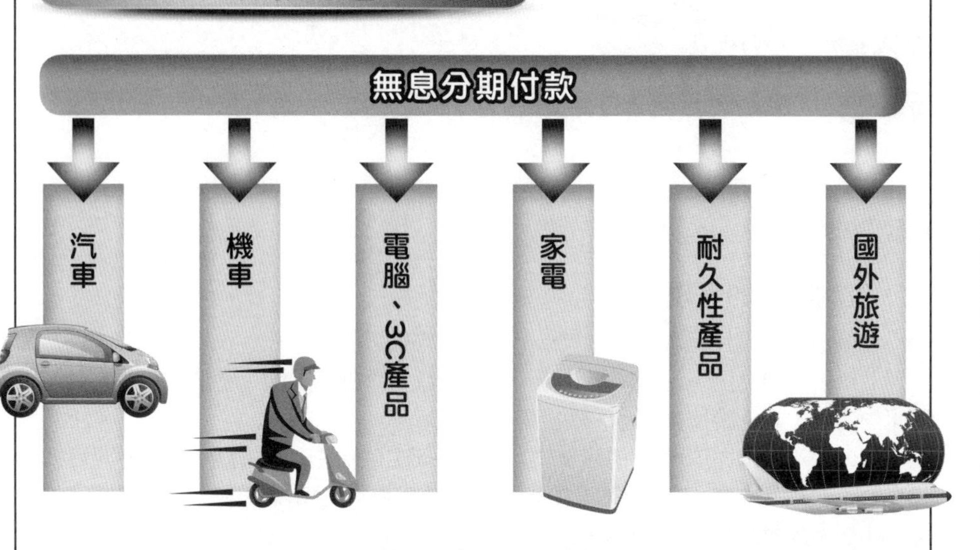

無息分期付款誘因及優點

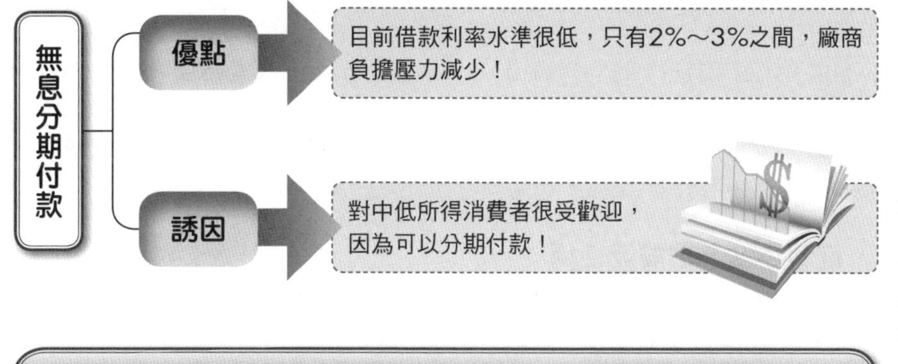

很多廠商都把免息分期付款，灌在成本裡了

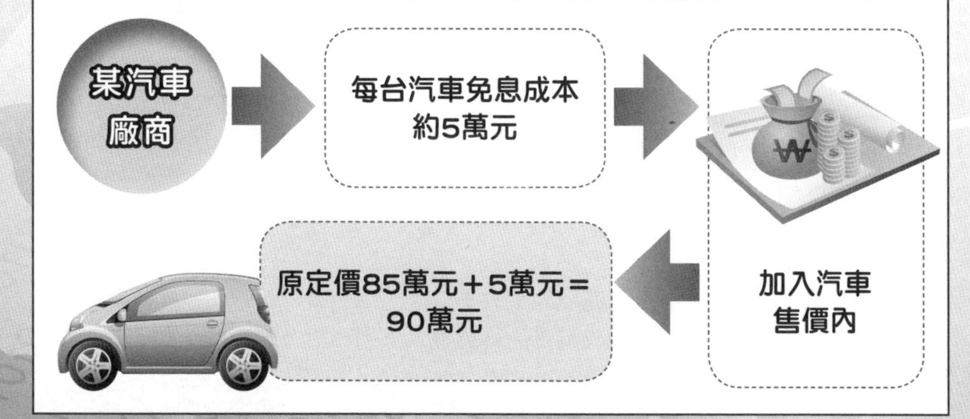

Unit 6-5 紅利積點促銷活動

紅利積點（集點）折抵現金或換贈品，已是普遍被使用的一種促銷工具。它是如何被運用的呢？

一、紅利積點的呈現方式

紅利積點的運用呈現方式，有以下幾種，包括：

1.以信用卡為例，當卡友刷卡時，其刷卡額可以抵為點數，當額滿多少點數時，即可向客服中心申請換得贈品，然後寄到家裡來。

2.以台新銀行與燦坤3C的合作案來說，每滿1,000點（1點消費1元），即可抵60元現金，最多可折抵當筆消費的50%，此即以紅利集點抵換現金，再扣抵某筆消費額，與前述的換贈品是不一樣的。

3.大潤發量販店推出會員獨享紅利點數，可抵購物金額。

4.以新光三越百貨公司為例，購物滿1,000元給1點，必須有5點（即消費5,000元）、30點（即消費3萬元）或100點（即消費10萬元），才可以兌換不同點數的贈品價值。

5.以頂好超市為例，每購物滿100元，即送1枚印花，集滿15枚（即購物滿1,500元），即可用低價換購某一個產品。

6.另有信用卡業者，以每筆刷卡消費3倍紅利積分回饋，希望消費者盡快衝到這些點數目標，才可以換到贈品。

二、紅利積點卡被廣泛使用

紅利積點促銷很有效果，廣為各大賣場及信用卡業者所選用。目前知名的紅利積點卡，包括HAPPY GO卡、全聯福利中心福利卡、家樂福好康卡、誠品書店誠品卡、屈臣氏寵i卡、中油加油卡、新光三越聯名卡，以及其他各種信用卡等。

三、注意要點

業者現在都會要消費者購滿多少之後，才會給予不同的贈品，而不是盲目的全部免費發送贈品，這是基於考量贈品成本負擔太重所致。此計畫必須配合公司內部資訊系統，即時更改才行，否則會造成紅利點數亂掉。而此種紅利積點的促銷活動所用的贈品，其價值應該比較好一些，不會像免費贈品那樣低價而不太實用。

四、缺點

紅利積點換贈品活動也無法達到全面性的效果，因為有一部分人對這些換贈品活動興趣缺缺，尤其是中年以上男性或高所得男性。不過，對上班族女性及家庭主婦是很受歡迎的！

紅利積點卡的誘因

紅利積點卡3大誘因

1.折抵現金

2.換贈品

3.特賣品優惠價格

缺　點

無法達到全面性的效果，尤其中年以上男性或高所得男性對換贈品活動興趣缺缺！

(1)業者現在基於贈品成本負擔考量，都會要消費者購滿多少後，才會給予贈品。
(2)紅利積點贈品價值應比免費贈品好一些，而且實用。

知名紅利積點卡有那些？

1.HAPPYGO卡	1,000萬卡
2.全聯福利中心福利卡	400萬卡
3.家樂福好康卡	400萬卡
4.誠品書店誠品卡	100萬卡
5.屈臣氏寵i卡	400萬卡
6.中油加油卡	300萬卡
7.新光三越聯名卡	400萬卡
8.其他各種信用卡	例如中信卡、花旗卡、國泰世華卡、玉山銀行卡……等

Unit 6-6 送贈品促銷活動

送贈品促銷活動中的贈品，跟前文紅利積點中的換贈品有些一樣，都要考量成本及實用性的問題，但在執行面上就很不一樣了。

一、送贈品的執行方式

送贈品促銷的執行方式，大概可以區分為以下七種：

1.將贈品附在產品包裝旁邊。此種作法希望增加在銷售現場，被消費者挑選（選購）的刺激誘因。有關「包裝促銷」內容，請詳閱本章另一節的詳細描述。

2.將贈品放在賣場的管理櫃檯，由消費者結帳出來後至櫃檯換領。

3.將贈品放在銷售專櫃旁或加油站旁，由銷售人員直接拿給顧客。

4.有些廠商要求顧客必須填好「顧客資料名單」，並寄回公司後，才會領到贈品。

5.有些廠商則要求必須集幾個瓶蓋或商標標籤後寄回公司，才會收到贈品。

6.有些型錄購物或電視購物廠商，把贈品放在寄給顧客購買東西的箱子內，再寄到顧客家裡。

7.有些百貨公司在每年一次的「回娘家」活動中，由顧客直接到百貨公司賣場排隊領贈品。

二、送贈品的規劃注意要點

送贈品的規劃，至少應注意以下六要點：1.注意贈品價值大小與對消費者的吸引力程度。2.思考贈品應該具有獨特性、流行性及實用性；如果太過於一般性，可能消費者家裡充斥著過多雷同的贈品，例如很多個馬克杯、很多的玩偶狗。3.目前流行附在產品包裝上的贈品方式。這促使消費者在購買現場時，直接目視到而刺激他們拿起來。4.贈品成本不能太高，尤其是一般幾百元消費性產品的贈品，其成本應該都是在50元以內較常見；當然，像資訊、家電、品牌精品等贈品成本，則因為其產品單價高，贈品成本可能會超過100元或200元，送比較好的贈品給目標顧客或VIP會員顧客。5.贈品到底要訂購多少數量，也必須審慎思考；若訂太少則單價成本不易壓低，若訂太多則形成庫存壓力，這必須依賴於過去的經驗、此次贈品的活動規模大小，以及贈品成本預算的範圍大小等因素而定。6.現在贈品的採購及生產地來源，已大部分由台商在中國的生產工廠所供應，因此成本議價空間比較大。

三、贈品促銷的缺點

有些男性、年紀大的人或較高所得的人，對於50元以下的贈品促銷活動，未必有太大的興趣。根據調查顯示，贈品促銷對家庭主婦群是比較有吸引力的。因此，贈品促銷活動無法像折扣戰一樣那麼全面性，可以說是比較局部性的促銷活動。或者說它是一種輔助性的SP促銷活動方式。

送贈品促銷方式

送贈品促銷5大方式

1. 滿額贈：贈送免費贈品
2. 包裝贈：附在包裝上，例如：買大送小、加量不加價、贈品夾在包裝旁邊等方式
3. 填資料送贈品
4. 抽獎後送贈品
5. 百貨公司週年慶免費送贈品

送贈品的規劃注意要點

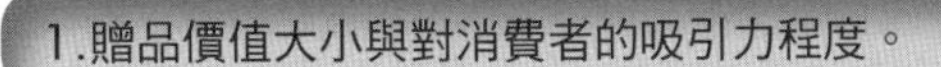

送贈品必須考量

1. 贈品價值大小與對消費者的吸引力程度。
2. 贈品應該具有獨特性、流行性及實用性。
3. 目前流行附在產品包裝上的贈品方式。
4. 贈品成本不能太高

   現在成本議價空間比較大，因為贈品的採購及生產地來源，已大部分由台商在中國的生產工廠所供應。
5. 贈品到底要訂購多少數量

   必須依賴於：(1)過去的經驗、(2)此次贈品的活動規模大小，以及(3)贈品成本預算的範圍大小等因素而定。

送贈品吸引家庭主婦

送贈品

1. 吸引家庭主婦
2. 吸引學生
3. 吸引年輕上班族
4. 吸引低所得者

Unit 6-7 折價券促銷活動

折價券（Coupon）在實務上運用也頗為普及，名稱也不只是一種，可以培養一些忠誠消費者的使用再購，但回流率不會100%被所有消費者使用。

一、折價券的各種名稱

折價券在實務上，也可以被這樣稱呼著：一是折價券；二是抵用券，例如：愛買量販店所推的名稱；三是購物金，例如：東森電視購物及東森型錄購物所推的名稱；四是嚐鮮券，例如：統一7-11對店內新產品的半價試吃券。

二、折價券的呈現方式

比較常見的折價券呈現，有以下六種方式，一是以刊登報紙廣告並夾附折價券截角方式呈現；二是以DM（宣傳單）夾報方式呈現；三是以網站及手機下載方式呈現；四是以刊登雜誌廣告方式呈現；五是以郵寄折價券或購物金方式呈現；六是以現場贈送為主。

三、折價券的優缺點

(一)優點：折價券（抵用券、購物金）具有吸引消費者再購率提升的效果，亦即可以增強顧客會員的忠誠度。例如：東森電視購物經常送出免費的100元、200元或500元購物金（折價券），下次再買時，可以用此購物金來扣抵200元，因此，假如買了2,000元的商品，實際支出只要1,800元，亦即打九折的優惠。折價券上面的折價金額，可以彈性多元的設計規劃。

(二)缺點：折價券活動還是比較適合女性消費族群，部分男性消費者可能不會去剪下折價券使用。

四、效益

折價券應該可以培養一些忠誠消費者的使用再購，還是有其效益存在。根據調查顯示，折價券的使用率（回流率）大概在40%～60%之間，不會100%被所有消費者使用，因此成本負擔的計算也不是100%。

折價券促銷活動

1.以現場贈送為主

例如：滿千送百禮券

折價券呈現方式

5.以刊登雜誌廣告方式呈現

2.以DM（宣傳單）夾報方式呈現

4.以網路及手機下載方式呈現

3.以報紙刊登廣告並夾附截角方式呈現

折價券的優點vs.缺點

優點 → 滿千送百的折價券、禮券很吸引人！

缺點 → 金額太小的折價券不夠吸引人！

Unit 6-8 滿千送百促銷活動

「滿千送百」已成為重要的促銷活動，是各大百貨公司及各大購物中心經常推出的SP活動。

一、什麼是「滿千送百」？

所謂「滿千送百」，即指購買2,000元，送200元抵用券，或購買5,000元，送500元抵用券，或購買10,000元，送1,000元抵用券之意。

二、優點

「滿千送百」的促銷活動，基本上具有以下兩大優點：

(一)具有很大誘因：「滿千送百」具有很大刺激購物誘因，消費者會想買更多的東西，來湊齊千元整數。事實上，這也是一種折扣促銷，即是九折的意思。

(二)易形成口碑流傳：「滿千送百」的口號響亮，易聽、易記、易懂、易形成口碑流傳。

三、效益分析

基本上是具有正面效益的，會推升營收業績的增加。至於此活動之10%（一折）的成本負擔，主要有下列兩種方式：

(一)完全由品牌廠商所負擔：亦即被申請用來兌換送百的產品廠商負責吸收此項被兌換成本。

(二)由品牌廠商及零售流通業者各自負擔：亦即由品牌廠商及零售流通業者雙方依規定比例，各自負擔一部分的兌換損失。

滿千送百活動贈送禮券，回流率一般在九成以上。

四、注意事項

在使用滿千送百活動贈送禮券時，至少應考慮到下列事項：

(一)限期使用：滿千送百活動的兌換禮券（折價券）時間，應限當天完成。拿到送百的兌換禮券後，亦應限制在某一期限內，完成兌換產品事宜，這樣才知道兌換回流率是多少。

(二)限制部分產品不能兌換：有時候亦限制某些系列的商品，是不能（除外）被任意拿來兌換的。因為這些產品的知名廠商或品牌，是不願被拿來做相對照的。

(三)應多準備兌換服務櫃檯：兌換禮券區經常排很多人，因此零售賣場應多準備一些服務櫃檯才對。

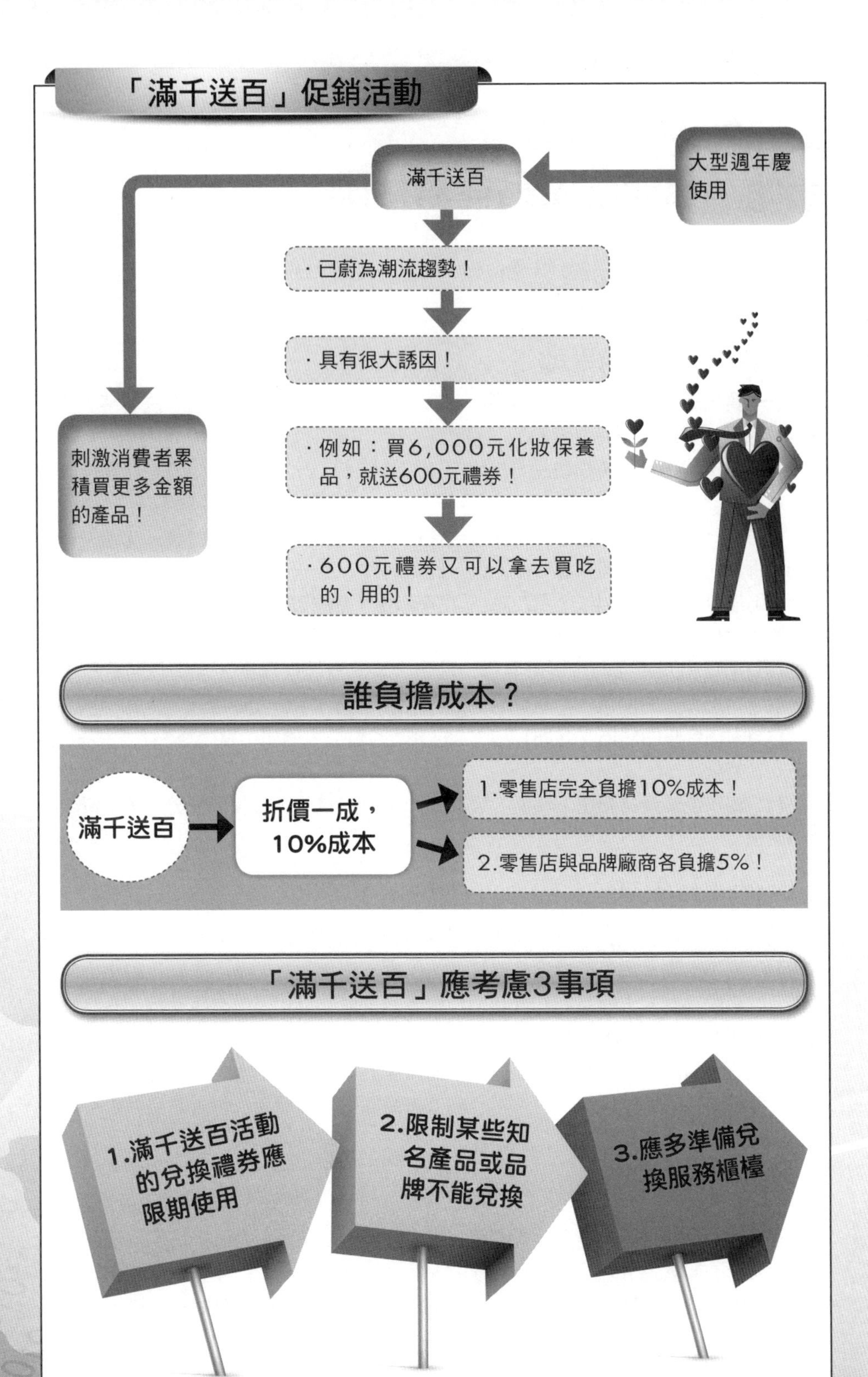

「滿千送百」促銷活動
滿千送百
大型週年慶使用
・已蔚為潮流趨勢！
・具有很大誘因！
・例如：買6,000元化妝保養品，就送600元禮券！
・600元禮券又可以拿去買吃的、用的！
刺激消費者累積買更多金額的產品！
誰負擔成本？
滿千送百
折價一成，10%成本
1.零售店完全負擔10%成本！
2.零售店與品牌廠商各負擔5%！
「滿千送百」應考慮3事項
1.滿千送百活動的兌換禮券應限期使用
2.限制某些知名產品或品牌不能兌換
3.應多準備兌換服務櫃檯

Unit 6-9 包裝附贈品促銷活動

「包裝促銷」是之前提到送贈品促銷的執行方式之一，此種作法希望增加在銷售現場，被消費者選購的刺激誘因。

一、包裝贈品的應用方式

(一)買大送小：例如，買大瓶產品，就在包裝上附送小瓶，包括像洗髮精、沐浴乳、洗衣精、鮮奶、巧克力等。

(二)直接附贈品：將小贈品直接附在塑膠包裝上，一看就可以知道是什麼樣的贈品。

(三)買一送一或買二送一：包裝在一起的三瓶商品，只算二瓶的錢，此即是買二送一；抑或是買二瓶，但只算一瓶的錢，此即為買一送一，相當於打五折。

(四)加量不加價：例如，買2.3公斤克寧奶粉，加送200公克（約10%），即加量不加價；等於是折扣10%，省10%的錢。

(五)兩種相關產品的合併優惠價：例如，將洗髮乳與潤髮乳合併包裝在一起銷售，給予特別優惠的價錢，不是1＋1＝2瓶的錢，而是1＋1＜2的價錢。

(六)兩種合購回饋價：此即1＋1＜2的合購回饋價。例如，買二瓶洗衣乳，算1.5瓶洗衣乳的錢。

(七)關係企業產品贈送：例如，賣某鮮奶，但加贈另一家關係企業的某項新產品作為促銷。

二、優點與效益

此項包裝贈品的促銷方式，確實可以在賣場提高它被消費者取拿的機會。尤其在品牌忠誠度不太高，或是價格敏感度高的商品中，現場的包裝贈品成為比較想撿便宜消費者的最愛。其次，對品牌轉移時之消費者的爭取及認知，也有些助益。同時也可以較快的速度出清過多庫存量。

上述是包裝促銷的優點所在，而其所能產生的效益有以下兩點。一是確實可以達到刺激現場購買的慾望。二是通常對一般低總價的民生消費品，包裝贈品大都限制在10元以內的贈品成本支出。

三、注意要點

包裝附贈品促銷活動在執行規劃時，應注意以下兩點。一是可以搭配限量銷售，例如：加量不加價，可以限量在一萬罐內，賣完就沒有了。二是包裝所選的贈品，應與商品有所相關或相輔相成的功能。例如：買咖啡，就送杯子；買嬰兒奶粉，就送卡通貼紙；買洗髮精，就送浴帽。

包裝附贈品促銷活動

包裝附贈品方式

4.加量不加價

3.買1送1或買2送1

2.直接附贈品

1.買大送小

包裝附贈品的優點

消費者 → 最後一哩：賣場 → 見到：包裝促銷方式 → ‧刺激購買慾望！

‧現在普遍的店頭促銷方式！

買一送一

- 最受歡迎！
- 最有效果！
- 等於打5折活動！

Unit 6-10 大抽獎促銷活動

大抽獎促銷活動雖說可使人懷抱著得大獎的希望，但基本上，抽獎還是屬於支援性與輔助性的促銷活動，是多重SP活動計畫組合中的一環。

一、抽獎活動的呈現方式

抽獎活動的呈現方式，主要有以下幾種：

(一)週年慶的抽獎：在各種賣場週年慶時，經常會有「購滿多少錢以上，即可參加抽獎活動」，即刻參加，即刻揭曉，或是一定時期之後才知道是否得獎。

(二)廠商配合賣場的抽獎：有時候某些品牌廠商也會配合賣場要求，推出抽獎活動。亦即凡購滿某品牌系列的哪幾個產品，即可領取抽獎券，在櫃檯即抽，或投入摸彩箱以後定期再抽。

(三)集點抽獎：另外，也經常看到集三個瓶蓋、截角或標籤，寄回公司參加抽獎活動。

二、宣傳管道

要如何讓消費者知道有大抽獎的促銷活動呢？可分直接傳達與媒介傳達兩種。前者是直接在產品包裝上印有抽獎活動，傳達給消費者知道；後者可透過報紙、雜誌、廣播、網路，簡訊及DM等傳達抽獎活動訊息。

三、優缺點與效益

(一)優點：抽獎確實會使人抱著得大獎的希望，例如：可能得到汽車、國外旅遊行程、高級3C家電、鑽石、機車等之類的獎項。

(二)缺點：獎項及得獎機會太少，是抽獎促銷活動的最大缺點，所謂「不患寡，而患不均」，幾次兌獎之後，即會興趣缺缺。

(三)效益：基本上，抽獎還是屬於支援性與輔助性的促銷活動，是多重SP活動計畫組合中的一環。

四、注意要點

大抽獎促銷活動在執行規劃時，應注意以下兩點：

(一)公告詳細抽獎活動辦法：大抽獎促銷活動應將活動辦法在網站、報紙或會員刊物上刊登詳細，包括抽獎獎項、活動期間、活動辦法、得獎名單及公告等。

(二)要有吸引力的大獎及普獎：大獎獎項應具有震撼力，例如：送一部車子，而普獎也應多一些名額。

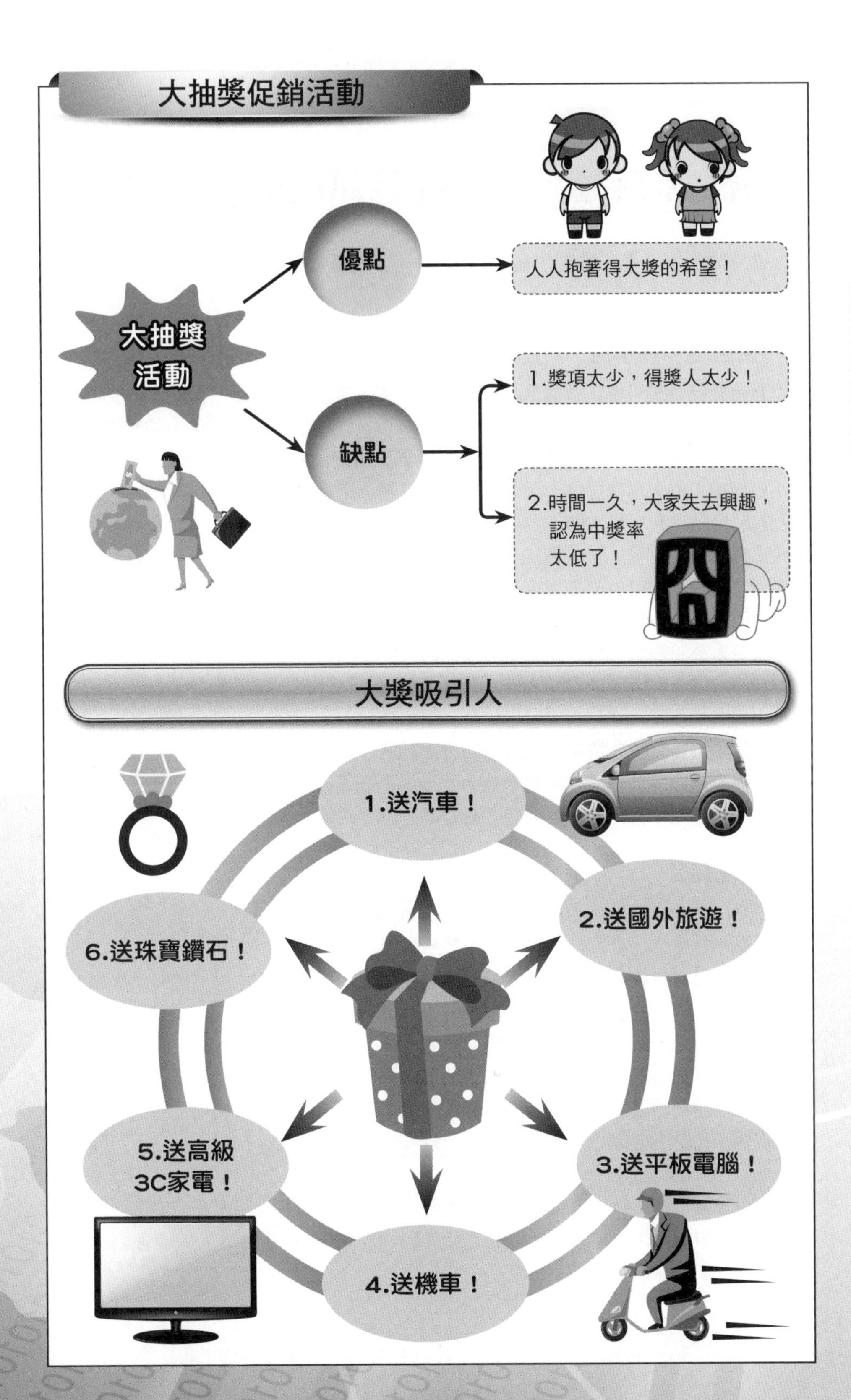
大抽獎促銷活動
大抽獎
活動
優點
人人抱著得大獎的希望！
缺點
1.獎項太少，得獎人太少！
2.時間一久，大家失去興趣，
認為中獎率
太低了！
大獎吸引人
1.送汽車！
2.送國外旅遊！
3.送平板電腦！
4.送機車！
5.送高級
3C家電！
6.送珠寶鑽石！

Unit 6-11 來店禮、刷卡禮及試吃促銷活動

來店禮、刷卡禮及試吃這兩種促銷活動，都算是搭配性的行銷活動，具有小型效益。

一、來店禮、刷卡禮

(一)呈現方式：過去百貨公司經常在週年慶或重要節慶促銷活動時，會安排免費的來店禮，贈送給每一個進館的消費者，另外還有至少購滿多少錢以上的刷卡禮等兩種。不過近年來，免費的來店禮並不常見，主要是因為成本耗費大，而且人人有獎，並不會鼓勵人們去消費購買。因此，現在通常是「來店刷卡禮」居多。

(二)優點：來店刷卡禮主要目的有二，一是希望吸引人潮進來，愈多愈熱鬧。二是希望人潮來了之後，多少買一些商品，這是一種形式上的條件限制，希望不是人人都來免費領獎，那麼就失去了來店獎的真正意義。

(三)缺點：通常刷卡禮都是基本門檻以上即有的贈品，因此其所送禮品的價值自然也不會太高。對較有錢的人或中上階級的人，誘因並不太大。

(四)效益：來店刷卡禮屬於SP促銷活動組合的一小環，屬於餐前小菜，不是主餐大菜，對貪小便宜的部分消費者也算是一項小誘因。

(五)注意要點：在週年慶或重要節慶活動時，百貨公司經常會擠得水泄不通，公司應多設幾個贈品服務區或櫃檯人員，不要讓消費者排得很長，怨聲四起。而為了建立顧客的資料庫，有時在領贈品時，還要填上顧客的基本資料。

二、試吃促銷

在各大賣場（超市、量販店）經常會有廠商擺攤，做「試吃」活動。試吃活動的最大優點是什麼？它會帶來多少效益呢？茲說明如下。

(一)優點：對新產品的知名度及產品的了解度，會得到進一步的提升。在幾千幾百項產品中，有些新上市產品或老產品，可能因為沒錢打廣告，因此品牌並不響亮，買過的人也不太多。因此，透過現場的試吃，以增強對新產品的好感度及記憶度。其實，有些默默無聞的產品，它的口味還是不錯的，可以利用試吃的方式加以宣傳。

(二)缺點：畢竟試吃活動的據點數量及人員天數，可能也不是相當普及，因此，與電視廣告的大眾媒體宣傳相比，試吃宣傳的廣度就顯得小了很多。它所接觸到的人，每天可能僅有幾十人或幾百人而已。

(三)效益：如上所述，試吃活動主要針對下列三種商品，即新商品上市、舊商品重新改變口味，以及過去較不具知名度的既有商品。試吃活動算是地區性的搭配活動，具有小型效益。

來店禮、刷卡禮的目的

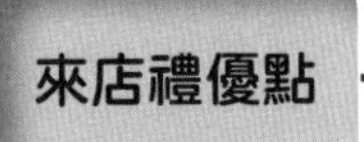

來店禮優點
- 希望吸引人潮進來
- 人潮進來後，多少會買一些東西

刷卡禮優點
- 希望來客多少會買些東西，送贈品由信用卡公司提供

試吃促銷優點

大賣場試吃、試喝

1. 增加對新產品的知名度與印象
2. 增加對既有產品的購買誘因

大賣場試吃、試喝活動注意要點

1. 最好在週六、週日下午及晚上舉辦
2. 最好先培訓現場人員
3. 要巡迴到現場考核觀看
4. 要配合折價促銷活動

Unit 6-12 特賣會促銷活動

特賣會對廠商與消費者來說，可以都是一個雙贏的局面，但要掌握住以下舉辦要點。

一、特賣會的方式

特賣會的呈現方式，大致有以下兩種：

(一)最大型的特賣會：這部分仍屬台北世貿中心所舉辦的各種展覽會，例如，台北世貿資訊展，經常在十天內湧入數十萬人，大家都在搶購便宜的資訊電腦產品。

(二)特定地點的特賣會：其次，是在特定地點舉行的「特賣會」。通常會找一個較大的場地或郊區的空地舉辦特賣會，包括各種過季、過期的名牌商品特賣會、家電年終特賣會、家具特賣會、國內各地名產特賣會等。

二、優點

特賣會促銷活動具有什麼優點？我們可以分兩個面向來說明。對廠商而言，可以透過特賣會，促銷一些過期、過季、退流行，或是有些瑕疵的庫存商品。對消費者而言，趁機在特賣會上撿個便宜，是吸引消費者來特賣會的最大誘因。

三、效益

對廠商而言，固定在全省各重要消費地點舉行特賣會，確實可以達到出清庫存、降低庫存及增加營收現金流量、資金周轉等，均使廠商可以達到最大效益。

四、注意要點

特賣會促銷活動在執行規劃時，應注意以下五要點：

(一)人多效果才會好：通常較大型的特賣會，才會吸引更多的人來參觀及選購，因此業者應號召同業共同參與、認購攤位，才有號召力。

(二)價格要便宜：特賣會當然就是指商品的價格一定比平常賣的便宜很多，才會有效果，因此，折扣定價是特賣會規劃重點。

(三)要注意偷竊行為：特賣會人潮擁擠，攤位商品很容易被竊走，廠商在忙著結帳之際，別忘了要注意偷竊行為。

(四)找能炒熱現場的主持人：特賣會的各攤位現場主持人，應找出比較敢講話，而且講話又有吸引力的幹部支援，才能在現場激起熱烈氣氛。

(五)廣為宣傳：特賣會由於在特定地區舉辦，因此應該做適當的廣告宣傳，讓較多人知道有此特賣會。

特賣會2種形式

特賣會

1.各種展銷會、展覽會的促銷活動

資訊展
汽車展
3C展
旅遊展
書展
婚紗展

2.名牌聯合特賣會

過季商品特賣會
年終特賣會
出清特賣會
零碼特賣會

特賣會4大誘因

特賣會誘因

1.折扣數多少？

二折、三折、五折
才有吸引力！

2.場地夠大！

3.地點離市區不會太遠！

4.號召同業大家一起來！

第 7 章

其他整合行銷活動

章節體系架構 

Unit 7-1 公關溝通的對象及其工作能力與目標

公關是什麼？從不同的角度來回答這個問題，會得到許多差異很大的答案，例如「公關是拉贊助」、「公關是喝酒談生意」、「公關是跟記者打好關係」，這些說法都對，也都不對，因為公關是一種人與人之間互動、了解、溝通、傳播的過程，換句話說，只要牽扯到人與人相處互動的事情，都包含在公關的範圍裡。

一、公關溝通之對象

公關溝通之對象，包括：1.新聞媒體（電視台、報社、雜誌社、廣播電台、網路公司）；2.壓力團體（消基會、產業工會、同業公會）；3.員工公會（大型民營企業員工公會）；4.經銷商（廠商的通路銷售成員）；5.股東（大眾股東）；6.消費者（一般購買者）；7.同業（競爭同業者）；8.意見領袖（政經界名嘴、律師、聲望人士等），以及9.主管官署（政府行政主管單位）等。

二、公關部門的職掌

公關部門的主要職掌，可歸納整理如下，即：1.擔任公司對外的正式發言人之窗口與聯繫人；2.負責接洽、接待、聯繫來訪的各界人士，包括媒體、證券、投信、投顧、政府監管單位、國外貴賓等單位人士；3.負責接受各界媒體的專訪及訪談撰寫回覆；4.負責公司新產品上市記者會、發表會之主辦或協辦；5.負責公司法人說明會之主辦或協辦；6.負責公司重要危機說明之主辦、主導單位與應對單位事宜；7.負責公司製造生產據點與附近公民社區良好關係之事宜；8.負責公司公益活動之主辦或協辦事宜；9.負責公司公關活動及事件行銷活動主辦或協辦事宜；10.負責公司與消費者意見反映及客訴事實之處理；11.負責平日對媒體詢問事宜之回應事宜，以及12.其他有關公司之公共事務與公共關係促進事宜項目等。

三、公關人員的必備能力

公關人員應必備的能力，包括：1.撰寫能力；2.與人溝通能力；3.人脈存摺（與各界人士）；4.高EQ、親和力；5.喜愛結交朋友；6.語言能力；7.對產業及公司狀況了解與掌握能力；8.扮演公司或品牌的化妝師；9.跨部門協調能力，以及10.與媒體關係良好，能做有利正面報導等。

四、公關新聞稿撰寫原則

公關新聞稿要如何撰寫呢？有以下原則應掌握，即：1.人、事、時、地、物寫清楚；2.清楚、簡單、明瞭、易於辨識重點；3.有新意；4.針對不同媒體的性質，不同路線的記者，給予適宜的新聞內容，以及5.圖片、圖說不能少等。

公關部門的工作目標

企業內部公關部門之目標、功能

1. 達成與各界媒體的良好互動關係
2. 達成與外界各專業單位的良好互動關係
3. 達成協助營業、行銷企劃及事業部門的業務執行分工
4. 達成快速危機事件處理或防微杜漸工作目標
5. 達成提升企業形象之工作目標
6. 達成滿足平日媒體界資訊需求之目標
7. 達成對內員工向心力與企業文化建立之目標

公關9大對象

1.新聞媒體（新聞界）
2.消基會團體
3.政府主管單位
4.意見領袖
5.股東大眾
6.員工公會
7.名嘴
8.消費者大眾
9.證券、投信、投顧、基金公司

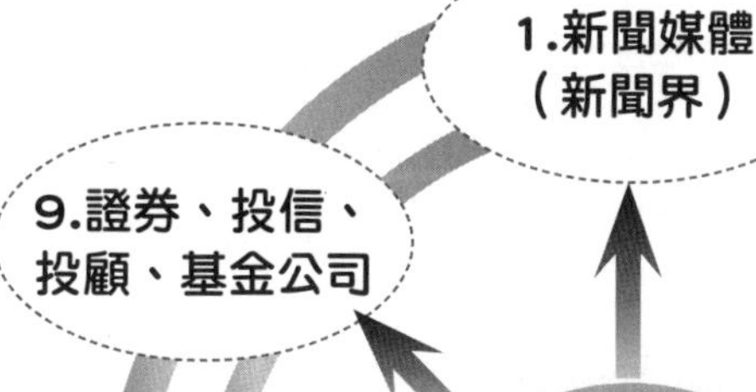

Unit 7-2 如何選擇及評價公關公司的配合度

公關公司是合作夥伴，選擇好的公關公司會成為企業產品和品牌推廣的得力助手。而如何選擇好的公關公司，以下說明可供參考及運用。

一、如何選擇優質公關公司配合

(一)創意力：在所有元素都差不多時，「make different」會更容易獲選。

(二)執行力：公關客戶最常需要用到公關公司的地方。

(三)預算管理能力：亂花錢是大忌，切記善用客戶的每分錢。

(四)溝通能力：了解公關客戶的文化，用他們的語言溝通。

(五)口碑：多聽、多問、多看，凡走過必留下痕跡。

(六)細心：好的公關公司能幫客戶注意到更多小事情。

(七)配合默契：長期累積、深入了解產業、客戶的文化，才能做最好的配合。

(八)規模：大的案子或長期的案子，選擇規模大的公關公司，因為有較多的資源；小案則反之，因為較靈活。

(九)熱忱：有熱忱，才能有源源不絕的精力做服務。

(十)策略思考能力：無法做策略思考的企業，選擇公關公司時，要特別注意公關公司有沒有辦法做完整的策略思考。

二、如何評估公關公司效益

(一)量的評估：各媒體的曝光量及露出則數。

(二)質的評估：各媒體的露出版面大小、版面位置如何及電視新聞報導置入。

(三)總結：為公司創造良好的品牌形象、企業形象及促銷活動的業績等。

三、台灣微軟公司制定七個公關評估指標

(一)主動溝通：微軟公司人員必須主動擬定策略與計畫和媒體溝通，事後再從計畫中去檢視執行成果。如果不是在計畫內的公關成效，譬如搭別的產品順風車，或被媒體偶然提及的新聞，即使是正面報導，也不能被納入評估。

(二)主題傳達：所述的主題是否符合微軟內部定位的品牌精神？

(三)訊息精準：新聞是否將該活動要傳達的訊息，精準且確實的露出？

(四)發言引述：發言人所講的話，是否被媒體完整引述？

(五)媒體篇幅：媒體露出的篇幅是否達到微軟規定的標準？

(六)客觀認證：是否有第三公正單位背書？譬如客戶、夥伴、研究機構（分析師們）等。

(七)主要媒體：訊息是否刊登在該國主要的媒體？

公關經營人協會（PRA）制定公關價值評估指標

指標類別	1.直接產出	2.公眾影響	3.組織績效	4.公關專業
指標	(1)訊息精確度 (2)媒體報導立場 (3)訊息顯著度 (4)媒體露出則數 (5)媒體聯繫數量	(1)目標族群態度 (2)目標族群意見 (3)對公關活動的回應	(1)達成組織目標 (2)信任組織 (3)顧客終身價值 (4)關係滿意度 (5)關係承諾	(1)衝突解決與危機溝通 (2)議題建議能力 (3)策略規劃能力 (4)有效溝通 (5)準時交付

如何選擇好的公關公司？

選擇公關公司

1.創意力高不高？

2.執行力強不強？

3.口碑好不好？

4.配合默契好不好？

5.預算花費用在刀口上！

6.效益好不好？

如何評估公關公司效益？

1.量的評估 → 各媒體曝光量及露出則數多少？

2.質的評估 → 露出版面、時段好不好、大不大？

→ 塑造公司形象及品牌形象提升！

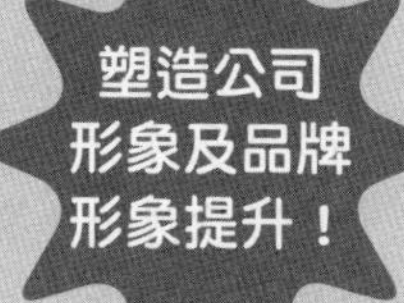

Unit 7-3 知名企業評估公關公司的指標

本文以萊雅、微軟、麥當勞三家知名企業如何評估公關公司的效益為例，並整理整合行銷必須借重的七種外圍協力公司，以供參考。

一、知名企業評估公關效益指標

(一)台灣萊雅公司：以「媒體產出量」為主要指標。此外，由於化妝品是個特殊的產業，明星代言不可少，而明星和Logo同時在新聞上露出，則是一個重要指標。萊雅公司評估又分為「品牌公關」與「企業公關」。品牌公關由第三方公正單位做評估，蒐集各品牌和競品間的每月媒體曝光量，相互比較做成報告，給品牌負責人參考。另外，萊雅對不同的活動會先設定目標及關鍵績效指標（Key Performance Indicator, KPI），只要能夠做到讓明星與品牌、產品同時出現在新聞畫面，就算是成功一半。除非那位代言人正好涉及重要的道德瑕疵，否則不影響整體的效益。但真正難以量化的是「企業公關」。

(二)台灣微軟公司：台灣微軟公司對外圍公關公司的選擇評比有四個面向，包括成本考量、策略上的創意、媒體關係，以及執行力。

(三)台灣麥當勞公司：麥當勞對公關效益的評估有二十六個量化指標。首先，是否能在設定的目標上，達到最大的影響力，其次就是訊息傳達的「精準度」等，包括「活動執行、創意呈現、媒體產出量、報導調性」等。此外，除了量化的指標外，企業公關確實難在單次活動中看出成效。譬如：「形象提升、品牌信任度」，或「企業是否值得信賴、是否提供愉快的氛圍」等，這類印象要進到消費者的心中，需要長時間的經營才能見效。

二、IMC必須借重的七種外圍協力公司

(一)廣告代理商：較知名的有李奧貝納、台灣電通、聯廣、奧美、BBDO、智威湯遜等。

(二)媒體代理商：較知名的有凱絡媒體、媒體庫、傳立媒體、貝立德、實力媒體、宏將媒體等。

(三)公關公司：較知名的有奧美、精英、精采、先勢、先擎、聯太等。

(四)網路行銷公司：較知名的有知世・安索帕、米蘭數位、銀行互動、數位互動、貝可、安捷達等網路行銷公司。

(五)市調公司：較知名的有易普索、模範、尼爾森、全國意向、創市際等。

(六)通路行銷公司：包括大予、安瑟、彼立恩國際、益利、創勢媒體、奧亞、奧美、傳揚、裕雅行銷公司、葛瑞創意行銷公司、環球整合行銷公司等。

(七)通路陳列設計公司：包括杰傳行銷、拾穗設計、惟楷印刷等公司。

台灣萊雅對公關效益指標

1.品牌公關

2.企業公關

真正難以量化的是「企業公關」，譬如：「絕佳的企業經營感受或非常棒的工作場所、好的企業公民」等，都難以用單一事件來評估。

效益指標

1.媒體每月產出量、曝光量多少

2.媒體每月的曝光品質水準

台灣微軟對公關效益指標

PR

1.成本考量指標

2.策略上創意指標

3.媒體關係

4.執行力

台灣麥當勞對公關效益指標

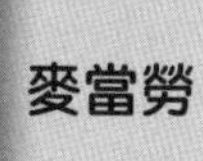

麥當勞

委外公關公司效益指標

1.訂定26個量化指標

2.訊息傳達精準度

3.形象提升

4.品牌信任度、信賴度

IMC必須借重的7種外圍協力公司

1. 廣告代理商
2. 媒體代理商
3. 公關公司
4. 網路行銷公司
5. 市調公司
6. 通路行銷公司
7. 通路陳列設計公司

Unit 7-4 店頭行銷與展場行銷的崛起

店頭行銷與展場行銷之所以能崛起，無非是過去傳統行銷已難以勝出所致。

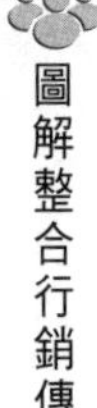

一、店頭行銷崛起三大原因

(一)消費者至少有30%是到了賣場才決定要買什麼：根據多次現場調查顯示，消費者幾乎有將近三分之一的比例，是到了零售現場，看到了某些產品的特殊陳列或特別促銷價格，或是附包裝贈品、試吃活動，或是特殊的POP廣告招牌等影響，而選擇了該品牌或該產品的採購。此顯示店頭行銷確實與廠商的銷售業績有密切關係。因此，廠商開始重視起在店頭或賣場內做一些行銷活動，以吸引消費者的採購行為。總之，「店頭行銷＝銷售業績」這樣的關係慢慢被廠商們所接受了。

(二)店頭行銷的崛起，亦與大眾媒體式微有關：過去十多年前，新產品在上市之前，或是既有產品，只要每年做一做電視廣告就會有不錯的銷售成績，現今狀況卻大為改變。上電視廣告不只價格昂貴，所費不少，而且效益日易遞減，此發展使得廠商將廣告預算一部分移到店頭行銷及促銷活動上，反而更有實惠價格與成果。

(三)競爭問題：過去行銷的競爭是從產品研發開始，之後來到通路上架問題，後來到廣告創意及公關媒體上，如今卻延伸到與消費者接近的最後一哩（last mile）上。當大家都在做店頭行銷活動及搭配性的促銷活動時，廠商就必須跟上來，否則業績就會落後。

二、展場行銷日益重要

以往商品銷售都是在傳統的行銷通路，例如：大賣場、超市、百貨公司、專業店、直營店、加盟店及暢貨中心等，現在很多廠商則紛紛加入展場行銷這條匯聚人潮、吸引買氣的通路管道。

過去國內外貿協會舉辦的展覽會，大都是吸引國外買主而做的。如今貿協在台北市信義區內的三個館（世貿一館、二館、三館），都會為各行各業排定日期，對國內消費者舉辦消費性展覽會。例如最有名的資訊展，由於價格便宜，經常擠滿了很多人潮與買氣。

目前，外貿協會展場已排定各行各業的對內展覽會，藉此展場行銷為各廠商促銷產品。目前包括已有的台北資訊電腦展、台北多媒體大展、台北數位影音大展、台北汽車大展、家具大展、醫學美容展、婚紗與珠寶展、電腦應用展、美容SPA展、兒童用品展、書籍出版品展等數十種展覽會，可看性、熱鬧性、人氣匯聚性等均十足充分，是未來通路行銷與業績促銷的重要手段及作法之一。

店頭行銷崛起3大原因

店頭行銷崛起

3.最後一哩的競爭日益激烈

2.賣場促銷活動，被證明確實有效

1.消費者至少有30%是到了賣場才決定要買什麼

知識補充站

店頭行銷服務公司提供什麼服務？

目前店頭行銷服務公司的營運項目，可歸納整理成以下二十幾種，包括：1.假日賣場人力派遣；2.門市巡點布置；3.商品派樣試用體驗；4.市場調查分析；5.街頭活動；6.店內活動；7.解說產品；8.展示活動；9.產品特殊活動；10.通路布置及商品陳列；11.促購傳播力；12.通路活動內容設計；13.體驗行銷活動；14.零售店神祕訪查；15.零售店滿意度調查；16.產品價格通路市調；17.DM派發；18.賣場試吃試喝活動；19.通路商情研究分析；20.賣場銷售專區規劃、設計與布置執行；21.通路結構與趨勢分析；22.包裝促銷印製設計與生產服務；23.產品包裝設計，以及24.賣場布置設計等。

Unit 7-5 事件行銷的目的與成功要點

事件行銷的傳播投資回報率要遠高於傳統廣告，已愈來愈多的企業在削減廣告開銷，以加大事件行銷的投入力度。

一、事件／活動行銷定義

事件行銷（或稱活動行銷，兩者同義）的定義，是指廠商或企業透過某種類型的室內或室外活動之舉辦，以吸引消費者參加此活動，然後達到廠商所要達到的目的。此種行銷，即稱為事件行銷（Event Marketing）或行動行銷（Activity Marketing），有時也被稱為公關活動（PR）。

二、事件／活動行銷的目的

事件／活動行銷的目的，包括：1.為了打造新產品知名度；2.為了提高企業形象；3.為了公益與回饋；4.為了促進銷售業績；5.為了增加新會員人數；6.為了鞏固忠誠顧客；7.為了尊榮VIP超級大戶；8.為了蒐集潛在客戶新名單；9.為了保持市場地位與領先品牌聲勢；10.為了娛樂目標顧客群，以及11.其他可能的目的等。

三、事件行銷活動企劃撰寫事項

事件行銷活動企劃撰寫事項及大綱包括以下內容，即：1.活動名稱、活動Slogan；2.活動目的、活動目標；3.活動時間、活動日期；4.活動地點；5.活動對象；6.活動內容、活動設計；7.活動節目流程（run-down）；8.活動主持人；9.活動現場布置示意圖；10.活動來賓、貴賓邀請名單；11.活動宣傳（含記者會、媒體廣宣、公關報導）；12.活動主辦、協辦、贊助單位；13.活動預算概估（主持費、藝人費、名模費、現場布置費、餐飲費、贈品費、抽獎品費、廣宣費、製作物費、錄影費、雜費等）；14.活動小組分工組織表；15.活動專屬網站；16.活動時程表（schedule）；17.活動備案計畫；18.活動保全計畫；19.活動交通計畫；20.活動製作物、吉祥物；21.活動錄影、照相；22.活動效益分析；23.活動整體架構圖示，以及24.活動後檢討報告（結案報告）。

四、事件活動行銷的成功要點

事件活動行銷要成功，至少必須做到以下七要點，即：1.活動內容及設計要能吸引人（例如：知名藝人出現、活動本身有趣好玩、有意義）；2.要有免費贈品或抽大獎活動；3.活動要有適度的媒體宣傳及報導（編列廣宣費）；4.活動地點的合適性及交通便利性；5.主持人主持功力高、親和力強；6.大型活動事先要彩排演練一次或二次，以做最好演出，以及7.戶外活動應注意季節性（避開陰雨天）。

事件／活動行銷5類型

1.銷售型事件活動

・展售會　・聯合特賣會　・封館之夜　・換季拍賣　・貿協展覽會

2.贊助型事件活動

・藝文活動贊助　・運動贊助　・宗教贊助　・勸募贊助　・文物展贊助

3.公益型事件活動

・路跑盃　・馬拉松　・慈善拍賣會　・清寒學生獎學金　・環保活動

4.會員經營事件活動

・VIP會員活動　・講座活動

5.娛樂型事件活動

・演唱會　・簽唱會　・園遊會　・走秀、時尚秀

事件行銷活動企劃撰寫要項

1.活動日期及時間

2.活動主題及slogan

3.活動地點

4.活動主持人

5.活動節目流程安排

6.活動現場布置圖

7.活動貴賓邀請

8.媒體記者邀請

9.活動預算概估

10.活動效益預估

11.安排時程表

12.其他事項

Unit 7-6 網路行銷的工具及網路廣告概述

網路時代已來臨！從台灣已有1,700萬人口會上網來看，我們可以宣告這是處於網路行銷傳播的世代！

一、網路行銷的工具

網路行銷可運用的工具至少包括以下幾種，即：1.網路廣告（例如：橫幅Banner廣告、影音廣告等）；2.關鍵字搜尋廣告；3.部落格行銷；4.網路活動規劃（例如：網路徵文贈獎活動、網路遊戲贈獎活動、網路好康下載等）；5.社群行銷（例如：Facebook臉書、IG，以及粉絲行銷等）；6.YouTube影音網站，以及7.LINE和其他網路行銷方式。

二、網路廣告主要流向

網路廣告總量已超越報紙，成為國內第二大廣告媒體，僅次於電視，網路廣告也是整合行銷傳播經常用到的工具之一。目前，每年網路廣告主要流向有如下8項：1.FB臉書廣告；2.IG廣告；3.YouTube影音廣告；4.Google關鍵字廣告；5.Google聯播網廣告；6.雅虎奇摩入口網站；7.新聞網站廣告（例如：ETtoday、udn、中時電子報等）；以及8.官方帳號廣告等。

三、網路廣告計價方式

目前，網路廣告計價方式主要有下列幾項：

(一)CPM：即cost per mille ，意即每千人次曝光成本計價，例如：在FB的CPM約為150～300元；在ET Today的CPM約為100～400元。

(二)CPC：即cost per click，意即每次點擊之成本計價，在Google聯播網的CPC約8~10元。

(三)CPV：即cost per view ，意即每次觀看成本計價，在YouTube每個CPV約2元。

網路時代下的傳播工具

網路時代已來臨！

台灣已有1,700萬人口會上網

網路行銷的傳播工具

1.Google聯播網
2.關鍵字搜尋廣告
3.部落格行銷
4.網路活動規劃
5.FB及IG社群行銷
6.YouTube影音網站廣告
7.LINE（行動手機）廣告

網路廣告主要流向

1.FB廣告
2.IG廣告
3. YouTube廣告
4. Google關鍵字廣告
5. Google聯播網廣告
6.雅虎奇摩入口網站
7.新聞網站廣告
8.LINE廣告

網路廣告計價方式

1.CPM（cost per mille）
・每千人次曝光成本計價

2. CPC（cost per click）
・每次點擊成本計價

3. CPV（cost per view）
・每次觀看成本計價

4. CPA（cost per action）
・每次完成行動計價

5. CPS（cost per slaes）
・每次完成銷售計價

Unit 7-7 網路發展對行銷4P的影響

網路發展對行銷Product、Price、Place、Promotion等4P有何影響呢？

一、網路對廠商「產品」的影響

網路對廠商「產品」（Product）的影響有以下四點，一是網路平台可作為廠商新產品「創意」的顧客意見來源。二是網路平台可作為廠商徵詢顧客對「既有產品改善」的意見來源及對即將上市新產品「各種市調」的意見來源。三是網路平台可作為廠商對產品相關「資訊情報」揭露與刊載的公關媒介管道，可讓消費者更了解公司產品資訊。四是廠商很有可能開始開發出專為網路銷售的不同產品。

二、網路對廠商「價格」的影響

網路對廠商「價格」（Price）的影響有以下四點，一是網路的無所不在與無遠弗屆，使價格資訊轉向了接受完全透明化、公開化及比較化，因此價格資訊不對稱性將不再存在，廠商定價必須「合理」、「誠實」才行，如此才有價格競爭力；二是網路使得團購或低價折扣團購成為可行的方式；三是網路的拍賣發展日益普及；四是網路購物的價格，一般而言是比實體通路便宜些，因為少掉了中間通路商的層層利潤剝削，因此廠商產品在網路的定價與實體通路可能會有些許差別。

三、網路對廠商「通路」的影響

網路對廠商「通路」（Place）的影響有以下三點，一是通路崛起，使過去著重在「實體店面」通路的銷售政策，改變為對「虛擬通路」的逐步重視；換言之，「實體＋虛擬」兩者通路並重的政策是必然之趨勢，雖然實體通路仍占比較大的比例。二是網路崛起，使一些B2C、B2B或C2C的電子商務新興商業模式出現，這是一種創新的通路事業新商機。三是網路普及化，使傳統多階層的通路結構逐步簡化、縮短化及扁平化，中間商通路不再是主導行銷銷售的完全角色；換言之，中間通路商的角色已有弱化趨勢。

四、網路對廠商「推廣、傳播溝通」的影響

網路對廠商「推廣、傳播溝通」（Promotion）的影響有以下四點，一是網路廣告、關鍵字廣告等，已成為廠商行銷推廣與宣傳的媒介工具之一。二是企業官方網站及專業行銷網站等，亦成為企業對外傳播溝通的作法之一。三是網路社群的聚集及同質性，亦成為廠商行銷操作上的主要目標對象之一。四是電子目錄（e-DM、EDM）及電子郵件（e-Mail），亦成為廠商在推廣活動時的行動內容之一。

網路發展對行銷4P的影響

1.對產品策略影響

① 新產品消費者創意意見來源！

② 各種市調意見來源！

③ 官網產品資訊情報來源發布！

④ 可當作銷售路徑！

2.對價格策略影響

① 價格資訊已透明化、公開化、比較化！

② 定價必須合理、不可能有暴利了！

③ 網路定價必須比實體更便宜才對！

④ 消費者必會多方比較，才會下單！

3.對通路策略影響

① 虛實通路二路並進已成趨勢！

② 促使通路結構層級扁平化了！

③ 新通路與網購平台崛起了！日益重要！

4.對推廣策略影響

① 網路廣告、關鍵字廣告已成必要！

② 社群行銷已大幅重要（例如：臉書、IG、部落格、LINE）！

③ 互動性已提高！

④ 精準行銷已成為可能！

Unit 7-8 通路行銷的策略

處於多元化、多樣化的多種銷售通路全面上架趨勢中，要如何做好通路行銷（Channel-Marketing）策略呢？以下說明之。

一、品牌廠商對大型零售商的通路策略

品牌廠商對大型零售商的通路策略包括：1.設立Key Account零售商大客戶組織制度，建立與大型零售商良好人際關係；2.全面善意配合零售商大客戶的政策、合理要求及其行銷計畫；3.加大預算在店頭行銷方面的工作；4.全面性、全國性密布各種零售據點，達到全面鋪貨目標；5.加強與大型零售商的單一SP促銷活動；6.加強開發新產品，協助零售商業績；7.爭取在好的區位及櫃位；8.投入較大量廣告支援、銷售成績，以及9.考慮為零售商自有品牌代工的可能性。

二、品牌廠商對經銷商的通路策略

品牌廠商對經銷商的通路策略，包括：1.選擇、找到最優秀、最穩定的經銷商策略；2.改造、協助、輔導及激勵提升經銷商水準的策略；3.評鑑及替換經銷商策略，以及4.與經銷商互利互融策略。

三、有效激勵通路成員

廠商如何有效激勵經銷商、經銷店等通路成員呢？有以下幾點可參考，包括：1.給予獨家代理、獨家經銷權；2.給予更長年限的長期合約（long-term contract）；3.給予某期間價格折扣（限期特價）的優惠促銷；4.給予全國性廣告播出的品牌知名度支援；5.給予店招（店頭壓克力大型招牌）的免費製作安裝；6.給予競賽活動的各種獲獎優惠；7.給予季節性出清產品的價格優惠；8.給予協助店頭現代化的改裝；9.給予庫存利息補貼；10.給予更高比例的佣金或獎金；11.給予支援銷售工具與文書作業，以及12.給予必要的各種教育訓練支援。

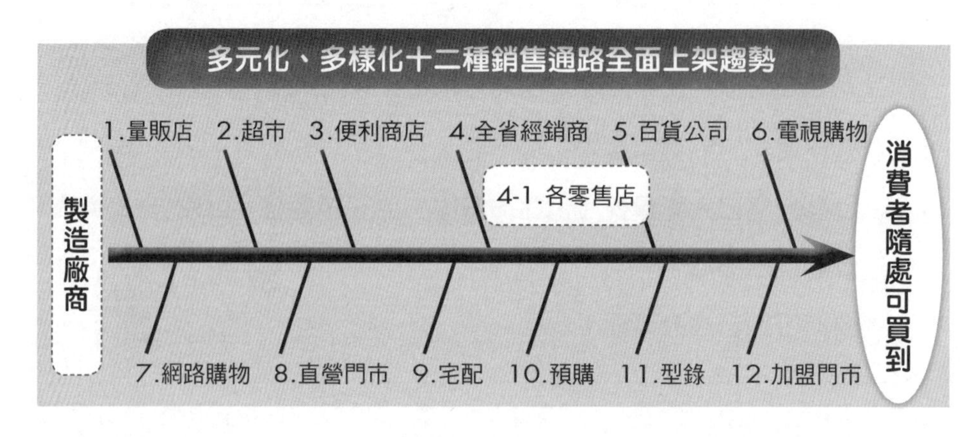

對大型零售商關係強化

品牌供應商 → 大型零售商很重要 →

1. 設立專人負責
2. 建立好人際關係
3. 完全配合零售商的促銷活動
4. 不斷開發暢銷新產品
5. 爭取好的陳列位置及空間大小

實體通路7大型態

1.百貨公司
- 新光三越
- SOGO
- 微風
- 遠東百貨
- 統一時代百貨
- ATT 4 Fun
- 京站百貨

2.便利商店
- 統一7-11
- 全家
- 萊爾富
- OK
- 美廉社

3.量販店
- 家樂福
- 大潤發
- 愛買
- COSTCO

4.超市
- 全聯福利中心
- 家樂福超市

5.資訊3C連鎖
- 燦坤3C
- 全國電子
- 順發3C

6.美妝、藥妝店
- 屈臣氏
- 康是美
- 寶雅
- 丁丁藥局
- 大樹藥局
- 杏一藥局

7.大型購物中心
- 台北101
- 微風
- 大遠百
- 大直美麗華
- 新竹遠東巨城
- 義大世界
- 環球
- 高雄夢時代
- 遠企中心

虛擬通路5大型態

1. 電視購物
   - 東森購物
   - 富邦momo
   - 中信VISA
   - 森森百貨

2. 網路購物
   - 博客來
   - ET Mall (東森)
   - Yahoo奇摩
   - PChome
   - 森森u-Mall
   - Gohappy
   - momo購物網
   - 蝦皮購物
   - 生活市集
   - 樂天

3. 型錄購物
   - 東森購物
   - DHC
   - momo

4. 預購
   - 五大便利超商的各種節慶預購

5. 直銷
   - 安麗
   - AVON
   - USANA
   - 如新
   - 克緹

Unit 7-9 異業結盟行銷與行銷支出預算項目

如果兩個品牌能做到既合作又互補，其所產生的綜效（Synergy，係指1＋1＞2之意），的確會超過各自單打獨鬥。至於行銷支出預算分配項目，說明如右頁。

一、異業聯合行銷的意涵

異業聯合行銷（Alliance-Marketing）是以最小的成本，透過雙方資源的整合，將一方的訊息或優惠，傳遞給另一方的顧客，以達到開拓新客源的目的，此亦為品牌能互相接軌的好方法。

若能運用彼此既有優勢，找到雙方認可的操作槓桿作為合作的核心，就有機會創造1＋1＞2的互惠價值。

二、成功異業結盟行銷的評比要點

成功異業結盟行銷的評比要點，包括：1.行銷資源是否有加乘效果；2.品牌形象及產品知名度是否有提升；3.客戶名單數量及銷售量是否有增加；4.顧客族群是否擴大；5.合作案設定的品牌價值是否提升；6.長期合作關係的建立，以及7.投資效益大於品牌自有活動。

王品餐飲內部對異業結盟有一套評估公式，能計算出營業客數貢獻度，也就是有多少客戶是經由異業結盟而產生的，另外就是評估無形的品牌行銷是否有提升。

三、異業結盟行銷的理由及重點

(一)異業結盟行銷的八個理由：包括結合雙方品牌資源、提高銷售業績、開拓新市場與新客源、互相背書、增強信任感、品牌形象提升、降低行銷成本，以及提供多樣性的產品與服務。

(二)異業結盟行銷的六個重點：包括夥伴之間的信任、清楚的品牌溝通、融入活動、思考異業結盟的價值、積極的管理異業結盟，以及洞悉顧客需求與前瞻性眼光。

四、異業結盟行銷案例

異業結盟行銷成功的知名案例，包括：1.可口可樂與智冠公司魔獸世界線上遊戲；2.花旗銀行信用卡與100家餐飲店面；3.麥當勞與富邦銀行ATM提款機；4.統一超商與Hello Kitty公仔玩偶；5.統一超商冰沙與變形金剛電影；6.索尼易利信手機與蜘蛛人電影，以及7.m&m's巧克力與Bossini年輕服飾。其中m&m's巧克力之所以會選擇Bossini年輕服飾為異業結盟行銷對象，其目的及條件說明如右頁。

最主要的行銷支出預算項目

9種行銷預算分配項目

1.媒體預算分配（六大廣告媒體）

(1)電視（無限／有限：CF託播及置入行銷） (2)報紙 (3)雜誌 (4)廣播 (5)網路 (6)戶外廣告（公車／捷運／看板）

2.DM與印刷品預算分配

(1)百貨公司、化妝保養品公司、郵購公司、便利商店、資訊3C賣場、量販店、超市、預售屋等常使用，比例甚高。

(2)每次活動案須製作幾十萬份，含郵資與印刷費，費用不少。

3.販促（促銷）活動預算分配

(1)各種行業均已列入一般分配預算。

(2)花在贈品、紅利積點、現金折價、抽獎品、滿千送百禮券、購物金、折價金、加價購等項目上的費用支出。

4.舉辦活動預算分配

(1)贊助各種活動預算：事件行銷活動、運動行銷預算、公益行銷預算等專案。

(2)例如：LV大型時尚晚會、嘉裕旗艦Camilval新店開幕發表會、微風之夜（封館五小時，且發給1萬名VIP會員資格）等各式各樣活動。

5.通路行銷預算分配

通路的競賽現金、出國旅遊、贈品、裝置店看板、海報及宣傳物品等。

6.媒體公關費

包括：各電視、報紙、雜誌、廣播、廣告等媒體。

7.代言人預算分配

(1)國內名模、運動明星、藝人、明星等代言人，少則數百萬，多則上千萬之鉅。

(2)國外巨星的費用，甚至要5千萬到數億元之鉅。

(3)例如：妮可基嫚，布萊德彼特、章子怡、RAIN等國外巨星；國內如林志玲、大S、小S、楊丞琳、張艾嘉、蕭薔、鄭弘儀、賈永婕、陳昭榮、林嘉綺等。

8.零售據點店頭行銷預算分配

包括：POP（廣告物）、試吃活動專區／專櫃設計、設備等，全國計有數百個據點，也是一筆不小的費用。

9.其他預算分配

(1)國內展會（資訊展、家電展、美容展、書展、食品展）

(2)國外參展（資訊電腦展、消費電子展等） (3)國外設計競賽、其他比賽

異業結盟行銷案例—m&m's巧克力對年輕服飾品牌的選擇條件

1. 異業結盟行銷的目的

   (1)擴大年輕消費群 (2)翻新品牌形象 (3)與消費者做深度互動

2. 夥伴遴選條件

   (1)必須具備類似的結盟經驗，使其順暢進行。

   (2)品牌定位及產品價位必須符合青少年族群與消費能力。

   (3)必須有相對的通路優勢，利於消費者接觸。

m&m's × Bossini
→m&m's 授權商標成立m&m's服飾專區

第4篇

整合行銷傳播成功案例

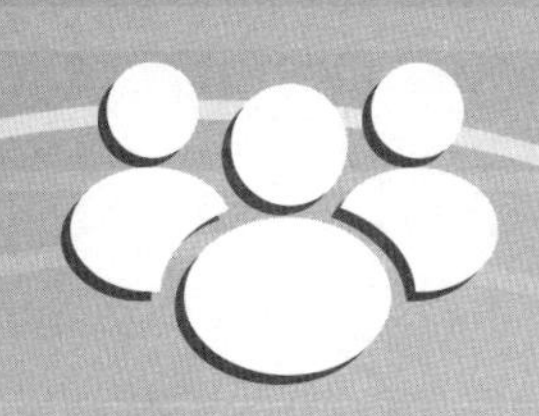

第 8 章

60種整合行銷推廣操作方式大集合

章節體系架構 ▼

Unit 8-1 高忠誠度行銷
Unit 8-2 價值行銷、促銷行銷
Unit 8-3 代言人行銷
Unit 8-4 電視廣告行銷
Unit 8-5 體驗行銷、差異化行銷（特色行銷）、平價（低價）行銷
Unit 8-6 集點行銷、VIP行銷
Unit 8-7 U.S.P行銷、社群行銷
Unit 8-8 店頭行銷、感動行銷、戶外（家外）廣告行銷
Unit 8-9 服務行銷、直效行銷、電話行銷
Unit 8-10 封館秀行銷、展覽行銷、節慶行銷
Unit 8-11 記者會/發布會行銷、公關報導行銷、通路行銷（經銷商行銷）
Unit 8-12 旗艦店行銷、聯名行銷（異業合作行銷）、口碑行銷
Unit 8-13 會員卡行銷、直營門市店行銷、高CP值行銷
Unit 8-14 活動（事件）行銷、創新行銷、整合行銷（IMC）
Unit 8-15 尾數心理定價行銷、極高價尊榮行銷、顧客導向行銷
Unit 8-16 質感行銷（高品質行銷）、公益行銷、人員銷售行銷
Unit 8-17 預購行銷、多角化行銷、飢餓行銷
Unit 8-18 置入行銷與冠名贊助行銷、雙品牌、多品牌行銷、嚴選行銷
Unit 8-19 網紅行銷（KOL行銷）、微電影行銷、粉絲行銷、零售商自有品牌行銷
Unit 8-20 滿意度行銷、快速宅配行銷、多元價格行銷
Unit 8-21 品牌年輕化行銷、後發品牌突圍行銷策略、分眾（小眾）行銷、M型化行銷
Unit 8-22 物美價廉行銷、中價位行銷、APP行銷、小預算行銷

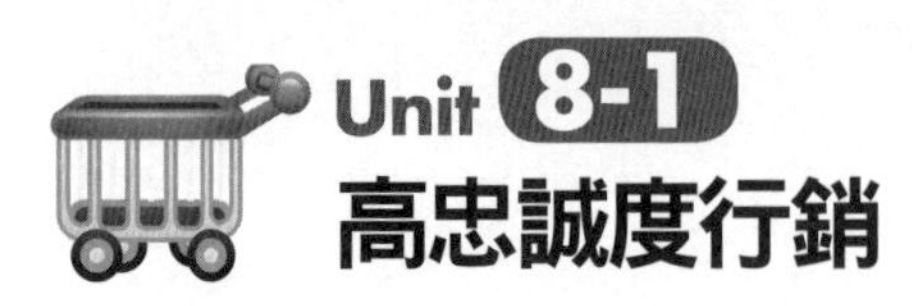

Unit 8-1 高忠誠度行銷

一、高忠誠度行銷（Loyalty-Marketing）

(一)現代最重要、最具挑戰性的即是：顧客忠誠度爭奪戰！

(二)如何鞏固及提高顧客忠誠度

〈作法 1 〉發行會員卡、貴賓卡、紅利集點卡。

- 會員折扣優惠或集點優惠
- 各大零售業、服務業均有發行。例如：全聯、COSTCO、家樂福、7-11、屈臣氏、寶雅、全家、康是美、新光三越、SOGO……等。

〈作法 2 〉定期舉辦促銷活動，優惠顧客、回饋老顧客。

- 例如：星巴克咖啡買一送一活動。

〈作法 3 〉產品不斷推陳出新！提高附加價值。

- 產品不斷升級、改良。
- 包裝及設計不斷更新。

〈作法 4 〉行銷預算不減少，要持續投入電視廣告宣傳，以reminding（提醒）老顧客，維持品牌曝光量。

〈作法 5 〉要堅守高品質的一貫性，要贏得顧客品牌的信任度及信賴感。

〈作法 6 〉要持續提高服務品質及服務滿意度，顧客才會回流。

〈作法 7 〉要有專人經營好FB、IG、LINE上的粉絲群。

〈作法 8 〉必要時，推出第二個、第三個區隔化的不同品牌，以多品牌策略爭取忠誠度的消費者。

〈作法 9 〉對VIP級高端老顧客，要有1對1、客製化、頂級的服務對待。

〈作法10〉多做公益行銷，以塑造企業優良形象，建立在消費者心中一家好公司及好品牌的認同感。

〈作法11〉要努力以最優質的「產品力」贏得所有顧客的好口碑，好的「產品力」是忠誠度的根基。

〈作法12〉要不斷創造「品牌力」，鞏固老顧客對品牌的高知名度、高指名度、高喜愛度及高好感度。

顧客忠誠度爭奪戰

現代行銷最重要、最具挑戰性的，即是：

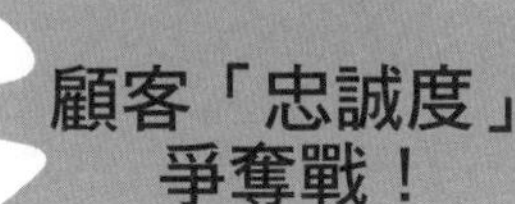

顧客「忠誠度」爭奪戰！

如何鞏固及提高顧客忠誠度

1. 發行會員卡、貴賓卡、紅利集點卡
2. 舉辦促銷活動，優惠顧客、回饋老顧客
3. 產品不斷推陳出新，並提高附加價值
4. 行銷預算不能少，要持續投入電視廣告
5. 要堅守高品質一貫性，要贏得顧客對品牌的信任度與信賴感
6. 各方面都要令顧客很滿意
7. 要有專人經營好FB、IG、LINE上的粉絲
8. 要多做公益行銷，塑造優良企業形象

Unit 8-2 價值行銷、促銷行銷

二、價值行銷（Value-Markeing）

(一)價值行銷的意涵

1.不斷提高產品及服務的附加價值給消費者

2. V > P > C
(Value) (Price) (Cost)

3.提高價值，就是提高獲利！

(二)價值行銷，如何做

〈作法 1 〉不斷提升產品的附加價值。

・技術突破價值	・品質價值
・設計價值	・耐用價值
・包裝價值	・效果價值
・成分價值	・省電價值
・功能價值	・好吃、好用、好看價值

〈作法 2 〉不斷提升服務的附加價值。
（提供貼心、快速、感動、滿意、高端、頂級、精緻的服務。）

三、促銷行銷（Sale Promotion Marketing）

(一)促銷對業績提升大有幫助

1.促銷證明對業績提升有效果。

2.百貨公司一個週年慶檔期，占全年營收的30%。

(二)受歡迎的促銷項目

・買一送一（買二送一）	・送折價券、購物金
・全面折扣（八折、五折）	・來店禮
・滿千送百、滿萬送千	・刷卡禮
・第二件五折	・大抽獎
・買兩件八折	・好禮三選一
・購滿額送贈品	・特惠價格
・集點換購商品	・零利率免息分期付款

(三)重大促銷活動，宣傳要做得夠

例如：於週年慶、年中慶、母親節、春節等重大檔期，高度宣傳告知民眾，包括電視廣告、報紙廣告、DM廣告、店面廣告、布條／海報廣告、EDM電子報、LINE群組等。

提高價值，就是提高獲利

要不斷提高產品及服務的附加價值給消費者

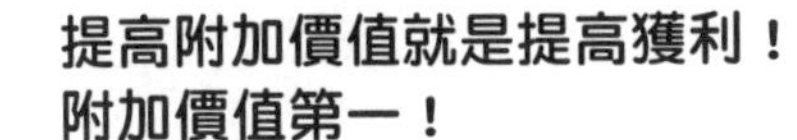

提高附加價值就是提高獲利！
附加價值第一！

V	>	P	>	C
(Value)		(Price)		(Cost)

促銷非常重要，受歡迎的促銷項目

1. 買一送一、買二送一
2. 全面折扣（五折、八折）
3. 滿千送百、滿萬送千
4. 第二件五折
5. 買兩件八折
6. 購滿額送贈品
7. 集點換贈品
8. 好禮三選一
9. 來店禮
10. 送折價券、購物金
11. 零利率免息分期付款

代言人行銷

四、代言人行銷

(一)過去已經被證明對品牌力及業績力有正面效果的當紅藝人代言

例如：蔡依林、金城武、謝震武、桂綸鎂、周杰倫、張鈞甯、隋棠、林心如、張惠妹、田馥甄、林依晨、楊丞琳、白冰冰、吳念真、陳美鳳、盧廣仲、蕭敬騰、伍佰、林志玲……等人。

(二)藝人代言三條件

1.具高知名度。

2.形象良好。

3.代言人個性特質與產品屬性相契合。

(三)藝人代言的好處

1.容易吸引目標族群的注目。

2.可在短期內快速打響品牌知名度。

3.對業績力的產生有間接促進效果。

(四)年度代言人成本效益分析

〈案例〉金城武代言長榮航空

・成本：代言費2,000萬、廣告託播費2億，合計2.2億。

・效益：營收淨增加10億，毛利率30%，毛利額3億收入。

・淨利潤：增加8,000萬元（3億－2.2億＝8,000萬元）。

・長榮航空品牌力提升20%。

(五)藝人代言費用不低

一線藝人的年度藝人代言費大致在300萬～1,000萬之間。

藝人代言3條件

1.具高知名度

2.形象良好親和

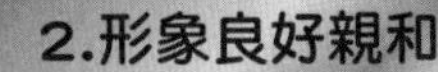

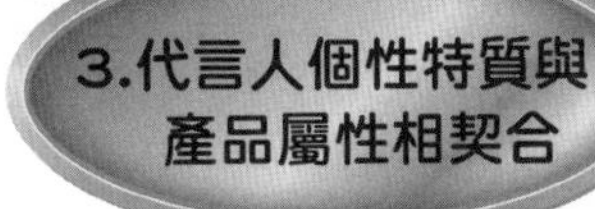

3.代言人個性特質與產品屬性相契合

藝人代言的3好處

1.容易吸引目標族群的注目

2.可在短期內快速打響品牌知名度

3.對業績力的產生有間接促進效果

藝人代言的成本效益分析

效益之1：	效益之2：
毛利額淨增加，再減掉代言費及廣告託播費，若有利，即是正面數據效益	品牌知名度、喜愛度及形象度的顯著提升

Unit 8-4 電視廣告行銷

五、電視廣告行銷（TVCF Marketing）

(一)電視廣告行銷效果

1.TVCF電視廣告片是行銷預算花費最多的項目。

2.效果：對品牌的打造具有直接的廣度效果，可有效快速提高品牌知名度；對業績力是間接有效的。

(二)TVCF的3種型態

1.產品功能介紹型。

2.品牌形象表達型。

3.促銷活動宣傳型。

(三)TVCF廣告預算

1.一般消費品：1年至少花費3,000萬元以上，才夠品牌露出聲量。

2.耐久性商品：1年至少要花費5,000萬～1億元以上，才夠品牌聲量。

(四)TVCF搭配藝人代言

廣告片再加上藝人代言效果會更好、更吸睛，且對品牌力打造更有助益！

(五)電視廣告力＋產品力

有創意的電視廣告力再加上好的優質產品力，才會對業績有效產生幫助，如果僅有廣告但產品不行，一切努力也沒有用。

(六)TVCF要長期投資

1.TVCF電視廣告的投資，不可短期操作，要每年長期投入，才能累積出好的品牌力。

2.這即是品牌資產價值的產生。

3.電視廣告目前以投放在各大新聞台及各大綜合台有較佳的效果。

4.品牌資產價值是五年、十年、二十年、三十年、五十年以上的持續投資，才會產生長久的效益。

電視廣告播放的2大效果

品牌會有顯著提升

業績力也會有間接幫助

電視廣告投放要長期持續進行

電視廣告3種表達型態

1.以產品功能、產品訴求表達為主

2.以品牌形象、品牌知名度表達為主

3.以促銷活動宣傳表達為主

電視廣告要有好的產品力做支撐

電視廣告播放

優質產品力（有口碑）

才會真正有效提高業績，電視廣告才不會浪費！

Unit 8-5 體驗行銷、差異化行銷（特色行銷）、平價（低價）行銷

六、體驗行銷

(一)體驗行銷的意涵

1.有些產品性質，必須要消費者親眼看到、親手摸到與親身體驗過，才會對此產品或此品牌更有感覺、感受。

2.所以一定要多做一些體驗行銷活動。

(二)體驗行銷的活動

1.戶外體驗活動、體驗會、體驗店、試吃試喝攤位。

2.比較需要體驗的產品：資訊3C產品、汽車產品、化妝保養品、預售屋、高級鐘錶。

七、差異化行銷、特色行銷（Differential Marketing）

(一)差異化（特色）行銷意涵

1.與競爭對手不一樣，不要陷入紅海戰場及低價格競爭戰場。

2.如果都一樣，那就拚不過主流品牌。

(二)差異化行銷從哪裡著手

1.定位差異化，定位不同。

2.產品差異化（設計、成分、功能、手工打造、口味、品質水準差異化）。

3.服務差異化（服務人員、時間、場所、速度、品質之不同）。

4.價格差異化。

5.廣告創意表達差異化。

6.目標客群差異化。

八、平價（低價）行銷

(一)平價（低價）行銷成功案例

1.咖啡店：路易莎、85度C、CUTT CAFA

2.服飾：UNIQLO、GU、NET

3.電信：台灣之星、亞太電信

4.超市：全聯

5.量販店：家樂福、COSTCO

6.雜貨品：大創、寶雅

7.火鍋店：石二鍋

(二)平價（低價）行銷成功基本要件

雖低價，但品質卻不能差，仍有品質保障及品質好口碑。

(三)平價（低價）的行銷TA對象

1.學生、年輕上班族、小資女、基層低所得消費者及庶民大眾。

2.台灣目前月薪在3萬元以下者，有300萬名上班族。

體驗行銷可提升消費者對該品牌的真實感受

1.對產品及品牌產生真實感受及加深印象
2.對該品牌的購買產生動機及誘因！

差異化行銷可從6大方面著手

1.定位差異化

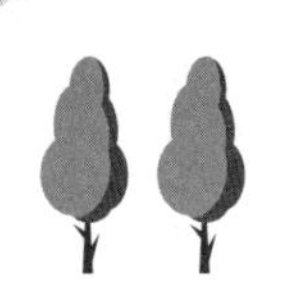

4.定價差異化

2.產品設計、功能、成分差異化

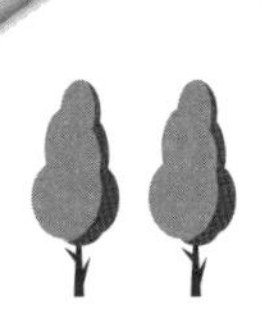

5.目標客群差異化

3.服務差異化

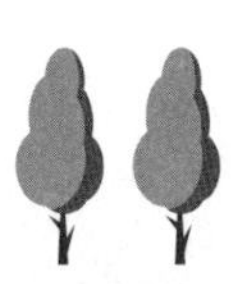

6.廣告創意表達差異化

Unit 8-6 集點行銷、VIP行銷

九、集點行銷（Collect Point Marketing）

(一)集點行銷的意涵

1.超市、便利商店、量販店、藥妝店常用到。

2.消費多少元，可換得一點，累積多少點以上，即可換得可愛公仔，或換購某些精美廚具和小家電產品。

(二)集點行銷成功案例

1.7-11：集點換贈Hello Kitty公仔。

2.全聯：集點換購德國知名品牌刀具、鍋子等。

(三)集點行銷的效益

1.如果換贈品具有吸引力的話，可以刺激一些消費者努力消費累積點數，促使在此期間內業績有效提升。

2.不能常用，會疲乏，最好一年只使用一次。

十、VIP行銷

(一)VIP行銷的意涵

1.消費金額達到某額度，即可列為重要的貴賓級或高檔會員（VIP）。

2.百貨公司、大飯店、歐洲品牌精品及一些高檔服務業場所，經常有此作法。

3.VIP對業績貢獻占比很大，故要特別招待及服務。

(二)VIP行銷的優惠

1.會給VIP會員特別折扣優惠措施，使用特別高級會館，或提供一對一高級客製化服務。

2.例如：SOGO百貨、101百貨均有VIP購物休息室（VIP Room）。

集點行銷的成功要件

集點的消費門檻不能太高  集點所贈的產品或換購的產品，要有很強誘因吸引消費者

可有效提升該期間的業績

VIP（貴客、貴賓、重要會員）行銷：二八法則

二八比例法則：2成的貴客，貢獻了8成業績！

要特別優待、優惠、善待這些2成的主顧客 ！不能讓他們離開！

VIP的主力行業

1.百貨公司

2.高級大飯店

3.名牌精品店

4.高檔服務業

Unit 8-7 U.S.P行銷、社群行銷

十一、U.S.P行銷（獨特銷售賣點行銷）

(一) U.S.P行銷的意涵

1.Unique Sales Point（獨特銷售賣點）。

2.Unique Selling Proposition（獨特銷售主張）。

3.有U.S.P就可以拉高定價，可以提高獲利。

(二)U.S.P可以施展的地方

1.產品獨特性。

2.定位獨特性。

3.服務獨特性。

4.位置獨特性。

(三) U.S.P成功案例

1.7-11：最早推出CITY CAFE，成功後，其他便利商店跟進。

2.三星手機：最早推出5吋大螢幕，成功後，各家紛紛跟進。

3.涵碧樓及君品大飯店：位置在日月潭，可看到最佳位置的湖光山色之美。

十二、社群行銷（Social Media Marketing）

(一)主要社群媒體、社群平台

1.FB（臉書）

2.IG

3.YouTube

4.LINE

5.部落格

6.Google

7.Twitter（推特）

8.微博

9.微信

10.Dcard

(二)社群媒體經營要點

1.有專人專責，每天用心負責經營與粉絲群的互動性。

2.po文盡量文字少一點，圖片、影音、漫畫、插畫多一點，較吸引人。

3.要多給粉絲群優惠、回饋、好康。

4.多利用社群的正面評價，作為口碑傳播，盡量減少負評。

5.要多善用網紅、YouTuber、部落客的影響力。

6.要立即回粉絲的反映意見。

U.S.P可以施展的方向

1.產品獨特

3.服務獨特

U.S.P
獨特銷售賣點！

2.定位獨特

4.位置獨特

有U.S.P的3大好處

1.可以拉高定價！
2.可以與競爭對手產生不同的區隔！
3.最終可以提高獲利！

強大的行銷競爭力！

台灣地區5大社群平台

1. FB（臉書）
2. IG
3. YouTube（YT）
4. LINE
5. 部落格

建立高黏著度的粉絲互動及經營！

Unit 8-8 店頭行銷、感動行銷、戶外（家外）廣告行銷

十三、店頭行銷（In-Store Marekting）

(一)店頭行銷的意涵

1.零售店內的POP廣宣招牌、吊牌、立牌、海報之布置（POP, Point of Sales）。

2.店內特別陳列專區的展示。

3.包裝式促銷（買一送一合併在一起）（On-Pact Promotion）。

(二)店頭行銷的效益

1.在各大超市、量販店、便利店、藥妝店、3C店。

2.利用零售店內最後一哩，吸引消費者目光購買該品牌商品。

3.具有實質效果。

十四、感動行銷（Emotional Marketing）

(一)感動行銷的意涵

用電視廣告片、微電影、貼心服務措施及室內體驗活動、網路短片等做法，以感人的故事、劇情、表演、主角等，觸動消費者的內心而賺人眼淚！

(二)感動行銷的效益

1.有助品牌心占率的提升。

2.有助品牌喜愛度、影像度、好感度提升。

十五、戶外（家外）廣告行銷（OOH Marketing）

(一)戶外（家外）廣告的英文

1.OOH：Out of Home Media Advertising（戶外廣告）。

2.DOOH：Digital Out of Home Media Advertising（數位戶外廣告）。

(二)戶外（家外）廣告較常用到的地方

1.公車廣告

2.捷運廣告

3.戶外看板廣告

4.包牆式戶外廣告

5.台鐵、高鐵、機場看板廣告

(三)台北市較佳的戶外廣告商圈

1.信義區百貨公司、電影院商圈

2.台北車站商圈

3.西門町商圈

4.忠孝東路商圈

(四)戶外（家外）廣告的呈現原則

1.戶外廣告看板的字不能太多，只能彰顯品牌名稱幾個大字。

2.具有品牌力打造效果。

店頭行銷爭戰最後一哩，吸引顧客選購

1.零售店各式各樣廣宣招牌
2.店內特別陳列表現
3.包裝上促銷優惠

戶外（家外）廣告較常出現的5種地方

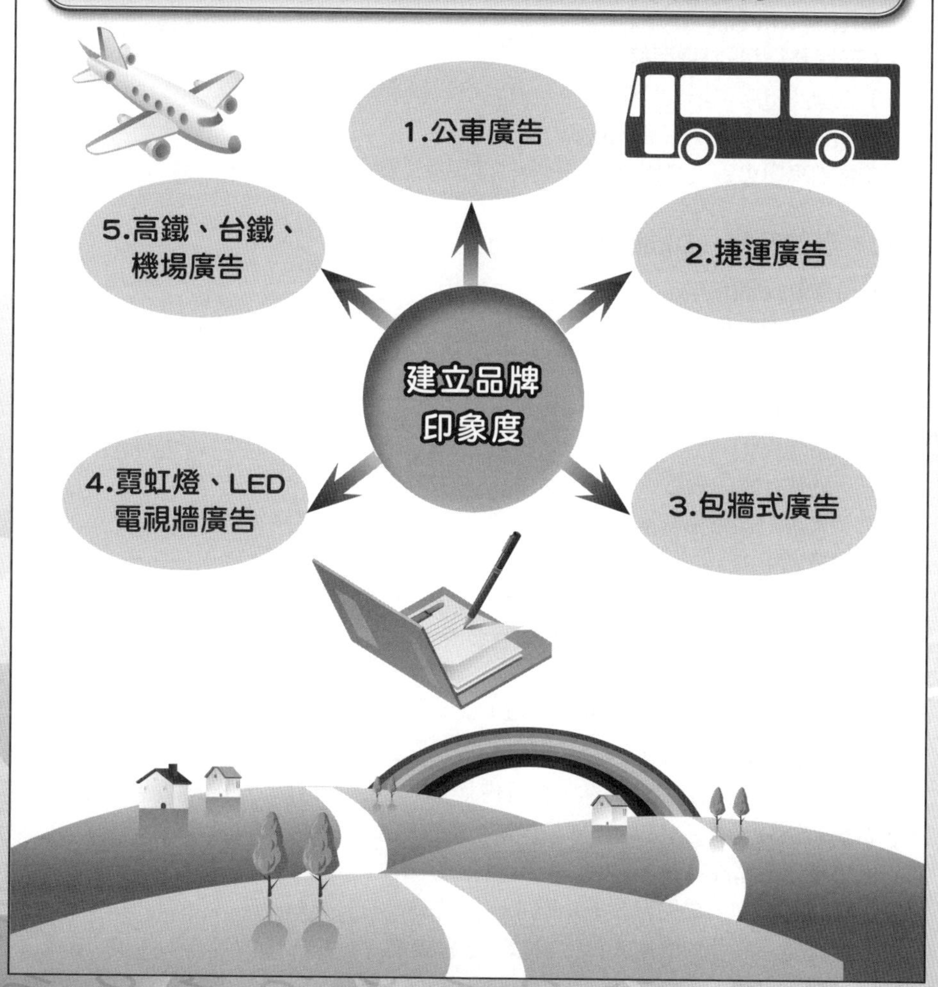

Unit 8-9 服務行銷、直效行銷、電話行銷

十六、服務行銷（Service Marketing）

(一)服務行銷效益

只要服務好、有口碑，顧客的滿意度也會提高，回購率、回店率、續約率也會跟著提高。

(二)做好服務行銷的五要素

1.具有高素質的服務人員。

2.具有專業快速的服務能力。

3.服務店面裝潢高級。

4.服務付費和收費合理。

5.建立S.O.P標準化制度。

(三)服務行銷的3種型態

1.直營門市店現場人員服務。

2.0800客服專線人員電話服務。

3.特別專屬專線人員服務。

十七、直效行銷（Direct Marketing）

(一)直效行銷的方式

1.電話行銷打出。

2.DM特刊郵寄寄出。

3.EDM電子報發出。

4.刊物寄出。

(二)直效行銷的效益

1.直效行銷通常都有消費者名單，因此，可以將各種行銷訊息、促銷訊息精準寄達目標消費者手中。

2.各大超市量販店、藥妝店、3C店、百貨公司、購物中心常用此方法。在每年週年慶，都有大本DM特刊特別寄給消費者參考。

十八、電話行銷（Tele-Marketing）

(一)電話行銷常見行業

電話行銷業務常見於保險業、銀行借款業、汽車貸款業、健康食品業、電視購物業，行銷目標為消費者。

(二)電話行銷成功要件

1.要有有效的名單配合，成功率才會提高。

2.要有能力高強的電銷人員，成功率才會提高。

做好服務行銷5要素

1.建立S.O.P標準化服務制度！

2.要有高素質的服務人員！

3.要具有專業快速的服務能力！

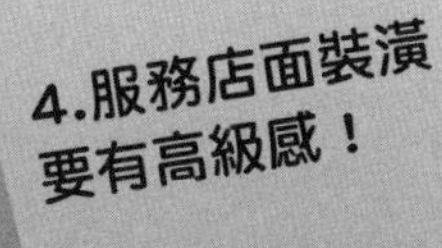

4.服務店面裝潢要有高級感！

5.服務收費要有合理感受！

直效行銷的4種方式

1.電話打出去！

3.EDM電子報發出去！

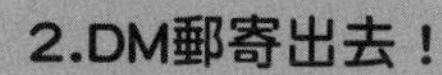

2.DM郵寄出去！

4.刊物寄出去！

可以將資料精準直達消費者手上！

Unit 8-10 封館秀行銷、展覽行銷、節慶行銷

十九、封館秀行銷

(一)封館秀的意涵

各大精品百貨公司邀請VIP參加當晚的封館秀，有模特兒秀展、特別藝人來賓，提供餐點又有購物折扣優惠，真是一個美好之夜！

(二)封館秀的效益

1.微風購物中心、SOGO敦南館均有封館秀。

2.微風之夜一晚可創造的業績比平日多出10倍。

二十、展覽行銷

(一)國內知名展覽會（在貿協）

1.車展

2.旅遊展

3.電腦展

4.書展

5.數位3C展

6.加盟展

7.婚紗展

8.化妝保養品展

9.線上遊戲展

(二)展覽會的效益

1.在展期對提高業績有助益，因有大量人潮及折扣促銷。

2.有助於品牌形象建立，因有幾萬人潮參觀！

二十一、節慶行銷

(一)節慶行銷的意涵

愈來愈重要，一般都會搭配促銷活動舉辦，是衝業績的最佳時間點！

(二)主要節慶日期

1.母親節（5月）

2.父親節（8月）

3.中秋節（9月）

4.聖誕節（12月）

5.元旦（1月）

6.春節（2月）

7.端午節（6月）

8.週年慶（10～12月）

9.年中慶（6月）

10.情人節（2月）

11.開學季（9月）

12.清明節（4月）

展覽行銷日益普及、重要

1. 車展
2. 旅遊展
3. 電腦展
4. 數位3C展
5. 書展
6. 電玩展

1.對展期業績提升大有幫助！
2.可建立品牌形象與知名度！

6大重要節慶行銷，已成主流行銷操作方式

- 週年慶（10～12月）
- 年中慶（6月）
- 母親節（5月）
- 父親節（8月）
- 春節過年（2月）
- 中秋節（9月）

配合促銷活動，大力提升業績！

Unit 8-11 記者會／發布會行銷、公關報導行銷、通路行銷（經銷商行銷）

二十二、記者會／發布會行銷

(一)記者會主要目的

主要希望透過記者會的新聞發布及媒體報導，有刊出品牌露出機會，以及提高品牌知名度。

(二)記者會用途

1.發表新產品、新品牌上市。

2.發表新代言人出場。

3.重要新訊息發布。

4.重要活動舉辦前也會舉行記者會。

(三)記者會邀請各大媒體出席

1.電視媒體：各大新聞台，例如：TVBS、東森、三立、民視、非凡、年代的新聞台。

2.報紙媒體：蘋果日報、聯合報、中國時報、經濟日報、工商時報。

3.雜誌媒體：商業週刊、天下、今周刊、遠見、經理人。

4.網路媒體：Udn聯合新聞網、ETToday、中時電子報、TVBS電子報、蘋果新聞網。

二十三、公關報導行銷

(一)公關報導行銷目的

盡量讓公司的品牌LOGO在各大電視、報紙、雜誌及網路媒體正面露出，有助於品牌力打造。

(二)公關報導的三種型態

1.公司主動發布重要新聞稿。

2.接受電視媒體或平面媒體記者的專訪及報導露出。

3.委託專業公關公司負責處理，效果會比較好。

二十四、通路行銷（經銷商行銷）

(一)通路行銷的意涵

1.通路行銷的英文為Trade Marketing或Channel Marketing。

2.是指對協助公司產品銷售的經銷商或經銷店，給予特別的折扣、優惠、獎勵，以激勵他們多努力銷售該公司品牌產品。

(二)很多行業仍需要各縣市經銷商協助

1.大家電	2.冷氣	3.資訊、3C	4.菸酒	
5.食品	6.飲料	7.手機	8.大宗物資	9.其他

記者會／發布會行銷的目的

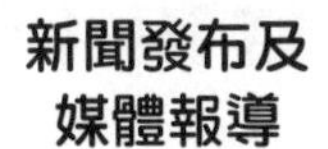

＋

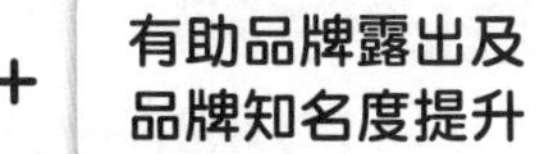

發表新產品、新品牌上市！
發布新代言人！
發布重要訊息及活動！

通路行銷：提高經銷商銷售業績

Trade Marketing
Channel Marketing

給予全台各縣市經銷商特別折扣、優惠、獎勵，
以激勵他們衝刺對該公司品牌的銷售業績！

Unit 8-12 旗艦店行銷、聯名行銷（異業合作行銷）、口碑行銷

二十五、旗艦店行銷

(一)旗艦店行銷的意涵

1.經常看到中大型品牌、強勢品牌、領導品牌會耗費數百萬到數千萬元，打造出一個代表此品牌氣勢的旗艦專門店。

2.例如：LV、GUCCI、Hermes、CHANEL、Dior、Cartier、Apple、SONY、Samsung、OPPO、寶格麗鐘錶等。

(二)旗艦店行銷的目的及作用

1.彰顯此品牌的氣勢及影響力。

2.做為招待VIP貴客的場所。

3.做為體驗行銷的場所。

4.可展示較為齊全的產品線。

二十六、聯名行銷（異業合作行銷）

(一)聯名行銷的意涵

運用別人品牌的優點及資源，再搭配自己品牌的優點及資源，以發揮1+1>2的綜效目的，達成對品牌力打造及對業績更好的效果，亦可相互導入不同客源。

(二)聯名行銷（異業合作）案例

1.7-11與Hello Kitty

2.全家與大樹藥局

3.可口可樂與線上遊戲

4.百貨公司與日本商品展

5.全聯超市與德國廚具

6.全家便利商店與鼎泰豐推出聯名鮮食便當

二十七、口碑行銷

(一)口碑行銷的意涵

1.口碑行銷是透過人與人之間的口碑傳播，或者是透過社群媒體散播出來的口碑傳播。

2.好的口碑稱為正評，不好的口碑則是負評。

(二)口碑行銷成本較低

1.口碑行銷是成本花費較低的一種方式。

2.要創造出好口碑，必須要有很好的產品力及服務力為支撐，故須先做好基本功！

(三)口碑行銷的地方

哪個醫生比較行、哪家診所比較好、哪家餐廳比較好吃、哪部電影比較好看、哪個牌子的手機比較好用、哪種汽車比較好開等，很容易用口碑行銷傳播出來〔口碑行銷（Word of Mouth Marketing, WOM）〕。

旗艦店行銷的4大作用

1.彰顯品牌的氣勢及影響力

2.做為招待VIP貴賓的場所

3.做為體驗行銷的場所

4.可展示較齊全的產品線

聯名行銷的目的

此品牌  別家品牌

- 相互掛名合作，運用彼此的資源，發揮1+1>2的綜效！
- 有助品牌力及業績力提升！
- 有助相互導入不同客源！

Unit 8-13 會員卡行銷、直營門市店行銷、高CP值行銷

二十八、會員卡行銷

(一)會員卡就是忠誠卡

1.會員卡是很普遍在零售業及服務業使用的。

2.它具有使顧客再回來購買的功能，故又被稱為「忠誠卡」，亦即會有高的回購率及回店率！

(二)各大零售業普遍發行會員卡

1.全聯福利卡（數量達1,000萬卡）	5.7-11 open point（數量達1,000萬卡）
2.家樂福好康卡（數量達600萬卡）	6.新光三越會員卡（數量達200萬卡）
3.屈臣氏寵 i 卡（數量達550萬卡）	7.誠品書店卡（達250萬卡）
4.寶雅會員卡（數量達500萬卡）	

→給予95折、9折優惠，或紅利集點優惠。

二十九、連鎖直營門市店行銷

(一)連鎖直營門市店的功能

1.自己掌握銷售業績。

2.可當做服務據點、體驗行銷據點。

3.門市店的廣告看板可做品牌宣傳之用。

4.可當做體驗行銷據點。

(二)建立自主直營門市店連鎖通路成為趨勢

1.電信：中華電信、台灣大哥大、遠傳電信	4.食品：義美
2.服飾：UNIQLO、GU、H&M、ZARA	5.餐飲：王品、瓦城、85度C
3.內衣：華歌爾、奧黛莉	6.3C：Apple、SONY、Samsung

三十、高CP值行銷

(一)高CP值的意涵

1.高CP值 $= \dfrac{\text{效益（Performance）}}{\text{成本（Cost）}} > 1 =$ 物超所值感

2.高CV值 $= \dfrac{\text{價值（Value）}}{\text{成本（Cost）}} > 1 =$ 物超所值感

3.高性價比 $= \dfrac{\text{性能}}{\text{價格}} > 1 =$ 物超所值感

(二)高CP值的功能

1.顧客會再回來消費。

2.顧客會有好的口碑傳出。

3.顧客心中的忠誠度會提升。

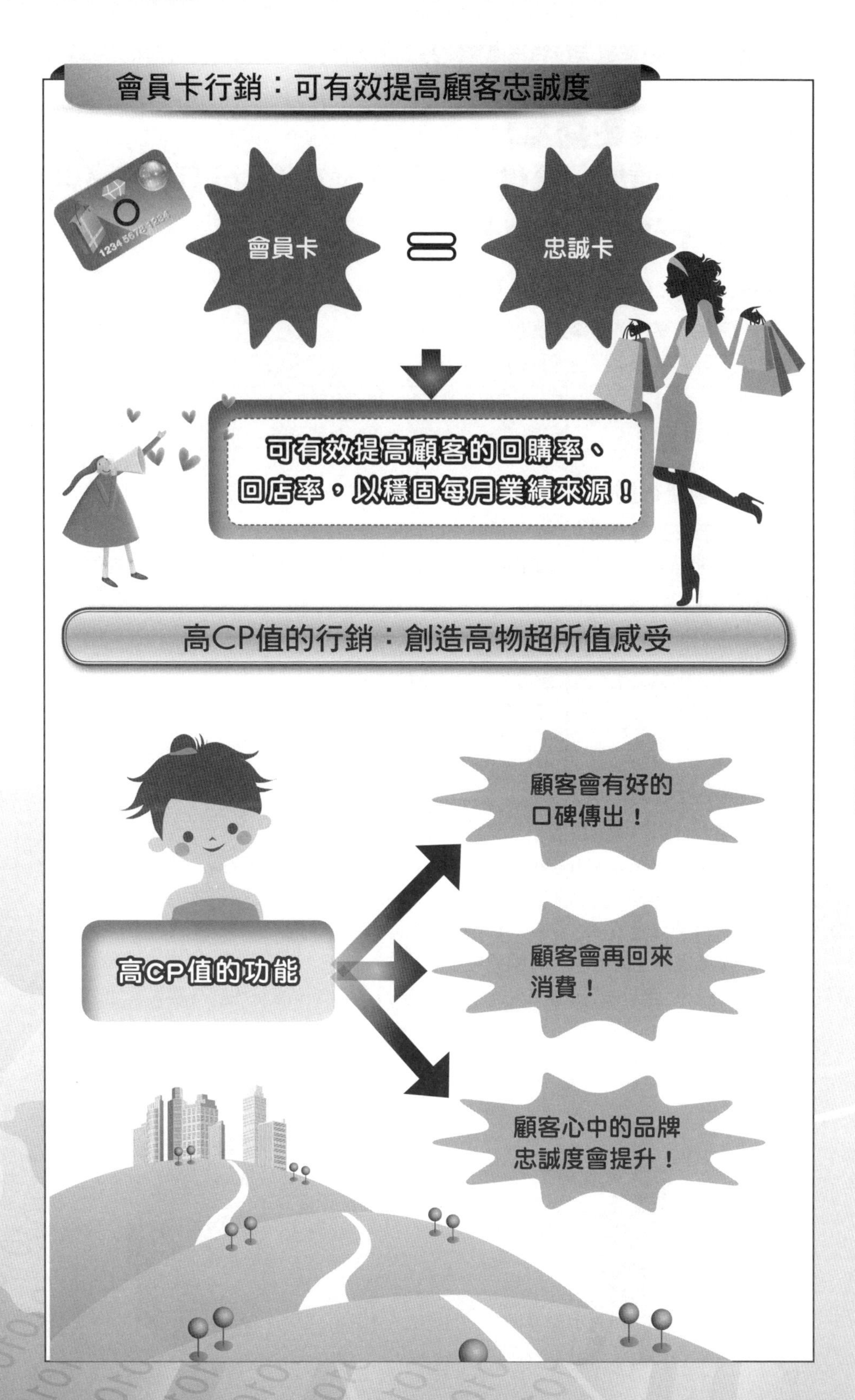
會員卡行銷：可有效提高顧客忠誠度
會員卡
忠誠卡
1234 5678 1234
可有效提高顧客的回購率、
回店率，以穩固每月業績來源！
高CP值的行銷：創造高物超所值感受
高CP值的功能
顧客會有好的
口碑傳出！
顧客會再回來
消費！
顧客心中的品牌
忠誠度會提升！

Unit 8-14 活動（事件）行銷、創新行銷、整合行銷（IMC）

三十一、活動（事件）行銷（Event Marketing）

(一)活動（事件）行銷的案例

1.大型藝人演唱會	4.苗栗桐花祭	7.大型展演活動
2.大型精品秀展	5.大型健康路跑活動	8.台北跨年晚會
3.桃園客家節	6.媽祖遶境	9.中秋節晚會

三十二、創新行銷（Innovation Marketing）

(一)創新行銷的意涵

意指各種行銷表現手法要創新、要有創意、不老套、吸引人目光，要有驚呼感，要被感動到！

(二)創新行銷的領域

1.產品創新	4.設計創新
2.廣告創新	5.活動創新
3.服務創新	6.代言人創新

三十三、整合行銷IMC

(一)整合行銷傳播的意涵

IMC（Integrated Marketing Communication）整合行銷傳播，意指將一筆行銷預算有效的、整合性的加以綜合運用，以達到最大宣傳強度及曝光效果，並對提升品牌知名度、好感度及業績帶來明顯助益。

(二)某新品牌上市：整合行銷運用

記者會＋代言人＋電視廣告＋社群廣告＋公車廣告＋體驗活動→鋪天蓋地的展開新品牌宣傳。

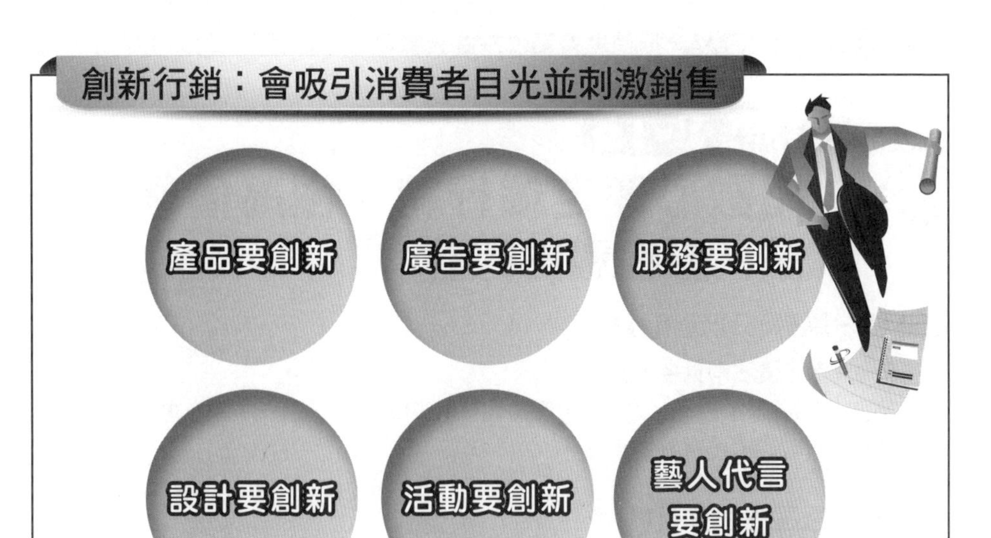

整合行銷（IMC）：展開360度全方位宣傳

記者會＋代言人＋電視廣告＋社群廣告＋公車廣告＋體驗活動

展開新品牌上市鋪天蓋地的整合性宣傳！

快速拉抬品牌知名度及上市業績！

Unit 8-15 尾數心理定價行銷、極高價尊榮行銷、顧客導向行銷

三十四、尾數心理定價行銷

(一)尾數定價法常見各大賣場

例如：99元、199元、299元、990元、1,900元等，是非常普遍應用的定價手法，且確實有效刺激潛在購買慾望。

三十五、極高價尊榮行銷

(一)極高價尊榮行銷的意涵

以極高端、極高所得的消費族群為TA（目標對象），藉由極高價格與品牌的尊榮感，獲取高利潤。

(二)極高價尊榮定價的案例

1.LV、GUCCI、Hermes、CHANEL、Dior、Cartier、ROLEX、Prada、BURBERRY（名牌精品業）。

2.Benz、BMW、瑪莎拉蒂、勞斯萊斯、法拉利（汽車業）。

三十六、顧客導向行銷（Customer Orientation Marketing）

(一)顧客導向的意涵

行銷學的最根本：堅定顧客導向，要融入顧客情境、要知道顧客想要什麼、要以消費者為中心、要從消費者的觀點出發、要站在顧客立場來設想、不斷挖掘顧客的需求並給予滿足、要比顧客更了解顧客、要站在顧客前面幾步！

(二)實踐顧客導向成功的好例子

1.7-11：CITY CAFE。

2.星巴克喝咖啡。

3.便利商店：賣鮮食便當、網購到店取貨。

4.網購公司：24小時快速到貨。

5.Dyson：無線吸塵器。

6.首創智慧型手機iPhone。

7.COSTCO（好市多）大賣場。

8.LV名牌精品一對一客製化服務。

行銷最根本：以顧客為中心，堅定顧客導向

1.要融入顧客情境

2.要知道顧客想要什麼

3.要以消費者為中心

4.要從消費者的觀點出發

5.要站在顧客立場來設想

6.不斷挖掘顧客的需求並給予滿足

7.要比顧客更了解顧客

8.要領先站在顧客前面幾步

極高價尊榮行銷：彰顯消費者心中的尊榮感

針對極高端、極高所得族群為對象

藉由極高價彰顯品牌的尊榮感，並獲取高利潤

例如：LV、GUCCI、Hermes、CHANEL、Dior、Prada等高檔名牌精品、鐘錶

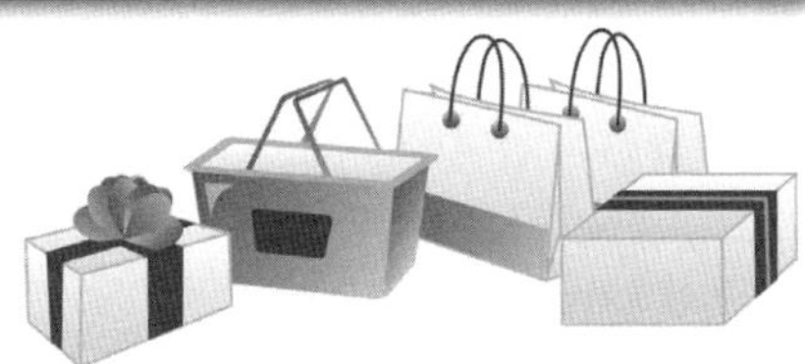

Unit 8-16 質感行銷（高品質行銷）、公益行銷、人員銷售行銷

三十七、質感行銷（高品質行銷）（High Quality Marketing）

(一)質感（高品質）行銷的意涵

1.高品質是強大產品力的最根基及代表性。

2.有部分收入較高的消費群，會找質感較高、價格也稍高的品牌，反而不要低價低品質的產品。

(二)質感行銷的成功案例

日本家電品牌在民眾心中是高品質的代表，例如：SONY、Panasonic、日立、大金、象印、Canon、虎牌、膳魔師、東芝、夏普、Nikon等。

(三)高品質行銷的效益

1.可以穩固營收及獲利。

2.品牌忠誠度可以提高。

3.定價可以提高。

三十八、公益行銷

(一)公益行銷的意涵

1.面對企業社會責任CSR時代的來臨，企業必須做公益行銷。

2.例如：P&G公司「6分鐘護一生」活動，以及其他贊助弱勢族群、偏鄉原住民、低收入民眾、病童、老人的活動（Corporate Social Responsibility, CSR）。

(二)公益行銷的效益

可以形塑好的企業形象及品牌行銷。

三十九、人員銷售行銷（People Sales Marketing）

(一)很多行業仍須人員銷售組織

例如：保險業、銀行理財業、化妝保養品專櫃、名牌精品專門店、汽車經銷店、手機店、電腦店、家電業、服飾業、預售屋、藥品店等，都須仰賴人員銷售組織把產品賣掉。

(二)人員銷售力5大要素

1.優質銷售員

2.優質店長及櫃長

3.具激勵獎金制度

4.好的產品力

5.高品牌知名度及好感度

(三)前後端要搭配

前端：行銷企劃（品牌力打造）＋後端：人員銷售＝業績表現

質感行銷（高品質行銷）：可滿足重視品質的消費者

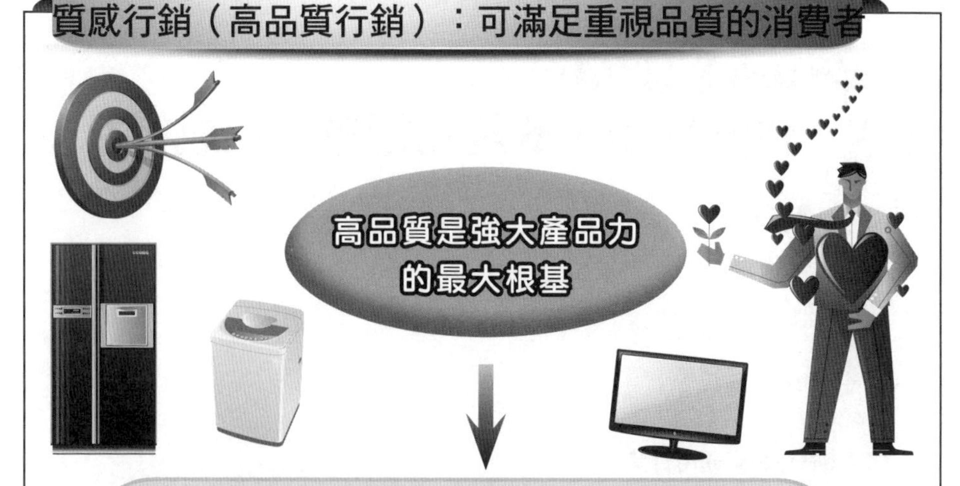

日本家電品牌在消費者心中是高品質代表，例如：SONY、Panasonic、日立、大金、象印、Canon、虎牌、膳魔師、東芝、夏普、Nikon等。

人員銷售組織：仍是行銷整體的重要一環

前端：行銷企劃＋後端：人員銷售組織

Unit 8-17 預購行銷、多角化行銷、飢餓行銷

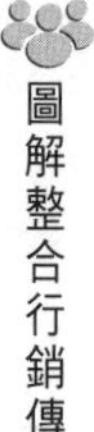

四十、預購行銷

(一)4大預購商機

1.母親節（預購蛋糕）。

2.中秋節（預購月餅）。

3.端午節（預購粽子）。

4.春節（預購年菜）。

(二)預購行銷常適用行業

1.便利商店。

2.大飯店。

3.電視購物。

4.網路購物。

5.各大零售業。

四十一、多角化行銷

(一)多角化產品發展行銷案例

1.星巴克賣多角化商品：如咖啡、茶葉、冰淇淋、茶杯、隨身杯、月餅、麵包、糕點等。

2.便利商店：如便當、麵食、咖啡、冰淇淋、珍珠奶茶、賣服務、ATM提款機等。

(二)多角化產品行銷的目的

1.滿足消費者的各種需求。

2.保持營運成長。

3.增加營收及獲利。

四十二、飢餓行銷

(一)飢餓行銷的意涵

以限時、限量、限購方式，刺激消費者加快下單購買，否則便賣完了！

(二)飢餓行銷適用行業

1.電視購物業。

2.網路購物業。

3.速食店業。

4.精品店（全球限量）。

5.各零售業。

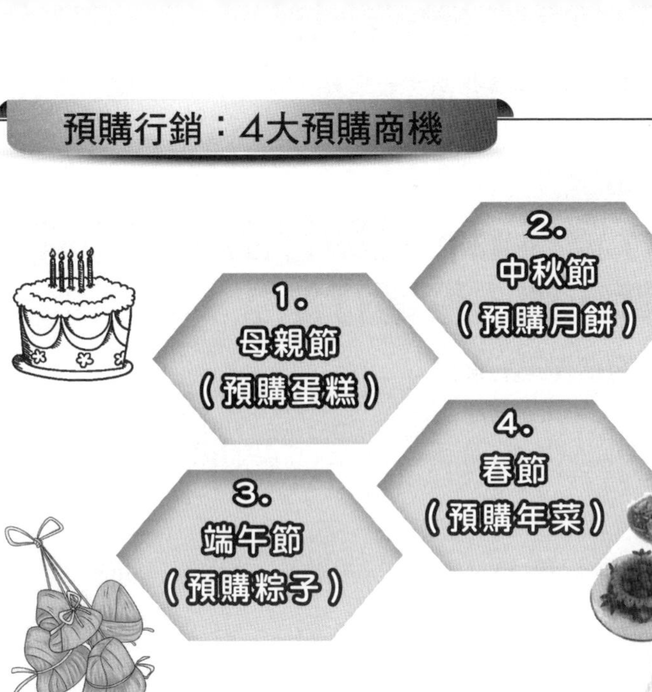
預購行銷：4大預購商機
1.
母親節
（預購蛋糕）
2.
中秋節
（預購月餅）
3.
端午節
（預購粽子）
4.
春節
（預購年菜）

飢餓行銷：打心理戰
限時
限量
限購
刺激消費者加快下訂單購買，否則便賣完了！

Unit 8-18 置入行銷與冠名贊助行銷、雙品牌、多品牌行銷、嚴選行銷

四十三、置入行銷與冠名贊助行銷

(一)置入行銷的意涵

意指廠商將產品或品牌LOGO置入電視新聞報紙、電視綜藝節目、電視戲劇節目或電影內。

(二)冠名贊助的意涵

1.意指將產品品牌名稱或品牌LOGO放置在電視戲劇、綜藝節目播出畫面的左上角，讓消費者看到。

2.每集冠名贊助費約5萬～10萬不等。

3.相當於廣告播出的另一種形式。

(三)冠名贊助的效益

因為品牌名稱及LOGO長時間露出，對純品牌力打造具有明顯效果。

四十四、雙品牌、多品牌行銷

(一)雙品牌、多品牌行銷成功案例

1.瓦城餐飲	5.花王保養品
2.王品餐飲	6.TOYOTA汽車
3.P&G日用品	7.統一企業
4.聯合利華日用品	8.萊雅化妝品

(二)雙品牌、多品牌行銷效益

1.可以滿足不同市場區隔的消費者。

2.可以占據較多的賣場陳列空間。

3.可以應付低品牌忠誠度的轉移者。

4.可以有效提升營收及獲利。

四十五、嚴選行銷

(一)嚴選行銷成功案例

1.好市多大賣場只嚴選3,000項商品，是家樂福量販店的十分之一而已，但業績卻一樣！

2.全家便利商店每年都替換30%品項，把賣不好的下架，引進新產品、新品牌。

(二)嚴選行銷效益

幫消費者篩選好產品及需要的產品，便利消費者，也可以提高坪效！

冠名贊助行銷：日益普及與重要

將產品品牌名稱或LOGO放置在電視戲劇或綜藝節目播出畫面的左上角，讓消費者看到

每集5萬～8萬，共100集，等於約花費500萬～800萬元

⇩

對打造品牌知名度具有明顯效果！
適合中小企業品牌，剛出來知名度不高者！

多品牌行銷已成趨勢！

1. 瓦城餐飲
2. 王品餐飲
3. P&G日用品
4. 聯合利華日用品
5. 花王保養品
6. TOYOTA汽車
7. 統一企業食品、飲料
8. 萊雅化妝品

效益：

1.可以滿足不同市場區隔的消費者！
2.可以應付品牌轉移者！
3.可以創造較多營收及利潤！

Unit 8-19 網紅行銷（KOL行銷）、微電影行銷、粉絲行銷、零售商自有品牌行銷

四十六、網紅行銷（KOL行銷）

(一)網紅行銷的運用（KOL行銷；Key Opinion Leader；關鍵意見領袖行銷）

1.可選擇適當的網紅作為廣告代言人。

2.可請網紅拍攝微電影或短視頻。

3.可請網紅拍影片，推薦本公司產品。

4.在YouTube上，超越10萬粉絲的有100個YouTuber，顯示具有影響力。

(二)網紅行銷的效益

對特定的小眾族群、粉絲群，可能會有銷售或品牌力打造上的助益。

四十七、微電影行銷

(一)微電影行銷的意涵與效益

1.利用4～6分鐘的影音畫面，以感人或有趣的故事及劇情、有深度的內涵及點閱者的內心感動引起話題。

2.對此品牌的形象度及好感度會有助益。

四十八、粉絲行銷

(一)粉絲行銷的意涵及效益

1.在FB、IG及LINE上，均可吸引追隨的粉絲群。

2.對品牌的黏著度及忠誠度具有提升效果。

3.最終對銷售的成果必然有幫助。

四十九、零售商自有品牌行銷

(一)零售商自有品牌行銷的成功案例

1.Private Brand；PB產品。

2.例如：7-11、全家、家樂福、COSTCO、大潤發、愛買、頂好、屈臣氏。

(二)零售商自有品牌的好處

1.可以平價供應產品給消費者。

2.可以提高利潤。

3.可以使店內產品差異化。

4.可以增加行銷廣告訴求。

網紅行銷（KOL行銷）：異軍突起
1.可選擇適當網紅做為品牌廣告代言人！
2.可請網紅拍攝短片、微電影！
3.可請網紅推薦公司產品！
對特定小眾、粉絲群有銷售上的助益！
粉絲行銷漸受重視
FB
IG
YouTube
LINE
部落格
1.對品牌黏著度及忠誠度有提升效果！
2.對最終銷售也有間接助益！

Unit 8-20 滿意度行銷、快速宅配行銷、多元價格行銷

五十、滿意度行銷

(一)滿意度行銷的意涵

顧客滿意度是企業營運結果好壞的主要指標之一，也是企業或各門市店自我檢視與反省的考核工具之一。

(二)顧客滿意度的做法

1.在店內現場填寫調查。

2.用電話訪問調查（電訪）。

3.用網路回覆填寫調查。

4.用手機APP填寫調查。

(三)高顧客滿意度的效益

1.有助顧客再回流、再回購，更有好的口碑傳播。

2.有助顧客忠誠度提升。

五十一、快速宅配行銷

(一)快速宅配行銷的意涵

1.PChome在多年前，首開24小時快速宅配到府服務，引起好評。

2.各大網購公司陸續跟進，大部分都已做到24小時快速宅配到府，更有甚者，momo購物網在大台北地區已做到6小時、12小時快速到貨！

(二)快速宅配行銷的效益

1.使網路購物市場規模更加發展及擴大。

2.這是網購業者全心提升服務力的一種表現。

五十二、多元價格行銷

(一)多元價格行銷成功案例

1.王品餐飲：高價位如王品、夏慕尼；中價位如陶板屋、西堤；平價如石二鍋、品田牧場。

2.TOYOTA汽車：高價位如Lexus；中價位如Camry、WISH、SIENTA；平價如Yaris、Vios。

3.其他品牌：捷安特自行車、三星手機。

(二)多元價格行銷的助益

可以爭取各個區隔市場的生意，以擴增營收額及獲利。

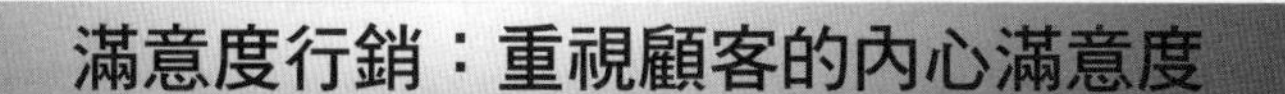

滿意度行銷：重視顧客的內心滿意度

在店內填寫

用電訪訪問

用網路回覆

用手機APP填寫

1.有助顧客再回流、再回購，更有好的口碑傳出！
2.高滿意度帶來高忠誠度！

多元價格行銷：滿足多元消費者，擴大市場

高價位 + 中價位 + 低價位

可以爭取不同能力的消費族群，以擴增營收及利潤！

Unit 8-21

品牌年輕化行銷、後發品牌突圍行銷策略、分眾（小眾）行銷、M型化行銷

五十三、品牌年輕化行銷

(一)品牌一旦老化的危機

1.業績衰退
2.市占率衰退
3.造成虧損
4.品牌力衰退、排名落後

(二)如何避免品牌老化（品牌年輕化做法）

1.定位要年輕化。
2.目標客層要年輕化。
3.產品設計及表現要年輕化。
4.品牌代言人要年輕化。
5.電視廣告創意表現要年輕化。
6.多做年輕人喜歡的社群媒體行銷。
7.要有物超所值感。
8.各方面都要有年輕創新表現。

五十四、後發品牌突圍行銷策略

(一)後發品牌突圍4大行銷策略

1.低價策略：路易莎咖啡、台灣之星、小米手機。
2.分眾市場策略：舒酸定牙膏（有敏感性牙齒的人）。
3.特色策略：原萃綠茶（日本進口綠茶）。
4.大打廣告策略：OPPO手機。

五十五、分眾（小眾）行銷

(一) 分眾（小眾）行銷的意涵及案例

1.意涵：現代行銷不可能是大眾市場，一定是分眾或是小眾市場。
2.案例：垂直電商、廉價航空、高檔旅遊路線。

五十六、M型化行銷

(一) M型化行銷的意涵及案例

1.意涵：現代市場，一方面是高價、高端的市場；另一方面是低價、平價的市場。

2.案例：高價咖啡及平價咖啡、高價餐廳及平價餐廳、高價保養品及平價保養品。

品牌年輕化的8種方向

1.定位要年輕化

2.目標客層要年輕化

3.產品設計及表現要年輕化

4.品牌代言人要年輕化

5.廣告創意表現要年輕化

6.多做社群媒體行銷

7.要有物超所值感

8.各方面都要有年輕創新表現

後發品牌突圍的4大行銷策略

1.採取低價策略

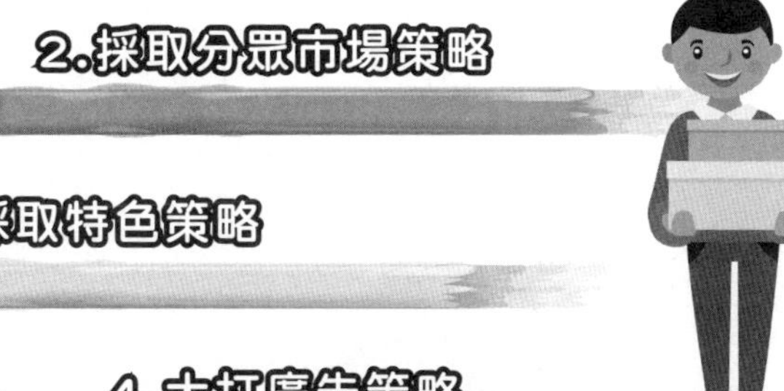

2.採取分眾市場策略

3.採取特色策略

4.大打廣告策略

Unit 8-22 物美價廉行銷、中價位行銷、APP行銷、小預算行銷

五十七、物美價廉行銷

1.物美：產品力佳。

2.價廉：價格低廉平價、價格力強。

3.高CP值、高性價比。

五十八、中價位行銷

(一)中價位行銷成功案例

1.三星手機、SONY手機、OPPO手機均有推出中價位手機。

2.日系小家電，如：象印、膳魔師、虎牌等。

3.漢來海港自助餐。

4.7-11鮮食便當。

5.ASUS、Acer筆電均屬於中價位產品。

五十九、APP行銷及APP購物

1.現在一切都是手機行動化的時代來臨。

2.一切都可在手機APP上完成搜尋資訊、觀賞影音及下單購物。

3.行動APP也將是與顧客溝通傳達的一個重要工具及手法。

4.APP也可以成為行動會員卡，方便消費者。

六十、小預算行銷

1.不少新進入市場的新品牌，囿於中小企業沒有足夠資金投入品牌廣宣力的打造，因此顯得格外辛苦，只能以小預算行銷方式，慢慢逐步打響品牌力。

2.小預算品牌只能運用戶外公車廣告，以及從自我社群媒體粉絲群培養經營做起。

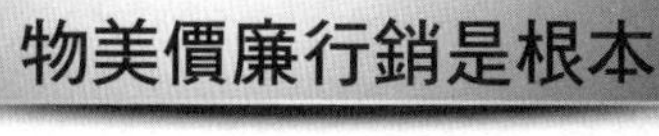
物美價廉行銷是根本

物美（產品力）
價廉（價格力）
高CP值、
物超所值感
Price
中價位行銷仍會成功
高價位市場
中價位市場
低價位市場
小預算行銷
社群媒體操作
戶外廣告
記者會、發布會
NEWS
小預算行銷突圍術！

第 9 章

知名品牌整合行銷傳播成功案例

章節體系架構 

Unit 9-1 統一超商CITY CAFE的整合行銷傳播案例 I

統一超商的CITY CAFE品牌之所以能成功行銷，在於以下七個關鍵因素。

一、CITY CAFE品牌行銷成功關鍵七大因素

(一)品牌定位成功：CITY CAFE在2004年重新再出發，以「整個城市就是我的咖啡館」為都會咖啡，24小時平價、便利、現煮的優質好咖啡為品牌定位及品牌精神；並以年輕上班族為目標客層，成功做好品質定位的第一步。

(二)價格平價優勢：CITY CAFE依不同大小杯及不同口味，定價在40～55元之間，價格只有星巴克咖啡的三分之一，也比85度C平價咖啡稍微便宜一些。迎接平價咖啡的時代來臨，CITY CAFE提供物超所值的平價優質咖啡，廣受上班族的歡迎，也是品牌行銷成功的關鍵因素之二。

(三)通路便利優勢：CITY CAFE鋪機布點數從2004年開始起，到2007年已突破1,000家店，到2008年突破2,000家店，2009年底突破2,600家店。2020年底達到6,000店以上，比星巴克的300店，多出達20倍左右。這為數眾多CITY CAFE便利商店，以24小時全年無休，隨時隨地都能買到現煮好咖啡，對廣大消費者而言，具有相對的便利性。這種絕對的通路便利優勢，成為CITY CAFE品牌行銷成功的關鍵因素之三。

(四)產品優質優勢：CITY CAFE以進口特級咖啡豆、最好的義式咖啡機、口味一致、品種多元化、四季化的提供，打造出CITY CAFE的嚴選、優質咖啡口味，幾近與星巴克精品咖啡一致。產品優質也帶來了它的好口碑及鞏固一大群主顧客，產品力成為CITY CAFE品牌行銷成功的關鍵因素之四。

(五)整合行銷傳播操作成功：統一超商長期以來，就是以擅長行銷宣傳與傳播溝通為特色的公司，如今在CITY CAFE的整合行銷傳播上，更顯示出它們一貫的特色及優勢。此為CITY CAFE品牌行銷成功的關鍵因素之五。

(六)品牌知名度優勢：自2004以來，CITY CAFE的品牌名稱已成功的被打造出來，每天幾百萬人次進出統一超商6,000多家店，都會看到店頭行銷的廣告宣傳招牌，以及其他媒體的廣宣呈現。到今天，CITY CAFE的品牌知名度已躍為速食咖啡的第一品牌，一點都不輸實體據點的星巴克、西雅圖、丹堤、85度C咖啡等品牌。CITY CAFE的高品質知名度，也強化了它的品牌資產累積及消費群的忠誠度。此為CITY CAFE品牌行銷成功的關鍵因素之六。

(七)品牌經營信念堅定：統一超商的咖啡經營，早期雖然經營失敗，但該公司仍能不斷研發、不斷精進，並且等待最適當的時機，吸取失敗經驗及洞察消費者需求，最終正式推出新的CITY CAFE品牌，並以「品牌化」的經營信念，做好品牌長期經營的政策及完整規劃。此為CITY CAFE品牌行銷成功的關鍵因素之七。

CITY CAFE品牌行銷成功7大關鍵因素

1.品牌定位成功

2.價格平價優勢

3.通路便利優勢

4.產品優質優勢

5.IMC操作成功

6.品牌知名度優勢

7.品牌經營信念堅定

CITY CAFE行銷傳播操作的主要核心，首先是找來氣質藝人桂綸鎂做CITY CAFE的代言人，大大拉抬都會咖啡的品牌精神表徵。此外，在電視廣告、報紙廣編特輯廣告、戶外廣告、公仔贈品活動、半價促銷活動、公關報導、媒體專訪、藝文講座、網路行銷活動、EVENT事件行銷活動，以及店頭行銷活動等，完整的呈現出鋪天蓋地的整合行銷傳播之有效操作。

CITY CAFE物超所值

CITY CAFE → 每杯40元～55元 → 物超所值！

全台6,000店數普及 → 非常便利！

Unit 9-2 統一超商CITY CAFE的整合行銷傳播案例 II

除了前文七個成功行銷的關鍵因素外，本文也根據個案研究內容，歸納並架構出CITY CAFE品牌成功的完整模式如右圖所示，此模式主要有六項要點，以下說明之。

二、CITY CAFE品牌行銷成功的完整架構模式（如右圖所示）

(一)品牌經營信念堅定：抓住正確時機點，洞察消費者、不斷改良進步，以及堅持品牌化經營政策。

(二)品牌定位成功及鎖定目標客層成功：品牌定位之所以能成功這方面，在於統一超商將CITY CAFE定位在都會咖啡及平價、便利、優質、現煮咖啡上；而在鎖定目標客層之所以能成功這方面，則是統一超商將CITY CAFE鎖定廣大年輕上班族群。

(三)品牌行銷4P/1S組合策略操作成功：包括將產品優勢（Product）、價格優勢（Price）、通路優勢（Place）、整合行銷傳播優勢（Promotion），以及服務優勢（Service）五方面成功整合操作。

(四)創造良好口碑與品牌形象成功。

(五)創造出良好的行銷績效：包括每年銷售3億杯、年營收超過130億元、毛利率40%以上、顧客忠誠度高、第一品牌。

(六)保持持續性的領先競爭優勢：包括產品研發持續領先競爭優勢、整合行銷活動持續投入與創新，以及通路裝機數量持續投入等三方面。

三、CITY CAFE全方位品牌行銷傳播操作

本研究歸納出CITY CAFE 360度全方位整合行銷傳播內容項目如下圖所示：

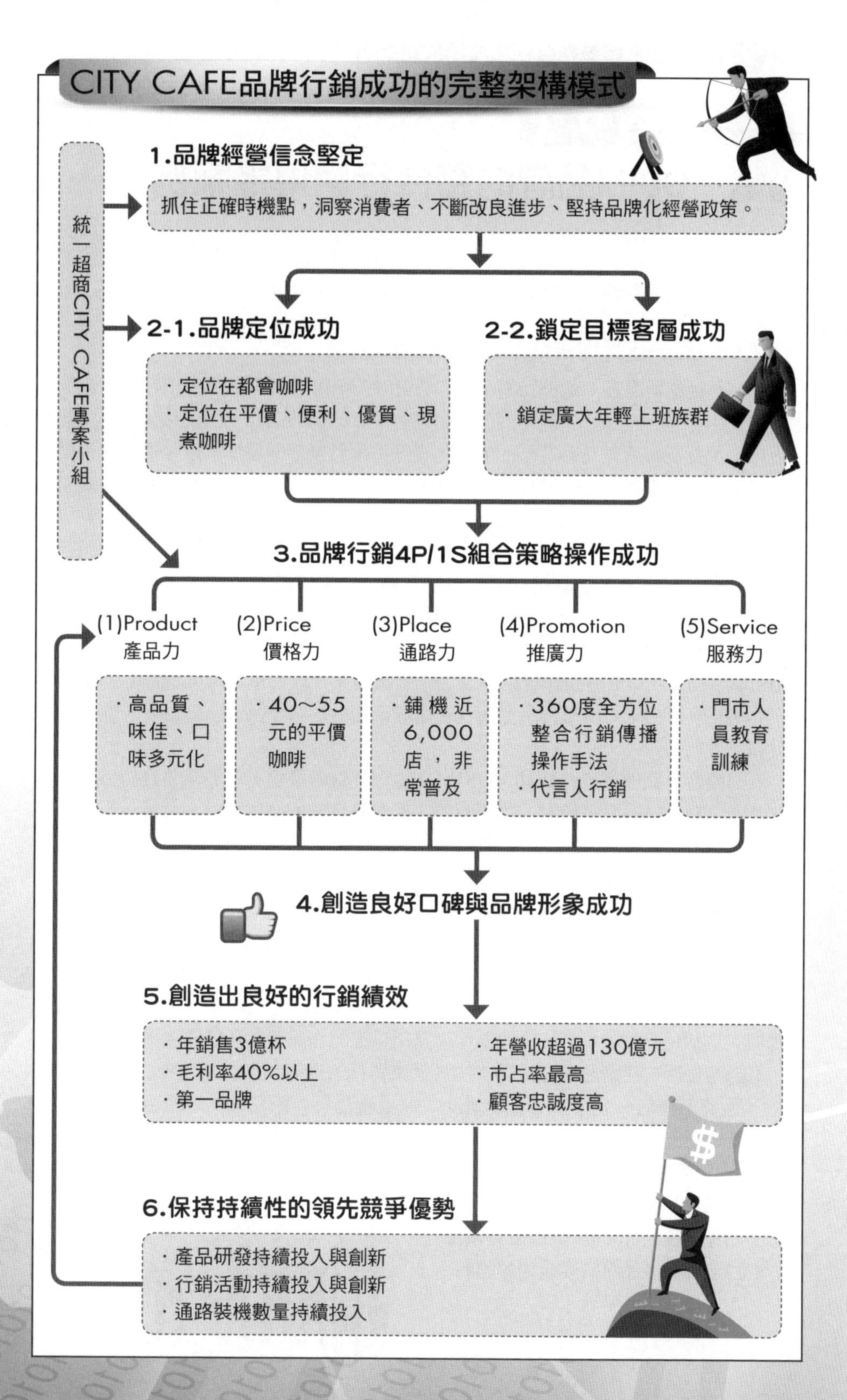
CITY CAFE品牌行銷成功的完整架構模式
統一超商CITY CAFE專案小組
1.品牌經營信念堅定
抓住正確時機點，洞察消費者、不斷改良進步、堅持品牌化經營政策。
2-1.品牌定位成功
·定位在都會咖啡
·定位在平價、便利、優質、現煮咖啡
2-2.鎖定目標客層成功
·鎖定廣大年輕上班族群
3.品牌行銷4P/1S組合策略操作成功
(1)Product 產品力
·高品質、味佳、口味多元化
(2)Price 價格力
·40～55元的平價咖啡
(3)Place 通路力
·鋪機近6,000店，非常普及
(4)Promotion 推廣力
·360度全方位整合行銷傳播操作手法
·代言人行銷
(5)Service 服務力
·門市人員教育訓練
4.創造良好口碑與品牌形象成功
5.創造出良好的行銷績效
·年銷售3億杯
·毛利率40%以上
·第一品牌
·年營收超過130億元
·市占率最高
·顧客忠誠度高
6.保持持續性的領先競爭優勢
·產品研發持續投入與創新
·行銷活動持續投入與創新
·通路裝機數量持續投入

Unit 9-3

OSIM品牌的整合行銷傳播案例 I

本個案研究獲致第一個結論，係由前述個案訪談內容，來歸納OSIM（傲勝）在國內及亞洲地區成為健康器材第一品牌的七大關鍵因素，以下說明之。

一、OSIM第一品牌經營成功的七大關鍵因素

(一)不斷創新商品，並堅持高品質：OSIM公司每年研發都要推出好幾款新商品上市，其中，至少有一、二款新商品將是媒體主打的創新商品。由於每年都有創新商品上市，因此能夠帶動新顧客群的增加，提升年度營業額的增加，以及最後能夠維繫OSIM品牌在媒體廣宣的能見度、曝光度及依賴度與第一品牌市占率。此外，OSIM產品的設計不僅迎合時尚感，在功能與耐用的展現上，亦展現出一致性的高品質水準以獲得消費者的好口碑。

(二)最高階負責人對品牌經營信念的堅持：OSIM創辦人沈財福董事長向來對「品牌經營」的概念非常認同與堅持。早期他以經營國際貿易為主，但他認為這只是買賣的技術與報價而已，並不是長久生意，品牌生意才有長久生命。因此，他創立了「OSIM」品牌，OSIM品牌行銷全球二十七個國家，後來事實證明他的品牌化經營概念是對的。如今，OSIM已是亞洲及台灣健康器材的第一品牌，他贏了，他的正確觀念贏了。

(三)整合行銷傳播操作成功：OSIM品牌化經營的觀念，主要落實在對行銷的操作工作上。OSIM對每年新上市的新商品，都編有足夠的媒體預算，然後以整合性、跨媒體及360度全方位的整合行銷傳播操作手法，大大的將一個新商品及新功能透過知名代言人手法，成功的拉抬及累積OSIM品牌知名度、依賴度與品牌資產。

(四)品牌定位在高價位與高優質策略成功：OSIM健康器材屬耐久性消費，與一般日用消費品不一樣，其單價都是比較高的。因此，OSIM認定產品屬性的不同，一開始就將OSIM品牌定位在高品質、高設計、高功能及高價位，拉升OSIM品牌到如同賓士汽車的位階，而不陷入一般國內本土健康器材較便宜價格印象上。而OSIM的高優質、高價位品牌消費者，亦設定中產階級以上的高消費力目標群為主力。

(五)直營門市店通路策略成功：由於健康器材的單價都不低，屬於消費者涉入較高的，因此消費者一定會多方查詢資訊，並重視品質、服務的水準及品牌。因此，OSIM決定要自己投入經營直營門市店，以高素質的現場門市服務人員、高檔的門市現場布置裝潢及解說，反映出OSIM高檔的品牌精神，並確保品質水準。這是一個成功的通路策略。

(六)每年投入6,000萬媒體廣宣預算

(七)全員貫徹品牌制度化經營體制

OSIM第一品牌成功經營7大關鍵因素

OSIM第一品牌成功經營七大關鍵因素

1.不斷創新商品，並堅持高品質

2.最高負責人對品牌經營信念的堅持

3.整合行銷傳播操作成功

4.品牌定位在高價位策略成功

5.直營通路策略成功

6.每年投入6,000萬行銷廣宣預算

品牌要打造、提升及維持，必須要有適當的行銷預算及媒體廣宣預算投入才行。OSIM公司的行銷部即專責這方面的工作，並且用心的把每一分錢花在刀口上，創造出成效不錯的媒體廣宣效果。6,000萬占OSIM年度30億營業額約2%比例，比例並不高，但以實務而言，還算是適當的預算額度，如果好好做好廣告創意，有效利用正確的代言人及做好適當的媒體組合規劃與公關報導，品牌效果是可以達成。

7.全員貫徹品牌制度化經營體制

OSIM公司是強調全員投入品牌經營的概念，每個單位、每個工作人員及每個標準作業流程（SOP）等，都與品牌形象的塑造及品牌基本功的打造帶來一定的影響。因此，OSIM組織內部的制度與品牌是高度相關的，也是支持品牌力的重要基礎。

總結上述來看，創新產品整合行銷操作、品牌定位、通路、行銷預算及制度與全員投入，均是OSIM在健康器材市場中能夠勝出的主要因素。

Unit 9-4 OSIM品牌的整合行銷傳播案例 II

本個案研究所獲致的第二個結論，即是可歸納出如右圖所示的OSIM整合型品牌行銷模式架構，內容包含七個步驟，以下說明之。

二、OSIM第一品牌經營成功的整合行銷模式架構

(一)最高階經營者堅持的品牌經營信念：品牌行銷經營成功的首要步驟，即是最高經營者（即董事長或是老闆）必須有堅定不移且不斷重視強調的品牌化經營信念；只要對品牌形塑有利的任何正確作為，都願意投入人力與物力，強力打造及維繫住品牌的產生。

(二)品牌力支撐——創新與制度：OSIM成為亞洲及台灣最佳健康器材品牌不是浪得虛名的。本個案研究顯示，OSIM品牌力的支撐，主要依靠對新品牌能夠不斷的創新與設計，以及對公司及門市店營運體系的高品質制度與標準作業流程的嚴格控管。因此，在創新與品質制度的雙重作用下，成為品牌的外部良好口碑，而且能夠持久下去。

(三)品牌精準定位與鎖定新目標客層：OSIM體認到健康器材屬於高涉入度的耐久性消費財，與一般日用品消費財不同，因此，必須定位在較高品質、較高品味、較高時尚與較高價位的優質品牌，而非便宜貨健康器材的品牌位置上，這是正確之舉。此外，OSIM又以中產階級女性上班族為新目標客層，開拓出除了傳統銀髮族市場外，又呈現出一個新女性商機市場，使OSIM的產品組合能不斷創新及完整。

(四)行銷組合策略的完整配套推出：第四步驟即是要推出具有完整配套的行銷組合策略（Marketing Mix Strategy）；包括產品策略、定價策略、通路策略、推廣策略、服務策略，以及顧客關係策略（CRM）等六項策略方針與具體作法。

(五)媒體預算每年6,000萬元的投入：第五步驟即是有必要且適當的媒體預算支出，打擊品牌想要不花一毛錢，根本是不可能的。我們只要每天看那麼多的國內及國際知名品牌，在各大電視頻道、平面媒體、網路媒體及戶外媒體打廣告，就知道要打造及維繫一個知名好品牌，必須長期且合理的編列媒體預算，並透過正確、有效、精準的廣告與媒體呈現，必可做好品牌知名度與喜愛度。

(六)行銷績效成果展現：在經過上述各步驟的品牌行銷作為之後，應可有良好的品牌行銷績效的展現，包括市占率、營業額成長率、獲利率、品牌地位、顧客滿意度及品牌口碑等。

(七)未來挑戰：最後一個階段，即是任何品牌都會面對未來的挑戰，沒有一個品牌是永遠輕鬆坐在第一品牌位置的。OSIM也同樣面對以下兩個挑戰，一是品牌如何更加深入、更加做大，以及提升顧客忠誠度。二是加強產品創新與行銷創新，追求創新而能領先重要競爭對手。

OSIM第一品牌經營成功的整合型行銷模式

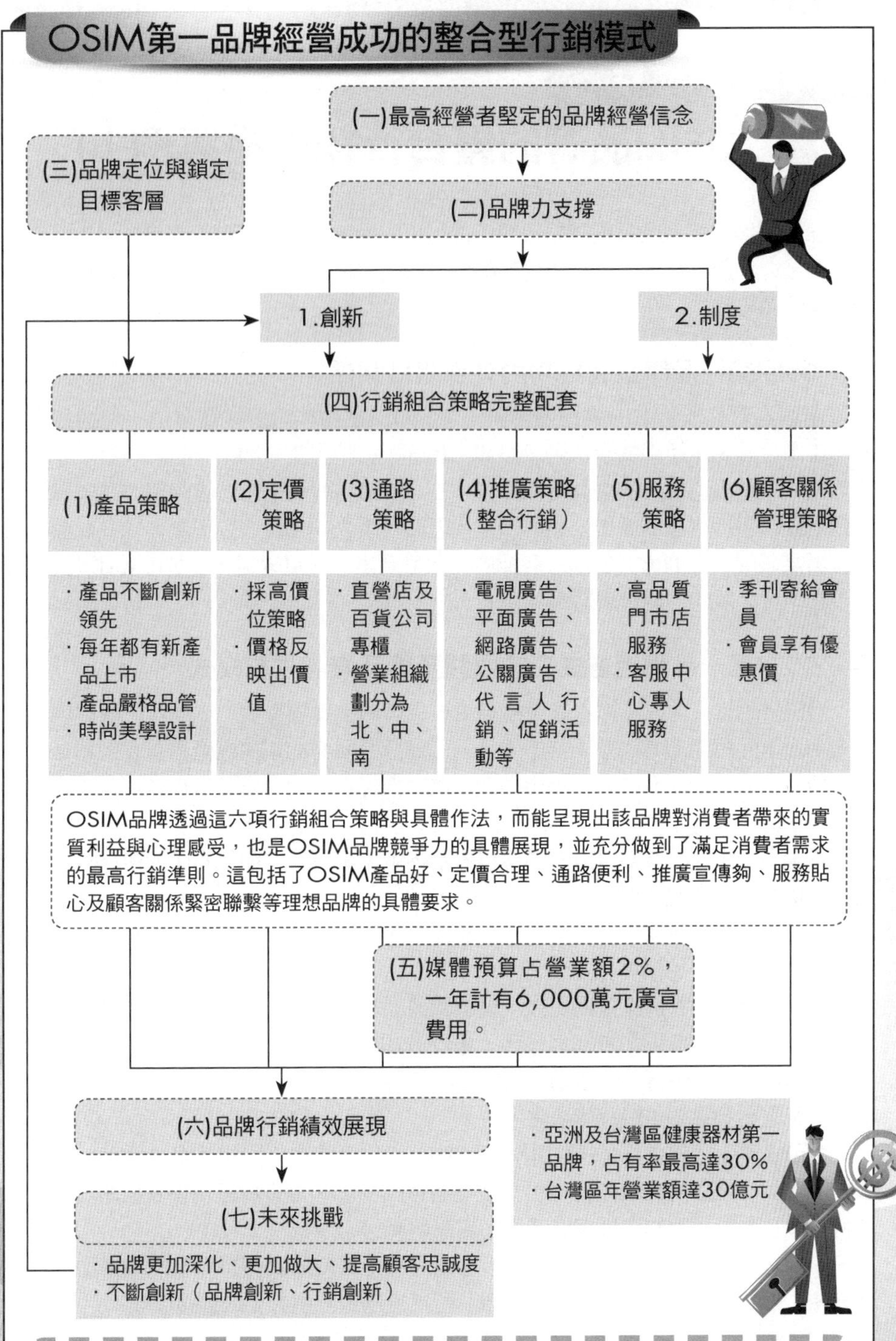

綜言之，上述七個步驟內容，即組合成OSIM品牌能夠成功躍登市場第一名的完整品牌模式架構（Comprehensive Brand Marketing Model）。由此看來，第一品牌的獲得是充滿複雜的行銷路程。

Unit 9-5 OSIM品牌的整合行銷傳播案例 III

第一品牌的打造及長期維繫，我們從以下說明，可以了解到的確是公司內部全員的共同努力、用心付出，以及運用外部協力公司的專業及智慧，才能共同長期做好第一品牌的領先。

三、OSIM第一品牌經營成功內外部組織關係

本個案研究所獲致的第三個結論，即是OSIM內部八個組織單位，包括技術研發、工業設計、零組件採購、生產製造、品管、行銷企劃、門市店銷售，以及客服中心等組織單位齊心協力與團隊分工合作，對OSIM品牌維繫所做出的努力及呵護，以及透過外部組織單位的廣告公司與媒體代理商在廣告創意的設計與製作、在媒體組合規劃與媒體購買上的大力協助，發揮廣告效益及媒體投放效益，支撐OSIM優良品牌呈現在消費大眾的各個接觸點。

四、OSIM第一品牌經營成功的媒體預算及媒體規劃模式

OSIM能夠長期成為國內健康器材第一品牌的市場領導地位，成功的關鍵因素當然是前面單元所述的七大點；其中，足夠、充分且妥當的運用媒體預算（或稱行銷預算）與執行力，進而有效的打造出品牌形象力與促進消費者意願，也是非常重要的因子之一。

如右圖所歸納出來OSIM的媒體預算及媒體規劃模式，即是本研究所獲致的結論之四。此模式包含五個部分，茲說明如下。

(一)每年媒體預算：約占年度營業額固定比例2%，即6,000萬元左右。其中在既有產品預算與新產品預算各占50%。

(二)媒體配置原則：依過去幾年實際媒體經驗效果而分配。而配置比例，則以電視廣告（含代言人費用）占60%最多，報紙占10%、雜誌占10%、網路廣告占20%。

(三)媒體預算執行：依透過長期經手的媒體代理商，代為規劃發稿、購置媒體版面位置及電視頻道廣告時段等事宜。

(四)媒體執行效益評估：OSIM主要看GRP的達成率，對銷售業績的助益及對品牌知名度與好感度的幫助如何。再來是看對各門市店、百貨專櫃銷售業績的貢獻狀況如何，以及看對品牌知名度與好感度的貢獻如何。

(五)調整改變：OSIM行銷部每年底還是會對年度的媒體預算執行效果加以檢討與分析，並對下一年度的媒體預算金額及配置比例做一些必要的調整改變。

OSIM第一品牌經營成功的內外部組織關係圖

內部組織 ＋ **外部組織**

內部組織：

最高經營者品牌信念
↓
OSIM全員品牌維繫
↑
1.技術研發
2.工業設計
3.零組件採購
4.生產製造
5.品管
6.行銷企劃
7.門市店銷售
8.客服中心

外部組織：

OSIM品牌維繫

- 行銷部 ↔ 廣告公司（電通國華）：創意
- 行銷部 ↔ 媒體代理商（媒體庫）：媒體規劃
- 廣告公司（電通國華）↔ 媒體代理商（媒體庫）：資訊流通

OSIM第一品牌經營成功的媒體預算及媒體規劃模式

(一)每年媒體預算約6,000萬元，占年營業額30億元固定的2%
↓
1.既有產品預算（占50%）
2.新產品預算（占50%）
↓
(二)媒體配置比例規劃

- 電視廣告（含代言人）：60%
- 報紙廣告：10%
- 雜誌廣告：10%
- 網路廣告：20%

(二)配置原則

- 依過去幾年經驗的實際媒體效果而分配

↓
(三)媒體預算執行

- 透過媒體代理商發稿及購買媒體

↓
(四)媒體執行效益評估

- 看媒體GRP（總收視點數）達成度如何？
- 看對各門市店、百貨專櫃銷售業績的貢獻狀況如何？
- 看對品牌知名度與好感度的貢獻如何？

↓
(五)檢討分析與調整改變

- 針對各種通路銷售之反映意見及行銷部的分析

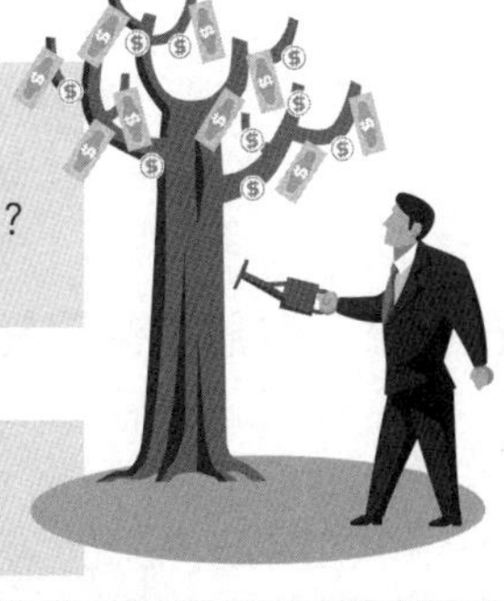

Unit 9-6 統一泡麵的整合行銷傳播案例 I

統一泡麵品牌如何能夠維持數十年長青不墜？一切得從1970年上市的「統一麵」令人驚豔開始說起。本個案由於內容豐富，特分四單元述之。

一、統一泡麵的品牌故事與發展

1970年統一企業研發團隊開發出「統一麵」，附加獨特肉燥風味油包，並且推出電視廣告，上市後果然一鳴驚人，也主導台灣往後數十年速食麵市場。1980年又推出統一當歸麵線、鮮蝦麵、蔥燒牛肉麵、肉骨茶麵以及肉燥米粉等口味；其中，統一蔥燒牛肉麵至今全台銷售量僅次於統一肉燥麵。1983年推出「滿漢大餐」及速食麵，也賣得很好。1988年第一支杯麵「來一客」上市，在年輕人市場造成旋風。1991年鎖定年輕男性及藍領階級，推出訴求「便宜又大碗」的阿Q桶麵，同樣也很暢銷。2005年，統一企業旗下的「統一肉燥麵」、「來一客」、「滿漢大餐」、「阿Q桶麵」、「蔥燒牛肉麵」等五大泡麵品牌的每年銷售值高達40億元，占整個統一泡麵年銷售值的 80%，可說是統一企業食品部最會賺錢的五大台柱。

二、全台泡麵市占率第一

全台泡麵市場高達100億元，各家品牌的市占率依序為：1.統一泡麵（占50%）、2.維力（占20%）、3.味丹（占19%）、4.味王（占4%）、5.進口品牌（占9%）。統一泡麵年營收額達50億元，市占率達50%，顯示台灣泡麵市場是統一企業的天下。

三、統一泡麵品牌定位與目標消費客群

統一泡麵50餘年的定位都非常一致，強調高品質、好吃、平價、值得回味、具情感性的好泡麵。由於定位精準、明確，因此也被廣大消費者所認同與喜愛。至於統一泡麵的目標消費客群，十多種品牌各有不同族群喜愛的口味，它的客群已幾乎包括家庭全客層，其客群包含中年人、年輕人、藍領、白領、學生、男性偏多等。

四、統一泡麵的產品策略

(一)多品牌策略：統一總計開發出10種多品牌泡麵，包括：統一麵、來一客、阿Q桶麵、滿漢大餐、好勁道、科學麵、統一脆麵、老壇酸菜牛肉麵等。此種策略等同於消費者拿到的產品中，有一半業績是統一泡麵的，這也是統一泡麵的成功之道。

(二)創新求進步策略：統一各品牌的口味、配料、麵條品質、油炸品質、包裝等，幾乎都由研發單位不斷求新、求變、求進步、求更好，以滿足消費者需求不斷的改變及提升，唯有如此，統一泡麵的銷售業績才能永保不墜。

五、統一泡麵定價策略

統一泡麵採取平民化的定價策略，袋裝一包20元，碗裝一包平均價格在25～45元之間，售價相當平民化。因為泡麵是屬於民生消費品，很難有訂高價的空間，也由於其平民化定價，因此，銷售量也很大，全台每年總銷量幾乎達2億包之多。

台灣泡麵市場之市占率分析

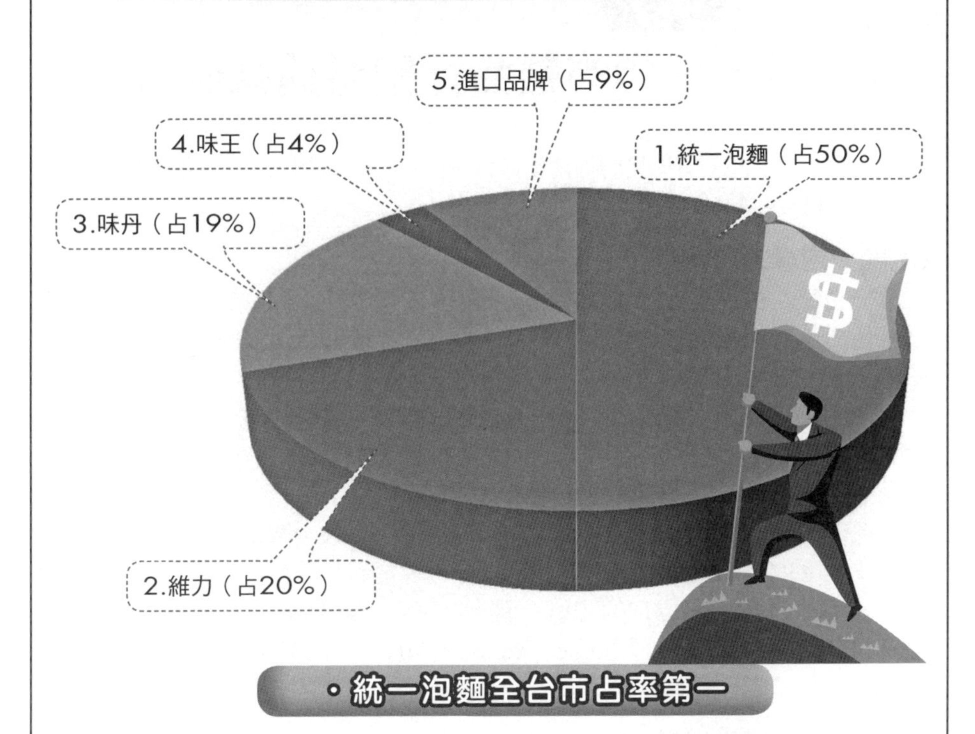

・統一泡麵全台市占率第一

統一泡麵的產品策略

策略	內容	結果
1.多品牌策略	統一麵、來一客、阿Q桶麵、滿漢大餐、好勁道、科學麵、大補帖、統一脆麵、老壇酸菜牛肉麵等10多種品牌	消費者購買業績一半歸於統一泡麵
2.創新求進步策略	不斷研發各品牌的口味、配料、麵條品質、油炸品質、包裝等	滿足消費者需求

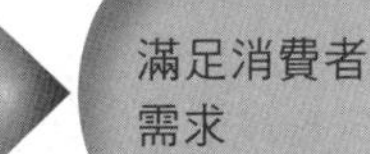

Unit 9-7 統一泡麵的整合行銷傳播案例 II

擁有好產品，也要有充足的行銷預算與販售管道，才能相輔相成獲致最大成效，以下就此分析說明。

六、統一泡麵通路策略

統一泡麵主要由全台合作的各縣市食品經銷商鋪貨到各零售據點，至於自己旗下的統一超商及家樂福，則由他們自己的物流中心直接鋪貨。目前，統一泡麵的零售陳列據點，主要以下列四種為主力，占了90%之多。

1. 便利商店：主力是統一超商旗下6,000家店，其次是全家的3,600家店，再次是萊爾富的1,000家店及OK的800家店。便利商店占年營收比重達40%，是泡麵最重要的銷售通路。

2.超市：另一主力通路是全聯超市的1,000家店，以及美廉社的600家店，此占年營收比重亦達30%。是次要的銷售通路。

3.量販店：包括家樂福120家店、大潤發25家店、愛買15家店，此占比為15%。

4.網購：包括momo、PChome、Yahoo、蝦皮、生活市集等網購通路，此占比為15%。

七、統一泡麵推廣策略

統一泡麵在廣宣做法上，主要都是採取整合行銷傳播操作策略，強調要用跨媒體與跨行銷的整合操作，以觸及更多消費者目光，達成更大的曝光綜效，以及激發消費者的購買慾望，進而鞏固他們的產品忠誠度，分項說明如下。

1.電視廣告：每年投入4,000萬元的電視廣告費，以維持統一泡麵品牌露出聲量。

2.網路、社群、行動廣告：為了將廣告觸及到年輕族群，每年亦投入2,000萬元的FB、IG、YouTube、新聞網站、LINE等廣告費，讓品牌曝光在年輕族群目光前。

3.微電影：統一企業幾年前推出叫好又叫座的「小時光麵 」微電影及電視廣告版。主要訴求不只料理食物，更料理人生的心情故事，網路點閱率破1,500萬大關，吸引年輕人對統一泡麵品牌的好感度。

4.活動舉辦：為了讓品牌更年輕化，透過音樂會、校園影展、校園演唱會贊助和戶外巨型杯麵屋的活動舉辦，提升年輕人對「來一客」品牌的好感度及印象。

5.賣場促銷：配合各大賣場的各種節慶促銷，例如：全面八折價、買兩件八折等促銷手法，以提升買氣。

八、年度行銷預算額及其配置

由於統一泡麵行銷已經非常成功，而且擁有很穩定及高忠誠度的老顧客群，因此，並不需要投入太大量的廣宣預算；目前每年大概投入7,000萬元的預算，約占全年50億營收額的1.4%，比例非常低配置比例大致如右頁圖表所示。

統一泡麵年度預算與配置

預算項目	電視廣告	網路廣告	活動舉辦	促銷舉辦	其他各項	合計
金額	4,000萬	2,000萬	500萬	400萬	100萬	7,000萬
占比	57%	28%	7.5%	7.0%	0.5%	100%

統一泡麵的推廣策略

Unit 9-8 統一泡麵的整合行銷傳播案例 III

面對眾多競爭對手，統一泡麵未來仍須繼續努力才能永保不墜，概述如下。

九、行銷績效

數十年來每年都有穩定的業績及獲利，主要表現如下：1.泡麵市占率：50%，居第一位。2.品牌定位：第一品牌。3.年度營收額：50億元。4.年度獲利額：2.5億元。5.獲利率：5%。6.品牌知名度：90%以上。7.顧客滿意度：90%。8.顧客回購率：90%。

十、未來努力方向

未來統一泡麵仍須努力的方向有下列三點：第一，統一泡麵已歷經50多年歷史，顧客層、品牌也有老化現象，如何將品牌及顧客群年輕化，是當務之急。第二，在廣宣操作上，如何再有更多的創意及創新，為品牌注入更嶄新的元素，使統一泡麵品牌形象永遠走在時代的尖端與走進顧客群的美好生活裡。第三是如何鞏固現有幾十萬的忠誠顧客回購率。

十一、研究結論與發現

(一)統一泡麵第一品牌打造成功的九大關鍵因素

第一個研究結論即是歸納出統一泡麵第一品牌打造成功的關鍵因素，說明如下：1.具先發品牌優勢：統一泡麵在1970年即領先推出台灣第一包好吃的泡麵，引起市場旋風及消費者的青睞，從此打下領先品牌優勢，以及零售據點鋪貨上架陳列的優勢，這些都是後發品牌不易追趕上的；2.多品牌策略致勝：開發出十多種品牌的泡麵名稱，各種通路、據點陳列上，到處都是其產品，市占率幾乎達50%之高，很難撼動其地位；3.有一大群忠誠的顧客群：統一泡麵經營50多年來，在台灣已養出一群數量可觀的死忠顧客群，也帶來穩固的年營收業績；4.價位平民化：統一泡麵跟一般食品、飲品一樣，價位非常平民化，這也有助於其銷售成長；5.通路密布，到處買得到：由於是第一品牌，再加上統一企業自己有通路7-11及家樂福，在重要的通路上架及陳列上擁有優勢；6.行銷預算投入足夠：統一泡麵年營收額達50億元之多，只要提撥1.5%，一年就有7,000萬元媒體廣告宣傳費可支出，這是數十年來統一泡麵未被遺忘的重要因素；7.集團老品牌，鞏固江山：統一企業是台灣最大的食品飲料集團公司，在中國市場也有經營，已成為國內優良企業與品牌的代表，這也對統一泡麵有很大的加持效果；8.競爭對手不多：環顧國內泡麵市場，大概只有統一、味丹及維力等3家品牌，其強力競爭對手並不多，新進入者也很少，競爭壓力不算太大；9.口味多元化，泡麵好吃：說到產品力本身，統一泡麵品牌多，也有多元化的口味、麵條及配料，泡麵好吃才會一直有人惠顧。

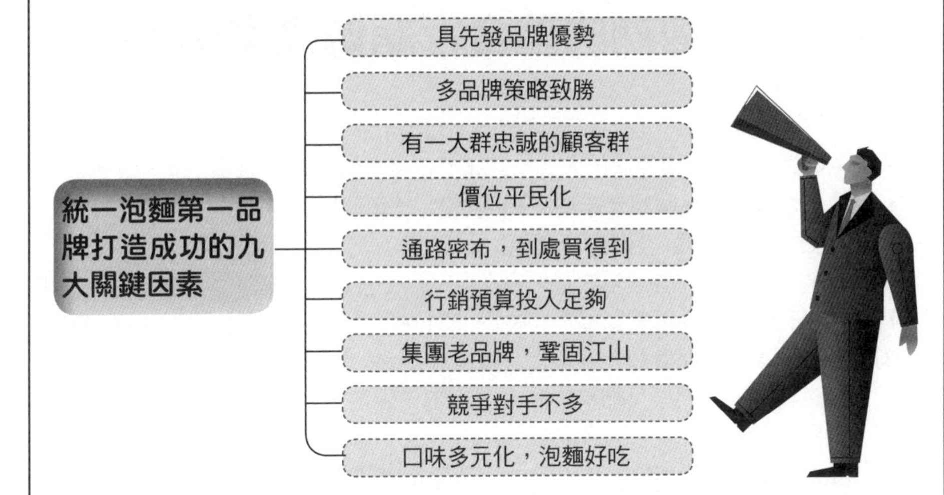
統一泡麵第一品牌打造成功的九大關鍵因素
統一泡麵第一品牌打造成功的九大關鍵因素
具先發品牌優勢
多品牌策略致勝
有一大群忠誠的顧客群
價位平民化
通路密布，到處買得到
行銷預算投入足夠
集團老品牌，鞏固江山
競爭對手不多
口味多元化，泡麵好吃

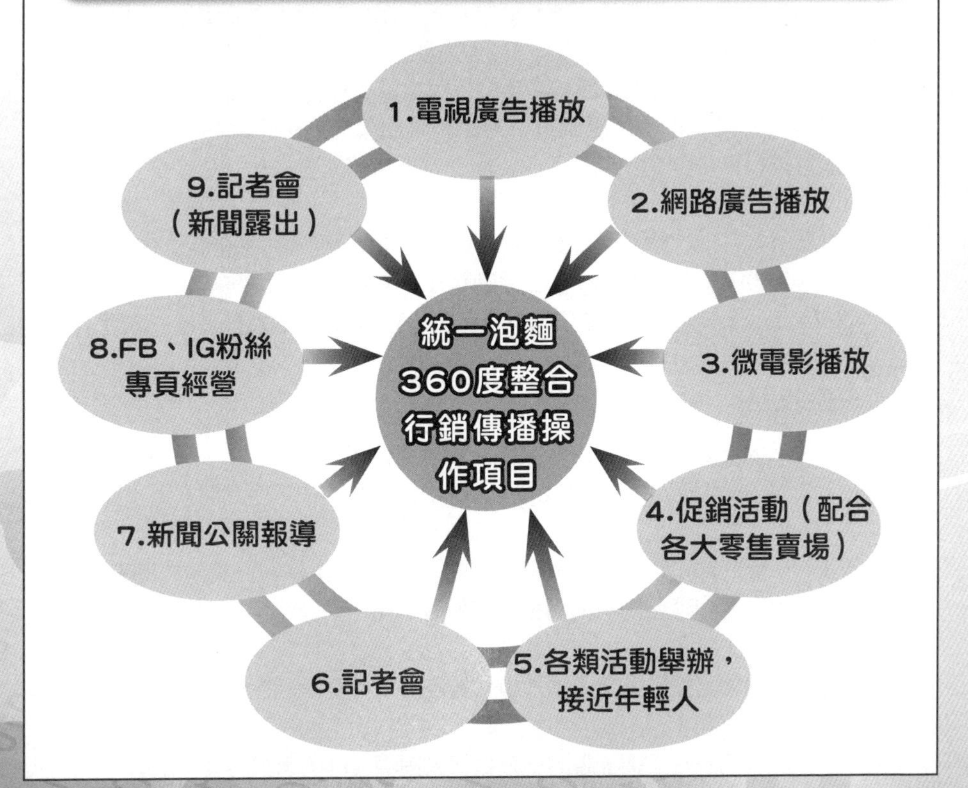
統一泡麵第一品牌打造成功之360度
整合行銷傳播操作項目
統一泡麵
360度整合
行銷傳播操
作項目
1.電視廣告播放
2.網路廣告播放
3.微電影播放
4.促銷活動（配合
各大零售賣場）
5.各類活動舉辦，
接近年輕人
6.記者會
7.新聞公關報導
8.FB、IG粉絲
專頁經營
9.記者會
（新聞露出）

Unit 9-9 統一泡麵的整合行銷傳播案例 IV

第二個研究結論，即是深刻了解到統一泡麵第一品牌之所以經營成功，係採取具有綜效的360度整合行銷傳播操作方式及其涵蓋項目（如右圖所示），說明如下。

(二)統一泡麵第一品牌經營成功之360度整合行銷傳播操作項目

統一泡麵行銷傳播操作包含下列項目：

1.電視廣告播放（在各大新聞台、電影台、綜合台）；2.網路廣告播放（在FB臉書、IG、YouTube）；3.微電影播放（在 YouTube）；4.促銷活動（配合各大連鎖賣場，有效拉抬買氣）；5.各類活動舉辦（校園演唱會、電影會，吸引年輕人）；6.新聞公關報導（含電視、報紙、網路新聞）；7.FB（臉書）、IG （Instagram）的粉絲專頁經營；8.記者會（新聞露出）。

上述360度整合行銷傳播操作之目的，乃係希望統一泡麵品牌露出度最大，以打造出更高的好感度、忠誠度、黏著度、購買率，以及整體優良的好品牌形象。

(三)統一泡麵第一品牌經營成功之整合行銷傳播模式架構與內涵

第三個研究結論，即是能以系統化、邏輯化及全方位的角度與觀點，歸納整理出統一泡麵第一品牌經營成功之整合行銷傳播模式架構與內涵。包括：堅持品牌化傳播經營理念、品牌定位、行銷傳播溝通核心策略、行銷4P策略、行銷績效、以及未來努力方向，詳如右圖所示。

(四)統一泡麵第一品牌經營成功之年度行銷預算及其配置

第四個研究結論，即是了解到統一泡麵經營出第一品牌市場領導地位，其年度平均花費的行銷預算是多少，以及這些支出在各項目的配置占比又是多少，茲說明如下。

統一泡麵每年各項行銷預算7,000萬元，包括：1.電視廣告：4,000萬（占57%）；2.網路廣告：2,000 萬（占28%）；3.活動舉辦：500萬（占7.5%）；4.促銷活動：400萬（占7%）；5.其他活動：約100萬（占0.5%）。這都是對打造統一泡麵品牌好感度、信任度及整體好形象提升所必需的行銷支出。

十二、研究發現

除了上述四大結論外，另有以下重要 5 項研究發現。

〈發現之 1〉第一品牌廠商想要鞏固市場領導地位，必須在新產品開發上不斷求新求變，持續滿足市場需求才行。

〈發現之 2〉有效的360度整合行銷傳播操作，必須先制定好的行銷傳播策略主軸。

〈發現之 3〉第一品牌資產的長期累積，有賴每年充足的行銷預算做好支援，才能打造出來。

〈發現之 4〉行銷通路據點密集，並與零售通路商做好促銷活動配合，確實有助於業績之提升。

〈發現之 5〉品牌競爭到最後，靠的就是如何鞏固顧客群的忠誠度及再購率。

統一泡麵第一品牌經營成功之整合行銷傳播模式架構與內涵

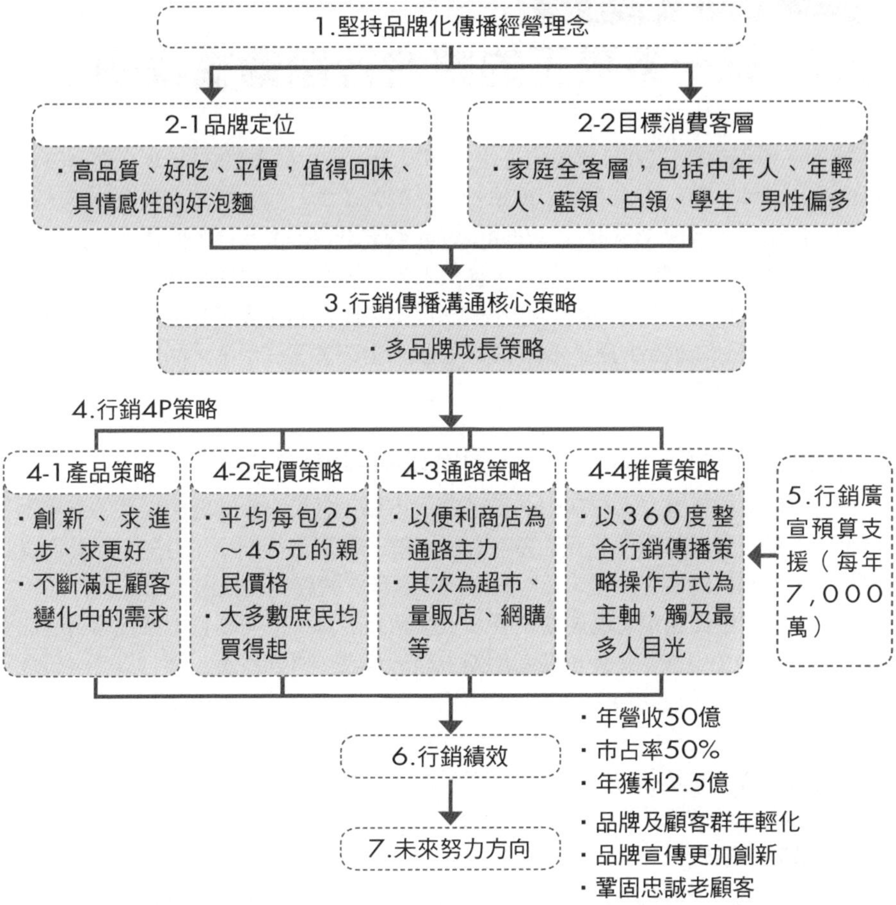

1.堅持品牌化傳播經營理念

2-1品牌定位
・高品質、好吃、平價，值得回味、具情感性的好泡麵

2-2目標消費客層
・家庭全客層，包括中年人、年輕人、藍領、白領、學生、男性偏多

3.行銷傳播溝通核心策略
・多品牌成長策略

4.行銷4P策略

4-1產品策略
・創新、求進步、求更好
・不斷滿足顧客變化中的需求

4-2定價策略
・平均每包25～45元的親民價格
・大多數庶民均買得起

4-3通路策略
・以便利商店為通路主力
・其次為超市、量販店、網購等

4-4推廣策略
・以360度整合行銷傳播策略操作方式為主軸，觸及最多人目光

5.行銷廣宣預算支援（每年7,000萬）

6.行銷績效
・年營收50億
・市占率50%
・年獲利2.5億

7.未來努力方向
・品牌及顧客群年輕化
・品牌宣傳更加創新
・鞏固忠誠老顧客

統一泡麵第一品牌經營成功之360度整合行銷傳播操作項目

統一泡麵第一品牌360度整合行銷傳播操作項目

1.電視廣告播放
2.網路廣告播放
3.微電影播放
4.促銷活動
5.各類活動舉辦
6.新聞公關報導
7.FB、IG粉專經營
8.記者會

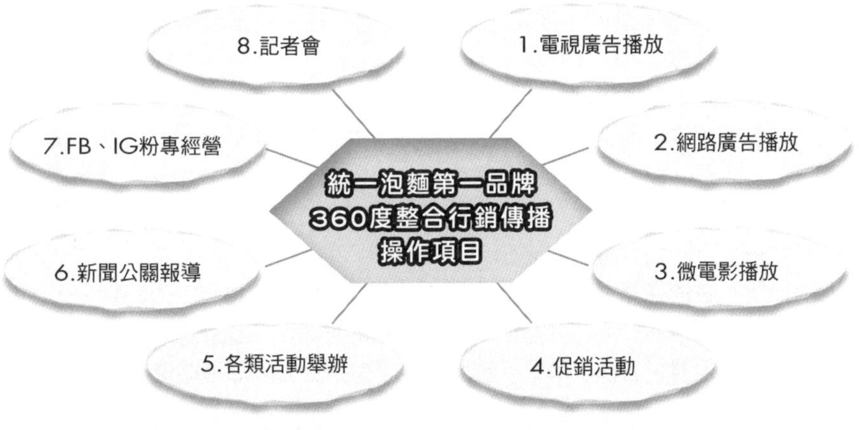

Unit 9-10 統一茶裏王的整合行銷傳播案例 I

統一茶裏王飲料自2001年推出之後，即成功上市，並在2004年奪下國內茶飲料市場的第一品牌、第一市占率及年度單一茶品牌營收額，並且持續到現在為止，其第一品牌的地位並未改變或被取代。在國內茶飲料市場幾乎沒有進入門檻，且面對二、三十種飲料品牌的高度競爭下，統一茶裏王數年來均能長保14～15%的第一占市率，實屬難能可貴。經過茶裏王品牌行銷小組二位主要成員的深度訪談及本個案各種資料的蒐集之後，獲致本研究的第一個結論，即歸納出茶裏王長保第一品牌的七個最主要關鍵成功因素，以下說明之。

一、茶裏王長保第一品牌的七大關鍵成功因素

(一)成功掌握商機力：在2001年時，國內市場正崛起一股喝健康綠茶的潮流，包括含糖、低糖、無糖綠茶，均受消費者歡迎。統一茶裏王行銷小組首先看見此股從日本飲料市場傳過來的潛在商機，及時投入研究試作，最終成功推出上市。

(二)品牌定位與鎖定客層成功：茶裏王強調高品質茶葉與獨特製茶技術，其口味能夠「回甘，就像現泡」，使消費者朗朗上口。再者，當初茶裏王鎖定以「上班族小職員」為目標客層，成功搶占這塊空白市場，迄今茶裏王的品牌定位及目標客層都沒有改變，成了廣大上班族小職員最貼心的日常茶飲料之首選品牌。

(三)強而有力的產品力：就本質而言，茶裏王能夠保持多年來茶飲料的第一品牌地位，產品力是最本質的勝出因素。

(四)成功的廣告力：統一企業是國內食品飲料大廠，多年來，它一直擅長於廣告宣傳，創造一個又一個的新品牌。茶裏王即是統一公司繼麥香紅茶及純喫茶等二個知名品牌之後，成功打造出來的第三個一線茶飲料品牌。

(五)堅定的品牌經營信念：在本研究的訪談過程中，深深感受到統一企業對員工灌輸的品牌經營的堅定信念與意見，幾乎每位員工都深刻身體力行品牌的經營理念。這是一種有形與無形兼具的企業文化及組織文化，統一企業做到了以「品牌經營至上」的核心主軸思想。

(六)高素質人才團隊組織：統一茶裏王長保第一品牌的背後因素，其實就是人的因素與人才團隊因素。而在茶裏王中，就是由中央研究院的研發技術人員、統一工廠的生產與品管人員、以及行銷人員等三者組合而成的黃金三角陣容。透過他們密切的溝通、協調、開會、交換意見、充分討論，最終形成最好的共識、目標及作法，然後成功的打造茶裏王的強大產品力。

(七)無所不在的通路力：統一企業擁有全國6,000家便利商店通路實力，茶裏王透過縝密的便利商店通路系統及該公司在各鄉鎮的經銷商通路系統，幾乎覆蓋所有零售店，高度方便了消費者拿取購買，也形成競爭對手更強大的通路優勢。

茶裏王長保第一品牌7大關鍵成功因素

茶裏王長保第一品牌7大關鍵成功因素

1.成功掌握商機力

在消費品市場而言，率先推出某類創新產品的品牌，通常都會享有先入者（Pre-marketer）的競爭優勢，其品牌地位亦較易形成與鞏固。茶裏王在2001年能夠率先預測、觀察及掌握健康綠茶的潮流趨勢與消費者潛在需求，從而加以有效的把握，此正表現出統一企業茶飲料事業部的高度市場商機洞察力與掌握力。此種洞見能力，即為奠下茶裏王未來成功的第一個關鍵成功因素。

2.品牌定位與鎖定客層成功

品牌定位：回甘，就像現泡

鎖定客層：上班族小職員

3.強而有力的產品力

這個產品特質包括：1.擁有創新的單細胞生茶萃取技術，使茶飲料最甘甜；2.首次推出少糖及無糖綠茶飲料，滿足不吃糖的潛在消費族群；3.首創寶特瓶包裝，易於攜帶及容量較大；4.品牌名稱「茶裏王」，意涵「茶中之王」，非常獨特、易記、吸引人；5.具有綠茶、烏龍茶、紅茶等多種口味的完整產品線組合；6.定期創新改變它的包裝與設計，永遠有嶄新面貌，以及7.不斷提升各種茶葉原料的品質等級，用最上等的茶葉製造出最高品質的茶飲料。

4.成功的廣告力

當初的電視廣告片呈現，即是以上班族小職員為故事背景，拍出令人注目的30秒電視廣告片，一時之間，茶裏王品牌在很短時間即爆紅，成為媒體報導的對象。之後，陸續幾年來，茶裏王均秉持著這種為上班族小職員代言的品牌精神而毫無褪色。茶裏王每年固定投入3,000萬元電視廣告播出預算，以鞏固它的忠誠消費大眾與品牌知名度。廣告力是精神面與心理面，而產品力是物質面與功能面，兩者相加，達成了最佳的行銷綜效（Synergy）。

5.堅定的品牌經營信念

凡是任何行銷活動有違背茶裏王品牌的定位與品牌精神，則這些行銷活動就不能執行。統一茶裏王品牌真正做到品牌核心價值堅持的工作。

6.高素質人才團隊組織

好產品的呈現，背後一定會有一個高素質的合作團隊（研發、生產、行銷）支撐。

7.無所不在的通路力

這是茶裏王第一品牌成功的最後一個關鍵因素。在這個「通路為王」的時代中，誰擁有通路，誰就會有較高業績的表現。

Unit 9-11 統一茶裏王的整合行銷傳播案例 II

本研究獲致的第二個結論，歸納出如右圖所示的「茶裏王長保第一品牌的整合型品牌行銷模式架構圖」，此架構模式，計有六個步驟階段，以下說明之。

二、茶裏王長保第一品牌的整合型品牌行銷架構

(一)聚焦品牌核心價值，滿足顧客需求：這是茶裏王長保第一品牌的首要步驟，即該品牌最重要的品牌行銷信念，即在如何投入、聚焦於品牌本身有形及無形的核心價值上，讓品牌本身更有高度價值，並且以此高度價值來滿足顧客現在及未來的需求，爭取顧客成為該品牌忠誠與信賴的使用者及愛用者。若能如此，品牌必可在市占率及心占率上均贏得第一。因此，廠商每天必須思考如何進一步創造出品牌的核心價值，並以此來滿足顧客不斷變化的需求。茶裏王過去八、九年來，不斷在產品力、製茶技術及行銷力上深耕它的核心價值，並獲致良好結果。

(二)掌握健康消費潮流，抓住市場缺口，創造新商機：茶裏王2001年一躍崛起，追溯起來，最大原因就是它能掌握整個茶飲料市場健康消費潮流的迅速成形，並且即刻有效的抓住健康綠茶這個無人供應的市場缺口，終於能夠創造出健康綠茶的飲料新商機。因此，品牌經理人或產品經理人在其每天的思考及觀察洞見上，必須融入、掌握及預判出每一波的消費者潮流是什麼，每一次的新市場缺口會是什麼，然後快速且適時的推出能夠滿足消費者潮流的新商品，必能創造出新商機。茶裏王做到了這些，因此，該品牌即能創造出它每年20億元營收的亮麗新商機。

(三)品牌定位與鎖定目標客層成功：接下來第三個步驟，即是如何做好一個品牌的精準定位及鎖定目標客層的成功。茶裏王以「回甘，就像現泡」這一句短短的口號（slogan），彰顯出該品牌口味的甘甜更勝別的茶飲料品牌，並且形成茶裏王品牌的獨特特色與銷售賣點。此外，茶裏王又鎖定以目標市場25歲～35歲的上班族小職員作為訴求主力對象，由於後來搭配的廣告策略亦以上班族小職員的心境為表現手法，因此，廣告推出後，茶裏王果然就一炮而紅，形成青壯年上班族小職員們對茶飲料的首選品牌。因此，我們可以提出由於茶裏王在品牌定位（Brand Positioning）及鎖定目標客層（Target Audience）的成功，奠定了往後在行銷4P策略上也相當成功。

(四)行銷4P戰力齊發與銷售預算支援：接著品牌行銷經營成功的第四步驟，即是做好完整的行銷4P組合策略之配套措施與規劃。茶裏王品牌成功的行銷4P戰力齊發，主要內容包括產品力（Product）、定價力（Price）、通路力（Place），以及推廣力／廣告力（Promotion）等4P。為方便讀者能更進一步了解4P，茲在下個單元詳細說明之。

茶裏王長保第一品牌的整合型品牌行銷模式架構

1.聚焦品牌核心價值，滿足顧客需求

2.Consumer Tread

掌握健康消費潮流，抓住市場缺口，創造商機

3-1.品牌定位成功（Positioning）

- 回甘，就像現泡
- 讓品質始終如一

3-2.鎖定目標客層成功（Target Audience）

- 從上班族小職員切入
- 25歲～35歲青壯年上班族為主力

4.行銷4P戰力齊發

(1)Product產品力

- 創新的單細胞生茶萃取技術
- 少糖、無糖茶
- 首創寶特瓶包裝
- 品牌命名獨特成功
- 完整產品組合
- 不斷創新包裝設計
- 提高茶葉原料品質

(2)Price定價力

- 首創定價20元，市場接受度高

(3)Place通路力

- 通路全面性普及
- 加強通路陳列及店頭行銷

(4)Promotion推廣力（廣告力）

- 每年4,500萬元行銷預算
- 投入70%行銷預算在電視廣告上
- 搭配促銷活動

5.行銷績效（Performance）

- 占市率14.5%
- 市場第一品牌
- 營收額20億元
- 獲利額1億元

6-1.未來的挑戰

- 思考從顧客與核心價值出發，把事情做到最好。
- 不斷創新、改變、進度。

6-2.創新

- 產品創新
- 廣告創新
- 通路創新
- 促銷創新

Unit 9-12 統一茶裏王的整合行銷傳播案例 III

本個案研究所獲致的第三個結論與發現，即歸納出茶裏王長保第一品牌的公司內外部人才團隊組織模式如右圖所示，以下說明之。

二、茶裏王長保第一品牌的整合型品牌行銷架構（續）

(五)行銷績效的呈現（Marketing Performance）：到第五階段，就是行銷績效的呈現，比較重要的幾項指標，就是該品牌的營收額、獲利額、占市率及品牌領導地位。這些指標茶裏王迄今都有不錯的成績展現，包括市占率達14.5%、市場第一品牌、營收額20億元、獲利額1億元等。茶裏王市占率居第一，仍領先後面緊緊跟隨的御茶園、每朝健康、爽健美茶、油切綠茶、雙茶花，以及自己品牌的統一麥香紅茶、純喫茶等各大競爭品牌。

(六)創新，思考從顧客與核心價值出發，把事情做到最好：最後的步驟，即是如何秉持不斷創新的原則，全方位的從產品創新、廣告創新、通路創新及促銷創新等具體作為，然後，思考從顧客與核心價值出發，把事情做到最好。茶裏王第一品牌的成功，就是秉持著此項終極的信念。

三、茶裏王長保第一品牌的公司內外部人才團隊組織模式

(一)內部組織：茶裏王產品力的創造、精進與鞏固，最主要是由三個單位所共同合力打造出來的，包括統一企業中央研究所茶飲料研發部、統一企業台南茶飲料工廠生產部與品管部，以及統一企業茶飲料事業部茶裏王品牌小組等。這三個單位透過經常性的定期會議與機動性不定期會議模式，共同研討相關問題並提出對策方案，促使茶裏王產品力的不斷改良與進步，以確保茶裏王產品的市場競爭力與優勢。

(二)外部組織：茶裏王外在品牌力的塑造，是後端的重要工作，除了產品優質之外，還必須形塑出它的品牌知名度、品牌形象與品牌喜愛度。而這個工作，就落到茶裏王品牌小組的身上，茶裏王品牌打造成功，除了統一企業內部的品牌小組既有成員之外，還必須仰賴外部的廣告代理商、媒體代理商及公關公司的通力協助，才可以順利達到品牌打造目標。茶裏王品牌小組的行銷企劃專責成員，透過與外部公司良好的互動與集思廣益，才能產生出最好的廣告創意、形象公關及媒體廣告播放等助力，大力把茶裏王的優質品牌形象成功形塑出來，為茶裏王的優良銷售成績得到加分效果。綜言之，由於這個優良的內外部人才團隊高度合作的結果，打造出茶裏王在市場上一直領先的產品力與品牌力的扎實根基。人才，決定了茶裏王長保第一品牌的最根源的關鍵成功因素。

茶裏王長保第一品牌公司的內外部人才組織模式

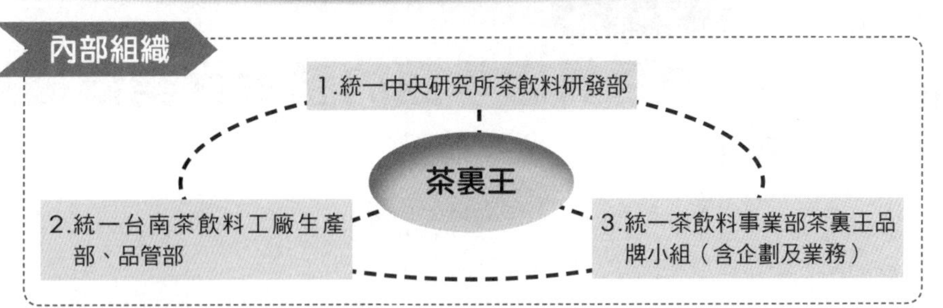

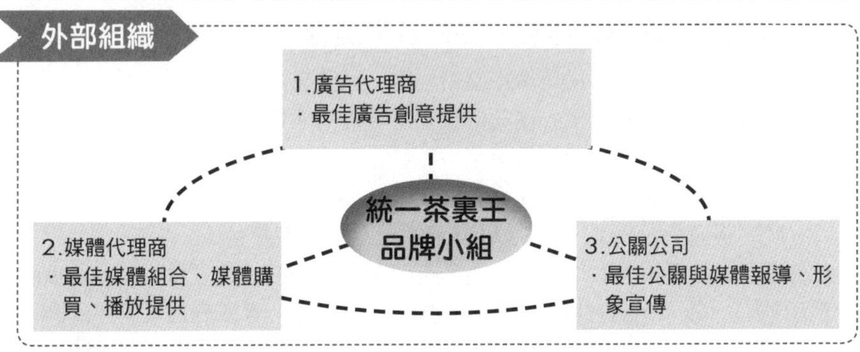

知識補充站

茶裏王品牌成功的行銷4P戰力齊發

1.產品力（Product）：茶裏王以創新的製茶技術、品牌命名的獨特性、創新的包裝設計、少糖與無糖飲料率先推出及不斷改善的產品線組合，確實滿足了消費者需求，並在每一個時期中，都能有一定的時間創新領先競爭對手品牌。

2.定價力（Price）：茶裏王剛推出時，打破市場行情，定價20元，比市場行情價還低3元，並且廣獲市場大眾接受，這個20元定價，至今已成為茶飲料市場的一般便利定價。

3.通路力（Place）：茶裏王相較於其他飲料品牌，擁有自己7-Eleven 6,000家店的通路及大優勢，再加上全國其他鄉鎮綿密的經銷系統，使得茶裏王幾乎在每一個賣點內都能方便買得到，此為其通路優勢。再加上茶裏王亦不斷加強重要通路據點的醒目陳列及店家賣場內的POP廣告宣傳工作，因此，面對消費者在最後一哩通路據點上的有利優勢，茶裏王品牌亦貫徹得很好。

4.推廣力／廣告力（Promotion）：最後一個P，即是以電視廣告力為推廣宣傳主力，茶裏王與奧美廣告公司亦配合得很好。每年定期拍出幾支具有創意的、以上班族小職員為對象呈現的電視廣告，大大打響了茶裏王品牌的知名度及形象度。茶裏王每年亦投入4,500萬元，適當的廣告量亦足夠提醒消費者並鞏固第一品牌的聲望。另外，配合各賣場的促銷活動，亦是必要的推廣措施。

Unit 9-13 SOGO百貨忠孝館的整合行銷傳播案例 I

SOGO百貨忠孝館二位課長，共同針對週年慶能夠成功運作並達成業績目標任務，歸納出五項關鍵成功因素，以下說明之。

一、SOGO百貨忠孝館週年慶活動的五大關鍵成功因素

(一)產品力：SOGO百貨是零售通路型態，不管有沒有各種推廣活動舉辦，其對產品力的重視，無疑是放在第一優先的位置上。而忠孝館產品力的呈現，主要有以下幾點：1.專櫃廠商要不斷有新商品上市；2.知名品牌要齊全、整齊，呈現一流品牌的百貨公司模樣；3.有些產品要獨賣，即「ONLY SOGO」的口號能叫得出來；4.專櫃產品的定價要讓消費者感到合理，以及5.產品及品牌要有特色。

(二)販促力（促銷力）：販賣促進（販促）正是一般百貨零售行業極為重視的整合行銷活動之一環。尤其在面對2008～2013年全球及台灣經濟景氣低迷的時刻，消費者普遍消費保守、斤斤計較，採取理性消費、必要性消費、比較性消費、低價消費，以及促銷折扣消費的新型態變化。因此，百貨公司站在零售業第一前線，更必須要有大手筆的販促活動加碼舉辦。2013年，忠孝館在週年慶所投入的販促費用（例如：來店禮、滿6,000送600、滿額禮等）支出高達1億元以上，此遠比2,000萬元的廣宣費用支出要多出五倍以上，可見販促力的關鍵成功要素。

(三)廣宣力：由於SOGO百貨知名度很高，主顧客群也很鞏固。因此，廣宣力的作用，就不像產品力及販促力那樣具有關鍵地位。近年來，週年慶的廣宣力已偏重於平面媒體及電視媒體的新聞性報導，以及消費者口耳相傳的效益。因此，它與一般消費品行業的某一種新產品或新品牌上市，要大打全國性電視廣告的模式是不同的。因此，廣宣力是一種補助性與支援性的工具表現。

(四)直效行銷力：百貨公司地區性、地域性、商圈性經營的特色是相當重要的，70%是鞏固的卡友會員主顧客，30%才是流動性顧客。因此，各館百貨公司必須相當重視現有主顧客的會員經營活動。忠孝館每次週年慶都要寄出20萬份以上的販促目錄（DM），成本高達900多萬元，此種直效行銷的操作效益，過去都有30%以上回購成果。此外，在鞏固會員經營上，母公司遠東集團旗下鼎鼎行銷公司的HAPPYGO卡紅利積點優惠平台的成功經營，亦間接有助於來SOGO百貨公司消費的潛在性誘因動機。

(五)異業結盟力：由於週年慶期間消費者購物金額都比平時高出很多倍，超過5,000元、1萬元、幾萬元的不在少數，更有名媛貴婦消費數十萬元，這些都必須有信用卡刷卡及零利率分期付款的金流搭配，才會完成消費者的整個交易流程。因此，若有更多、更好的銀行加入，並提出優惠贈品措施，則其扮演促進消費總金額的貢獻是很大的。

SOGO百貨台北忠孝館週年慶關鍵成功5要素

1.產品力

(1)專櫃廠商要不斷有新商品上市，因為消費者來百貨公司購物，大都希望看到有不一樣的新商品出現。
(2)知名品牌要齊全、整齊，呈現一流品牌的百貨公司模樣。
(3)有些產品要獨賣，即「ONLY SOGO」（只有在SOGO賣）的口號能叫得出來。
(4)專櫃產品的定價要有實惠感，消費者感到這是合理的好價格，SOGO忠孝館並非高價位的定位館別，反而是一種實惠的感受。
(5)產品及品牌要有特色，區隔化、差異化及優惠化。

5.異業結盟力

異業結盟在週年慶活動上，主要是指銀行信用卡零利率分期付款的配合誘因。

SOGO百貨忠孝館週年慶的關鍵成功要素

2.販促力

在面對2008～2013年全球及台灣經濟景氣低迷的時刻，消費者普遍消費保守。因此，百貨公司站在零售業第一前線，更必須要有大手筆販促活動的加碼舉辦。

4.直效行銷力

百貨公司的特色，70%是鞏固的卡友會員主顧客，30%才是流動性顧客。因此，忠孝館每次週年慶都要寄出20萬份以上的販促目錄（DM）給現有主顧客的會員。

3.廣宣力

廣宣力也算是週年慶的成功要素之一，但由於SOGO百貨知名度很高，主顧客群也很鞏固。因此，廣宣力的作用就不像產品力及販促力那樣具有關鍵地位。

Unit 9-14 SOGO百貨忠孝館的整合行銷傳播案例 II

本研究所獲致的第二項結論，即是有系統的，以及從多元面向去分析、歸納及建構出SOGO百貨忠孝館週年慶的整合行銷傳播架構模式，如右圖所示。由此我們可以發現，百貨公司週年慶整合行銷傳播架構模式與傳統IMC模式的不同。

二、SOGO百貨忠孝館週年慶活動成功的IMC MODEL建構模式

SOGO百貨忠孝館週年慶的整合行銷傳播架構模式，是以有系統的，以及從多元面向，去分析、歸納及建構而成。此觀念性、全方位的架構模式（Conceptual Model of IMC），係從四個面向加以貫串而成，這四個完整面向如下：

(一)內部組織要素面向：即企劃、公關、宣傳、販促部、營業部及資訊部等內部組織要分工合作、合力攜手、充分溝通協調、不斷腦力激盪，並提前五個月的準備。

(二)整合行銷傳播面向：即整合產品力、販促力、廣宣力、直效行銷力及異業結盟力等五力並進。

(三)資訊科技面向：母公司遠東集團旗下鼎鼎行銷公司的HAPPYGO卡紅利積點優惠平台的成功經營，亦間接有助於來SOGO百貨公司消費的潛在性誘因動機。

(四)專櫃廠商面向：專櫃廠商全力配合忠孝館提出的販促活動及產品。

從這四個面向所架構出來一個嶄新的、與過去傳統理論模式並不完全相同的模式，是本研究發現及貢獻的地方。

三、百貨公司週年慶整合行銷傳播架構模式與傳統IMC模式不同

過去傳統整合行銷傳播理論架構模式，如前述文獻研討部分的證明，顯示它比較著重單一面向，即從整合行銷傳播的作法與媒介工具著手分析並建構模式。但此次SOGO百貨個案研究結果發現，其實整合行銷的成功，應該從更多元的面向，甚至屬於經營面向的角度，做更深入、更完整與更全面性的思考及判斷，這樣的結果，可能比較客觀與比較顧及各種層面的角度，亦比較確定的來看待所建構出來的IMC模式。茲圖示如下：

傳統IMC模式 → 此個案的新IMC模式

單一角度：
1.整合行銷傳播面向

多元且完整角度：
1.整合行銷傳播面向
2.內部組織要素面向
3.資訊科技面向
4.專櫃廠商面向

SOGO百貨台北忠孝館週年慶整合行銷傳播完整型架構模式

一、內部組織要素面

販促部（企劃、公關、宣傳）
營業部（一部～六部）
資訊部

1.分工合作
2.合力攜手
3.充分溝通協調
4.不斷腦力激盪
5.提前5個月的準備

二、整合行銷要素面

整合行銷關鍵成功　五力並進

1.產品力
- (1)新品上市
- (2)獨賣商品
- (3)品牌齊全
- (4)差異化、特色化

2.販促力
- (1)全館同慶8折起
- (2)化妝品滿6,000送600
- (3)限日限量熱賣商品
- (4)首日限量熱賣商品
- (5)刷卡贈好禮
- (6)ONLY SOGO買貴奉送600元

3.廣宣力
- (1)平面媒體廣告特刊刊登
- (2)平面媒體大量公關報導
- (3)捷運、公車廣告

4.直效行銷力——DM目錄20萬份寄給會員

5.異業結盟力
- (1)與15家銀行合作零利率12期付款
- (2)刷卡禮

整合行銷成果
1.達成預定週年慶業績目標
2.達成全年全館業績目標
3.達成全年全館獲利目標
4.主顧客群進一步鞏固
5.SOGO百貨品牌資產與品牌價格的持續累積
6.廠商關係維繫

三、資訊科技面

1.鼎鼎行銷公司HAPPYGO卡 ＋ 2.忠孝館資訊部

四、專櫃廠商面

專櫃廠商全力配合忠孝館提出的販促活動及產品

Unit 9-15 SOGO百貨忠孝館的整合行銷傳播案例 III

SOGO百貨公司忠孝館週年慶360度整合行銷傳播（IMC）操作工具彙整如右圖所示，並得到以下結論與發現。

四、SOGO週年慶所運用到的IMC工具

SOGO百貨忠孝館週年慶運用了360度全方位整合行銷傳播的大部分操作工具，打響了SOGO週年慶的超大知名度與集客力，可以說是一個成功的IMC操作個案。

SOGO週年慶所運用到的IMC工具，包括：1.促銷活動（全面8折，滿6,000 元送600元等）；2.直效行銷活動（DM刊物寄發）；3.報紙（NP）專刊大篇幅廣告；4.電視廣告；5.公車廣告；6.捷運廣告；7.店內廣告招牌布置；8.網路廣告；9.異業合作（銀行免息分期付款）；10.公關媒體報導，以及10.HAPPYGO卡紅利積點。

五、SOGO週年慶行銷支出各項費用占比

SOGO百貨週年慶整合行銷支出費用中，以促銷費用占比最高。另外，週年慶的行銷支出預算合計約1億元，各項費用支出占比如右圖所示，其中，仍以促銷費占70%居最高，報紙廣告與DM印製寄送各占10%，其他項目比例較少。此顯示在週年慶活動中，仍以實惠的滿千送百促銷誘因占最重要位置，支出達7,000萬元，占70%之高。

六、SOGO百貨週年慶的負責單位

SOGO百貨週年慶由販促部與營業部合力攜手完成。由本個案研究中，亦可發現SOGO百貨台北館週年慶主要係由該館的販促部（包括企劃、公關、宣傳等部門）及營業部合力攜手完成，其他資訊部、總務部等則扮演協助支援角色。這二個部門的功能包括了企劃、公關、宣傳，以及與供應商專櫃討論配合事項等重要工作。

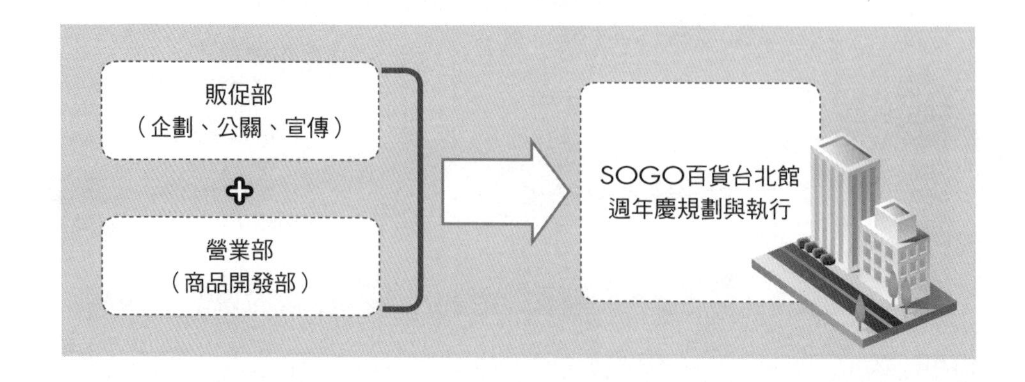

SOGO百貨台北忠孝館週年慶360度整合行銷傳播操作工具

SOGO百貨台北忠孝館週年慶1億元行銷支出預算各項費用占比

Unit 9-16 黑人牙膏的整合行銷傳播案例 I

黑人牙膏品牌幾十年來經營中，之所以能夠立於國內牙膏市場的第一品牌地位而長青不墜，可歸納出以下四大成功策略及其五大關鍵成功因素。由於內容豐富，特分三單元說明之。

一、黑人牙膏成功的四大策略

(一)成功的代言人策略：黑人牙膏雖然是六十多年老企業，但是在行銷廣告策略上，卻能夠不斷求新求變，而且讓「黑人牙膏」這個品牌保持年輕化的感受。行銷企劃經理進一步解釋說明：「黑人牙膏的行銷成功，有一半要歸功於代言人策略的成功。最近幾年來，我們陸續採用了陶晶瑩、楊丞琳、言承旭、楊謹華、藍正龍等形象良好的知名偶像藝人做代言人，使得黑人牙膏的品牌形象與品牌喜愛感，都能保持在高峰不墜；對業績成長與市占率鞏固也帶來很大貢獻。」

(二)吸引人的電視廣告策略：黑人牙膏早期的廣告，邀請張清芳知名歌手演唱廣告歌曲：「清晨的節奏想起，擁抱清新的感覺，清涼讓你自信無比，永遠陪在你身邊，拉近你我的距離，充滿信心，黑人牙膏。」這首廣告歌曲不少人聽過，到2009年，又邀請形象歌手陳綺貞再重新翻唱一遍，引起不少人回憶及話題，成功展現電視廣告效果。

(三)整合行銷傳播操作：該公司行銷企劃經理表示，黑人牙膏的行銷廣告宣傳操作，主軸仍是採取跨媒體與行銷活動的整合傳播操作方式。其指出：「除了電視廣告、代言人行銷之外，我們也同步規劃每一次讓產品上市或每一波廣告宣傳活動時，都將預算花在整合性傳播操作上，包括促銷活動配合、網路社群行銷、報紙／雜誌廣告、戶外（公車、捷運）廣告、記者會、公關活動、事件行銷活動、手機APP行銷、體驗行銷、公益行銷、媒體專題採訪、店頭行銷等；黑人牙膏也都盡可能同步做好配合，以對品牌產生最大的綜效。」

(四)品牌行銷傳播策略主軸訴求：行銷企劃經理表示，其實一、二十年來，黑人牙膏的行銷傳播策略訴求主軸並沒有太大改變，一直都保持著那首電視廣告歌曲內容所講的：「讓台灣所有家庭消費者，每天都擁抱健康潔白牙齒與清新口氣，令消費者每天都能充滿自信與笑容。」

二、黑人牙膏第一品牌長青不墜的五大關鍵成功因素

(一)採積極新產品研究開發，不斷尋找創新求變：黑人牙膏商品開發部門有很強勁的研發團隊與高素質人才，近幾十年來所推出的牙膏商品，不斷開發出各種不同清新口味、各種不同潔白牙齒功能的新產品與效果卓越的好產品，幾乎規劃每一、二年間就會開發出符合市場的一款新產品上市。

黑人牙膏成功4大策略

1.成功的代言人策略
2.吸引人的電視廣告策略
3.整合行銷傳播操作
4.品牌行銷傳播策略主軸訴求

黑人牙膏360度整合行銷傳播操作

黑人牙膏360度整合行銷傳播操作項目

1.代言人行銷（年輕偶像藝人）
2.電視廣告
3.促銷活動（搭配通路商促銷活動）
4.網路行銷（官網、關鍵字、網路廣告、臉書粉絲專頁）
5.戶外廣告（公車、捷運）
6.記者會
7.店頭（零售店）廣告陳列
8.公關報導露出
9.手機APP行銷
10.體驗行銷
11.公益行銷

黑人牙膏年度行銷預算經費

項目	金額	占比
1.代言人	500萬	5%
2.電視廣告	7,000萬	70%
3.網路廣告	2,000萬	20%
4.其他	500萬	5%
合計	1億	100%

Unit 9-17 黑人牙膏的整合行銷傳播案例 II

針對於本個案研究內容所獲得的第一個重要結論要點，即是歸納出黑人牙膏品牌幾十年來經營中，能夠立於國內牙膏市場第一品牌而長青不墜地位的五大關鍵成功因素，詳如右圖所示，以下說明之。

二、黑人牙膏第一品牌長青不墜的五大關鍵成功因素（續）

(一)採積極新產品研究開發，不斷尋找創新求變（續）：目前，黑人牙膏已經有高達近17種不同口味與醫療效用訴求的多元化產品；牙膏附加的效用對其消費者而言，符合其選擇的多元性與多樣性確實是相當便利的。黑人牙膏品牌這種對新產品研發能力的強化下，不斷給予自我創新求變與推陳出新的展現機會，正也是黑人牙膏之地位立於長青不墜的首要原因之一。

(二)用代言人策略獲得成功，使品牌持續長青及保持年輕化：任何一個老品牌最怕及擔心的是，品牌老化與僵化現象發生，但是黑人牙膏商品極力要求每一年度都必須要以當年最火紅的偶像藝人作為其主要代言人；例如明星有陳妍希、楊丞琳、言承旭、楊謹華、陶晶瑩、藍正龍、桂綸鎂等，再搭配電視媒體廣告的強力播放，使得黑人牙膏始終能保持著年輕感與時尚感印象，而不會有任何品牌老化的感覺。這種與時代同步的新鮮感與年輕化的感受，也造就了黑人牙膏品牌保有長青不墜的第二個關鍵因素之一。

(三)必與行銷通路關係接觸良好，並密集擴張布置據點：黑人牙膏品牌擁有六十多年經營悠久歷史，對其業務部門與國內各行銷通路商（例如：各百貨、超市、各量販店等）關係維繫良好；因此，舉凡其各種新產品上架的問題、陳列位置的問題、促銷活動問題等，都會獲得較佳的對待。此外，黑人牙膏商品幾乎在各種零售通路據點都可以看得到及購買得到；這些諸多原因，也能帶動黑人牙膏品牌在市場上有良好的銷售、占有率與品牌領導地位不變。

(四)每年都會投入足夠的行銷預算，適時打造並累積品牌力度：黑人牙膏品牌自2000年以來，每年大約都投入七、八千萬行銷預算與廣告宣傳預算金額，合計十年以來，共投入了近七、八億元為數不算少的預算，去持續的打造與累積黑人牙膏今日的品牌力與品牌資產價格。因此，每年積極持續再投入足夠的行銷預算編列，維持對牙膏第一品牌的鞏固，也是一個重要關鍵因素之一。

(五)導入360度整合行銷傳播操作效益的發揮：黑人牙膏品牌行銷創造的成功紀錄，並不是完全的仰賴某一種特定廣告宣傳方式或展示活動，而是投入資源，採取全方位360度整合行銷傳播的操作手法，以有效集中資源，並且運用跨媒體與跨行銷的整合性操作方式，確實達到能讓牙膏產品上市後的最大曝光度能量，與品牌知名度成果、喜愛度的形塑。

黑人牙膏第一品牌長青不墜5大關鍵成功因素

黑人牙膏第一品牌長青不墜之關鍵因素

1. 採積極新產品研究，不斷尋找創新求變
2. 用代言人策略獲得成功，使品牌持續長青及保持年輕化
3. 必與行銷通路關係良好，並密集擴張布置據點
4. 每年都會投入足夠的行銷預算，適時打造並累積品牌力度
5. 導入360度整合行銷傳播操作效益的發揮

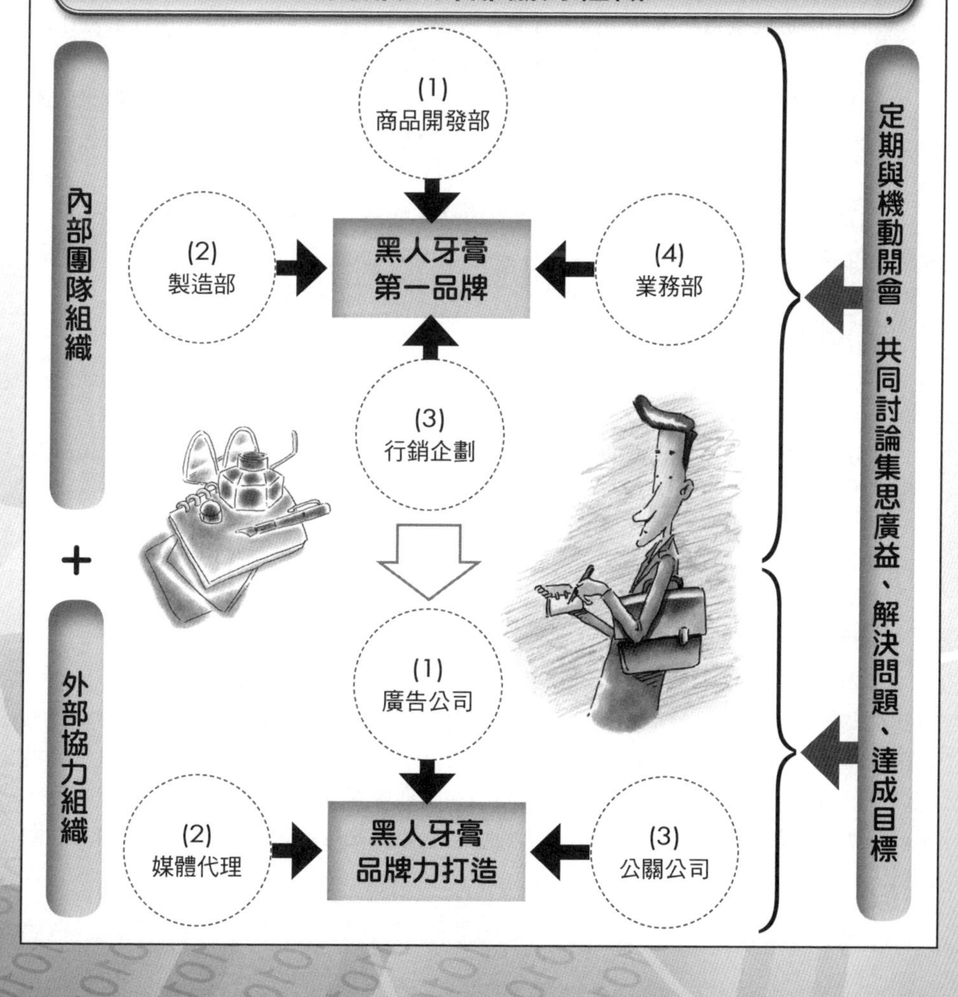

Unit 9-18 黑人牙膏的整合行銷傳播案例 III

針對本個案研究內容所獲得的第三個研究結論要點，即是能夠彙整及歸納出黑人牙膏第一品牌長青不墜的構成完整性與系統性的整合行銷傳播模式架構與內涵（The Comprehensive Model of Integrated Marketing Communication），如右圖所示，以下說明之。

三、黑人牙膏第一品牌長青不墜之整合行銷傳播模式架構與內涵

右圖模式架構之操作獲致，有助於我們能夠從更周延與更有邏輯系統化的去理解，如何執行全面性的整合行銷操作及其應注意之內容為何。如右圖所示，一個周全完善的整合行銷傳播模式架構系列，應該擁有六大項目，包括：

(一)堅定品牌定位：這是讓品牌可深且遠的首要之務。

(二)品牌定位及目標客層：黑人牙膏的品牌是定位在「帶給您最自信與最健康的牙膏」；而其品牌目標客層則是鎖定在全客層及全家人。

(三)行銷傳播策略主軸訴求：有以下兩大主軸訴求，一是為廣大消費者帶來健康潔白牙齒與清新口氣，每天充滿自信心；二是高度運用偶像代言人策略，保持品牌年輕化。

(四)行銷4P策略：即產品（product）策略、通路（place）策略、定價（price）策略及推廣（promotion）策略。其中推廣策略方面，黑人牙膏每年編列行銷預算7,500萬元，並透過外部協力公司，達到借力使力的行銷目的與效果。

(五)創造行銷績效：黑人牙膏所創造的行銷績效，在市占率方面為40%，第一名；而其品牌地位為第一品牌；年營收20億元；年獲利2億元；獲利率10%；品牌知名度高居99%以上。

(六)面對未來挑戰：包括新產品研發再求創新、廣告與行銷再求創意、保持品牌年輕化等三大挑戰。

以上六大項目細項流程，透過一定作業流程遵循方向所繪製出的由上而下標準作業流程，即如右圖所示。

四、面對未來挑戰

面對未來挑戰與對策，業務部經理認為：「雖然黑人牙膏二、三十年來，長期成為此行業的領導品牌，但是面對競爭品牌高露潔牙膏、白人牙膏、舒酸定牙膏等強力競爭，黑人牙膏仍不能太過於自滿及輕忽。未來黑人牙膏要持續保持領導地位，仍須在以下三方面持續努力才行，一是產品開發的不斷求新求變；二是行銷與廣宣方面，也要不斷求新求變；三是品牌要永保年輕化的形象認知感。未來黑人牙膏努力的空間仍很大。」

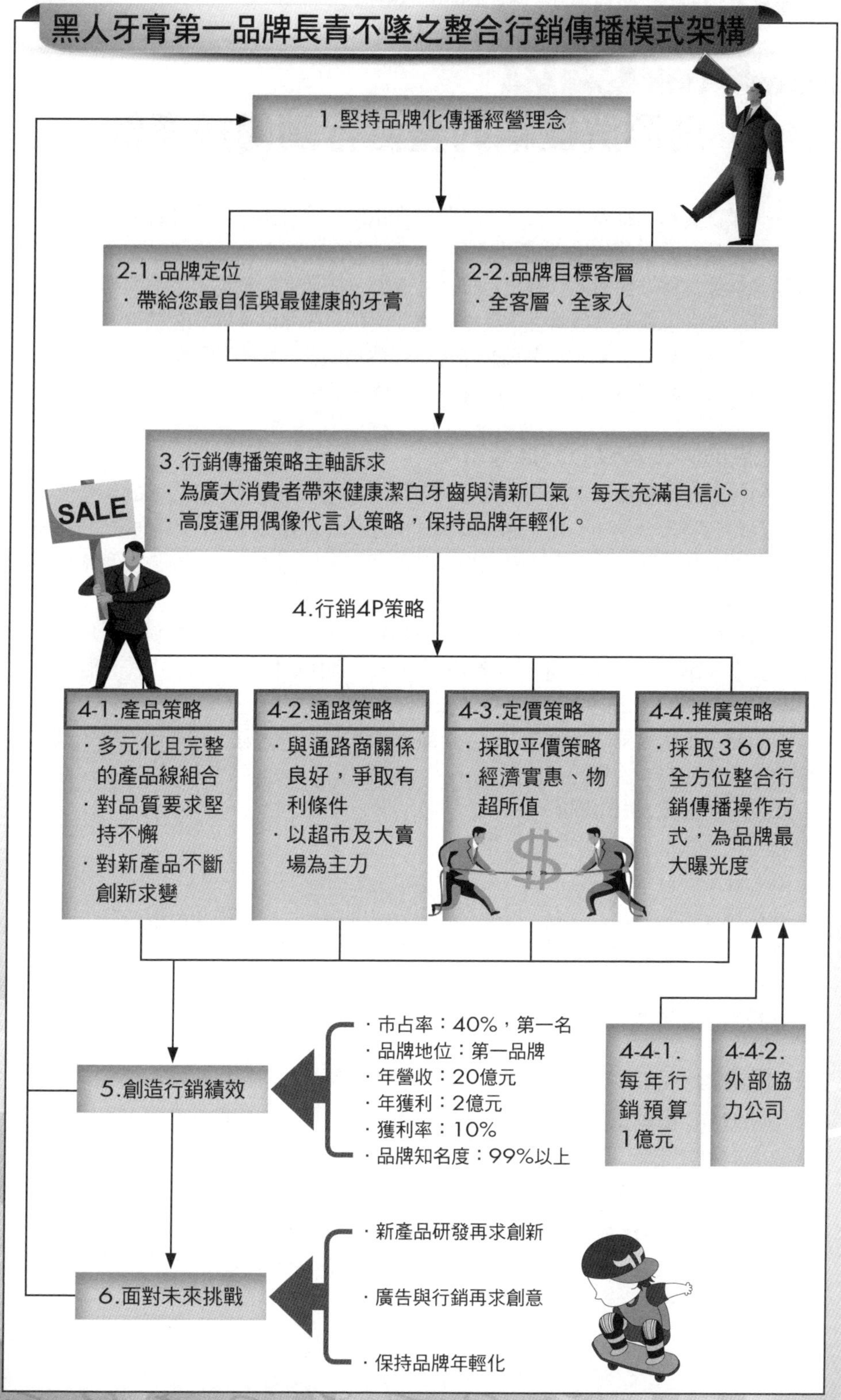

黑人牙膏第一品牌長青不墜之整合行銷傳播模式架構

1.堅持品牌化傳播經營理念

2-1.品牌定位
・帶給您最自信與最健康的牙膏

2-2.品牌目標客層
・全客層、全家人

3.行銷傳播策略主軸訴求
・為廣大消費者帶來健康潔白牙齒與清新口氣，每天充滿自信心。
・高度運用偶像代言人策略，保持品牌年輕化。

SALE

4.行銷4P策略

4-1.產品策略
・多元化且完整的產品線組合
・對品質要求堅持不懈
・對新產品不斷創新求變

4-2.通路策略
・與通路商關係良好，爭取有利條件
・以超市及大賣場為主力

4-3.定價策略
・採取平價策略
・經濟實惠、物超所值

4-4.推廣策略
・採取360度全方位整合行銷傳播操作方式，為品牌最大曝光度

4-4-1.每年行銷預算1億元

4-4-2.外部協力公司

5.創造行銷績效
・市占率：40%，第一名
・品牌地位：第一品牌
・年營收：20億元
・年獲利：2億元
・獲利率：10%
・品牌知名度：99%以上

6.面對未來挑戰
・新產品研發再求創新
・廣告與行銷再求創意
・保持品牌年輕化

Unit 9-19 飛柔洗髮精的整合行銷傳播案例 I

在飛柔洗髮精的推廣策略方面，品牌經理指出：「飛柔品牌的推廣策略，主要的操作方式，是在既定的年度廣宣預算下，以全方位360度整合行銷傳播操作方式，把品牌訊息一致性與全面性的傳達給目標消費族群，使他們對飛柔這個品牌產生好感並認同，進而達到忠誠度與經常性再購率，從而累積更深厚的品牌資產價值。」因此，飛柔品牌推廣策略的主要核心重點操作，可歸納出以下三大推廣策略及其成功打造第一品牌的六大關鍵成功因素。由於內容豐富，特分三單元說明之。

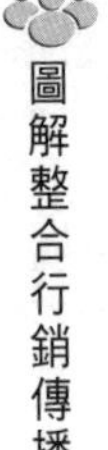

一、飛柔品牌主要核心的推廣策略

(一)代言人行銷操作：近幾年來，飛柔也開始採用知名且形象良好的年輕偶像藝人作為品牌代言人。例如：羅志祥、曾愷玹、仔仔（周渝民）等，都很成功的扮演代言人行銷的功能，不僅加強了消費者對品牌的認知度與好感度，也有效提高了銷售量累積與市占率。

(二)電視廣告播出：此外，在媒體廣宣操作上，仍以大眾媒體電視為播出的主要媒介。由於電視具有影音效果，比較吸引目光，而且女性消費者也比較喜歡看偶像劇，因此，在電視播出的品牌曝光度效果也比較高、比較好。

(三)整合行銷傳播同步操作：除了上述品牌代言人與電視廣告播出之外，飛柔品牌的廣宣操作，也同步搭配其他行銷措施，包括：

1.公車車體廣告與站牌廣告。

2.「飛柔巴士」的定點體檢行銷作法。

3.在綜藝節目做節目置入性行銷操作。

4.網路行銷，例如：官網、臉書粉絲專頁、部落格、網路趣味活動及網路廣告。

5.記者會召開，包括新產品上市、年度代言人記者會。

6.媒體公關報導露出。

7.特別活動舉辦。

二、飛柔第一品牌打造成功的六大關鍵因素

(一)堅持不斷創新，開發新品上市：飛柔洗髮乳擁有美國P&G總公司強大的研發團隊，堅持不斷創新，每隔幾年就有新產品系列上市銷售，目前已有完整的不同功能與不同特色的六種產品系列，可以滿足不同需求的各層面消費者。產品的不斷創新，乃是引領著飛柔品牌持續保持第一領先地位的最佳證明。

飛柔年度行銷預算分配表

預算項目	金額	占比
廣告代言人（2 人）	800 萬元	18%
電視廣告	2,250 萬元	50%
網路廣告	450 萬元	10%
體驗行銷	225 萬元	5%
網路行銷	225 萬元	5%
其他（記者會、公關）	550 萬元	12%
合計	4,500 萬元	100%

Unit 9-20 飛柔洗髮精的整合行銷傳播案例 II

本個案研究所獲致的第二個研究結論，即是歸納出飛柔洗髮乳在十多個競爭品牌中，能夠脫穎而出榮獲第一品牌市場地位的關鍵成功因素有以下六個，茲說明之。

二、飛柔第一品牌打造成功的六大關鍵因素（續）

(二)代言人行銷策略成功：飛柔洗髮乳近年來成功的採用知名偶像藝人做品牌與廣告代言人，諸如羅志祥、曾愷玹、仔仔等形象良好的藝人，有效地為飛柔品牌知名度與喜愛度的強化帶來正面效果，同時，也證明對業績銷售量帶來提升的效益。

(三)深入消費者洞察與市場調查：飛柔品牌秉持著美國P&G總公司向來極為重視消費者洞察與市場調查的精神，每年都投入不少預算，做各種質化與量化的市調及消費者研究，有效深入洞察目標消費群的內心需要、想法、認知及行為，這對飛柔制定各種行銷策略及廣告策略，都帶來更為精準、正確、有效的行銷判斷與科學化決策，這是飛柔能夠勝出的一個很根本因素。

(四)與通路商搭配良好，發揮通路力：飛柔品牌擁有P&G（寶僑）知名全球性大公司的企業信譽支持，並在台經銷已逾20多年了，該公司業務部門與通路商建立了良好的搭配關係，通路商也給了飛柔較佳的陳列位置與陳列空間，並優先配合各種促銷活動推展等，飛柔品牌強大的通路力，對其業績與市占率的提升，帶來正面效果。

(五)充足年度行銷預算持續投入支援：飛柔品牌近幾年來，每年至少投入4,500萬元以上做廣告宣傳與行銷活動，這種奧援也對飛柔品牌的知名度、喜愛度及促購度帶來實際幫助，如果沒有這些廣宣預算的投入，飛柔品牌是不可能有今日第一品牌之地位。這些每年持續行銷預算的投入，也對飛柔品牌資產（brand-asset）的不斷正面累積，帶來長期能量的建立效果。簡言之，沒有預算投入，就不會有飛柔品牌的產生及創造。

(六)內外部組織團隊合作成功：飛柔品牌的成功，除了產品力、品牌力及通路力之外，另一個組織團隊及人才因素，正是這些競爭優勢產生的最大來源。換言之，有了好的組織團隊與人才，然後經由他們努力與智慧付出，才會有飛柔第一品牌的今天。

(1) 每年固定行銷預算的投入！

(2) 5年、10年、20年長期投入經營，不是短期工夫的！

(3) 注意代言人及各項廣宣活動的創新感覺！

飛柔第一品牌打造成功6大關鍵因素

1.堅持不斷創新，開發新品上市

2.代言人行銷策略成功

3.深入消費者洞察與市場調查

4.與通路商搭配良好，發揮通路力

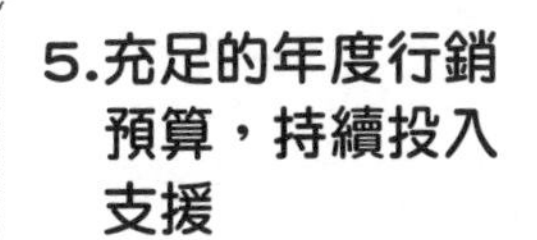

5.充足的年度行銷預算，持續投入支援

6.內外部組織團隊合作成功

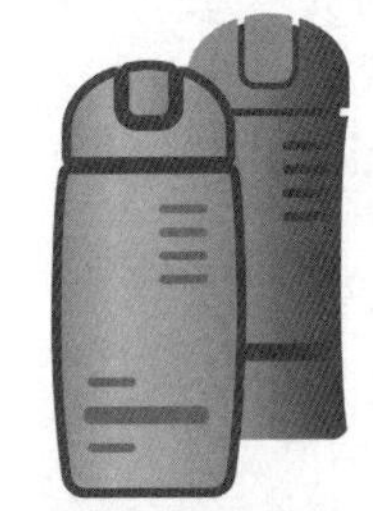

飛柔洗髮乳第一品牌打造成功因素

寶僑飛柔全球永續經營的五個戰略

戰略一：產品

開發永續經營產品，減少對環境的影響，滿足消費者需求。

戰略二：營運

改善營運環境狀況，減少工廠的二氧化碳排放量、能源使用、用水量和廢棄物。

戰略三：社會責任

透過企業社會責任的社會活動，改善兒童的生活。

戰略四：員工

鼓勵員工把永續發展的思維和實踐融入日常工作。

戰略五：利益相關方

以負責任的方式實現創新的自由，與利益相關方密切合作，共創未來。

Unit 9-21 飛柔洗髮精的整合行銷傳播案例 III

本個案研究所獲致的第三個研究結論，即是能夠從全方位視野，歸納出飛柔第一品牌打造成功的整合行銷傳播模式架構與內涵（The Comprehensive Model of Integrated Marketing Communication）如右圖所示，以下說明之。

三、飛柔第一品牌的完整IMC模式內涵

此模式從比較宏觀、比較系統化與比較邏輯化的角度，歸納出一個完整的整合行銷傳播模式架構，包括了以下七個項目：

一是堅定顧客導向經營理念與品牌資產長期經營才是王道。

二是深入洞察消費者與市場調查。

三是品牌定位（創造柔順秀髮的沙龍級平價洗髮乳）及其目標客層鎖定在30～45歲輕熟女及熟女上班族為主力。

四是行銷傳播策略主軸，運用知名偶像藝人做代言人的策略，強調能夠創造柔順秀髮為主訴求。

五是行銷4P策略操作，即產品（product）策略、通路（place）策略、定價（price）策略及推廣（promotion）策略之整合操作。

六是行銷績效，包括市占率、品牌地位、年營收額、年獲利，以及品牌知名度之績效如何。

七是未來挑戰，即著重在如何鞏固顧客忠誠度、如何保持產品求新求變及如何使廣告與行銷再創新。

四、飛柔消費者洞察與市場調查

美國P&G公司是一家非常重視消費者洞察（Consumer Insight）與市場調查的公司。品牌經理進一步解釋：「飛柔品牌每年都要花掉1～2百萬元做各種量化與質化的市場調查。從市場調查中，我們可以洞悉到消費者心中的想法、認知、動機、需求與行為，這對我們制定廣告策略、行銷策略及產品策略，都帶來很大的幫助，也使我們的品牌能更貼近消費者，更能滿足消費者。這是飛柔品牌勝出的根本原因之一。」簡言之，消費者洞察與市場調查，顯然是飛柔品牌做對行銷決策的基本步驟與科學化依據。

五、飛柔年度行銷績效

在談到飛柔的行銷績效，品牌經理蘋指出，飛柔洗髮乳有不錯的行銷績效，包括市占率：15%；年度營收額：10億元；年度獲利額：1億元；獲利率：10%；品牌地位：市場第一；品牌知名度：80%以上；顧客滿意度：90%以上。

飛柔第一品牌打造成功之整合行銷傳播模式架構

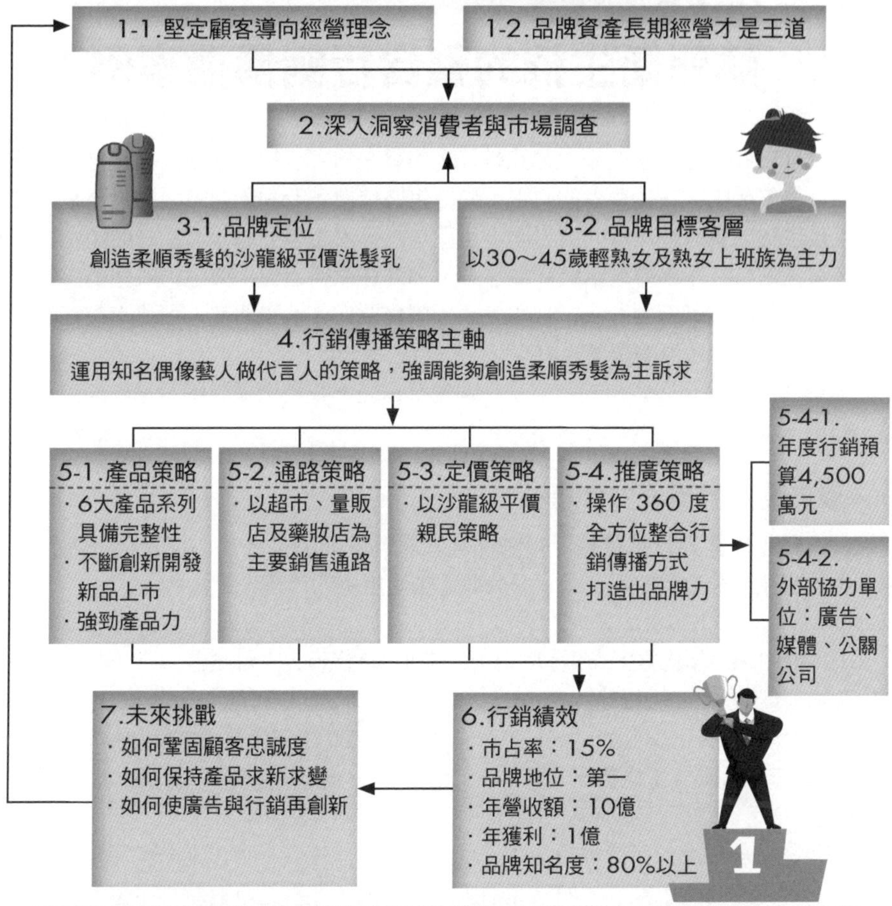

1-1.堅定顧客導向經營理念

1-2.品牌資產長期經營才是王道

2.深入洞察消費者與市場調查

3-1.品牌定位
創造柔順秀髮的沙龍級平價洗髮乳

3-2.品牌目標客層
以30～45歲輕熟女及熟女上班族為主力

4.行銷傳播策略主軸
運用知名偶像藝人做代言人的策略，強調能夠創造柔順秀髮為主訴求

5-1.產品策略
・6大產品系列具備完整性
・不斷創新開發新品上市
・強勁產品力

5-2.通路策略
・以超市、量販店及藥妝店為主要銷售通路

5-3.定價策略
・以沙龍級平價親民策略

5-4.推廣策略
・操作 360 度全方位整合行銷傳播方式
・打造出品牌力

5-4-1.
年度行銷預算4,500萬元

5-4-2.
外部協力單位：廣告、媒體、公關公司

6.行銷績效
・市占率：15%
・品牌地位：第一
・年營收額：10億
・年獲利：1億
・品牌知名度：80%以上

7.未來挑戰
・如何鞏固顧客忠誠度
・如何保持產品求新求變
・如何使廣告與行銷再創新

飛柔第一品牌打造成功之內外部組織因子

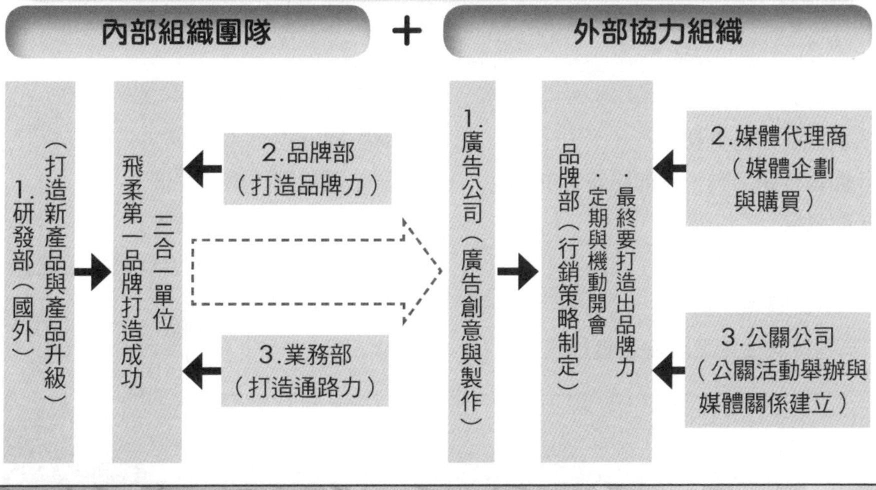

內部組織團隊 ＋ 外部協力組織

1.研發部（國外）（打造新產品與產品升級）

三合一單位
飛柔第一品牌打造成功

2.品牌部（打造品牌力）

3.業務部（打造通路力）

1.廣告公司（廣告創意與製作）

品牌部（行銷策略制定）
・最終要打造出品牌力
・定期與機動開會

2.媒體代理商（媒體企劃與購買）

3.公關公司（公關活動舉辦與媒體關係建立）

Unit 9-22 蘇菲衛生棉的整合行銷傳播案例 I

有女網友在問哪一牌的衛生棉比較好？說實在的，能找到喜愛且適合自己品牌的衛生棉是很重要的。在消費者的心中，外層包裝精緻且新潮最能吸引女性消費的購買力。但是也有人屬於較注重內層方面，也就是說，用起來舒適、質感好的衛生棉，較能抓住女性的心，不易轉移購買其他品牌。另外在價格方面，衛生棉雖然是女性的必備用品，但基於經濟方面考量，貨比三家、價格要比其他家便宜、用起來又好的衛生棉，也將成為消費心態的趨勢。

而蘇菲衛生棉為何能夠成為第一品牌呢？首先，我們來探討蘇菲是如何整合行銷操作的。

一、蘇菲品牌的整合行銷操作

(一)蘇菲代言人行銷策略：行銷部經理認為蘇菲過去成功的使用代言人行銷策略，也是蘇菲行銷致勝的因子之一。蘇菲過去使用過的代言人，包括：

1995～1999年代言人：朱茵
2000年代言人：張柏芝
2002年代言人：林心如
2020年代言人：曾之喬
2006年代言人：林依晨
2009年代言人：Janet
2011～2012年代言人：林依晨

該行銷部經理進一步詮釋說明：「代言人的功能主要是可以進一步深化目標消費群對此品牌的認同與忠誠度。如果產品少了代言人，要打造具有特別定位的品牌形象就很困難。因此，代言人費用支出仍屬必要，因為利益確實大於成本支出。」

(二)其他行銷活動的搭配：該行銷部經理指出，現在做品牌行銷都是要考慮採用360度全方位的品牌曝光活動。這一套整合行銷的媒體及行銷活動，包括：

1.代言人
2.電視廣告大量播出
3.報紙廣告適量刊登
4.品牌官網建立
5.網路行銷活動，例如臉書、部落格
6.店頭布置陳列與廣告宣傳
7.記者會
8.都會公車廣告、捷運廣告
9.促銷抽獎活動
10.與大型零售通路商配合促銷折扣活動
11.公關媒體活動
12.公益行銷活動
13.特定女性雜誌廣告適量刊登

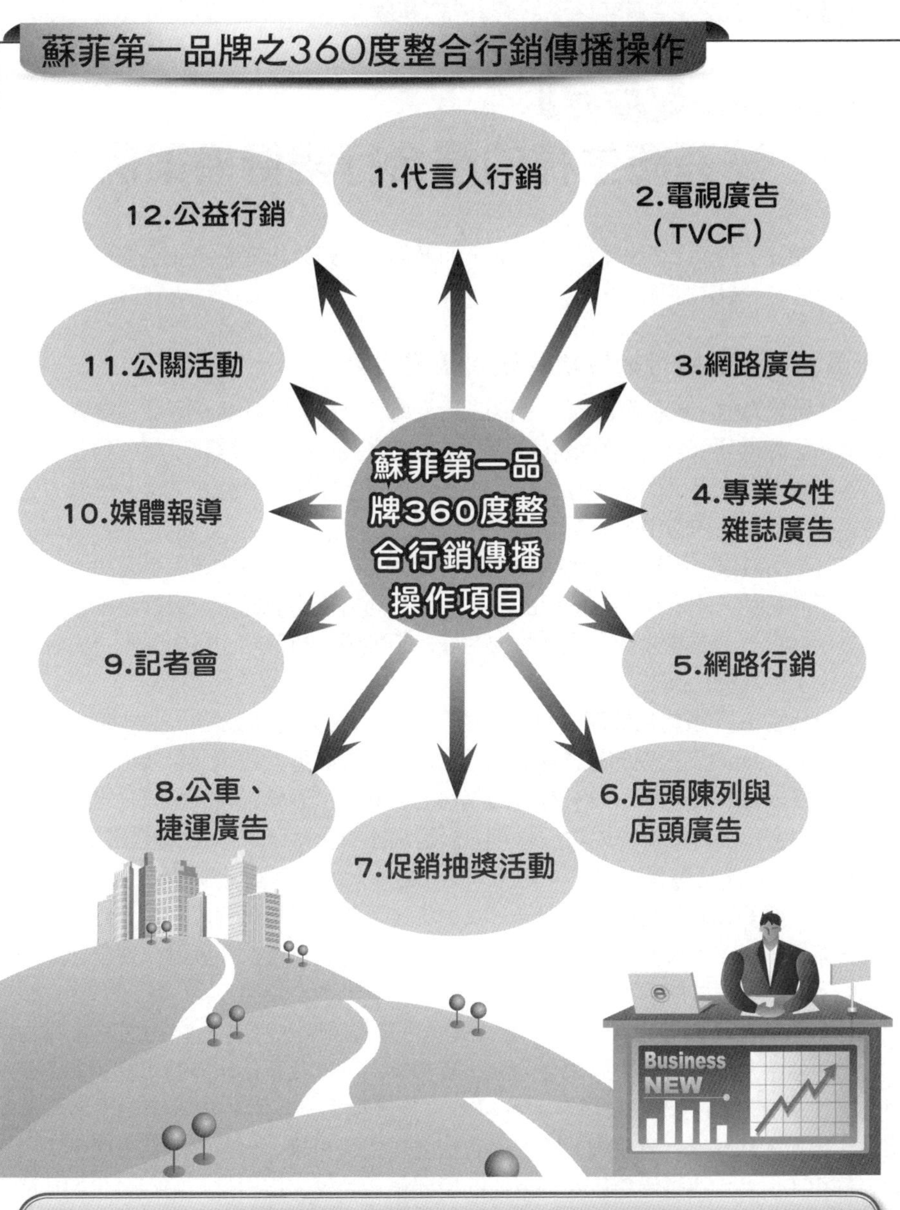

蘇菲第一品牌的行銷預算分配

媒體項目	金額	占比
電視廣告	4,000萬元	70%
代言人費用	500萬元	9%
其他（報紙、記者會、網路、促銷、店頭、公關）	1,100萬元	21%
合計	5,600萬元	100%

Unit 9-23 蘇菲衛生棉的整合行銷傳播案例 II

本個案研究所獲致第一個研究結論，即是得到且歸納出蘇菲第一品牌行銷成功的五大關鍵要素，以下說明之。

二、蘇菲第一品牌行銷成功的五大關鍵因素

(一)研發力強，確保高品質：台灣蘇菲（嬌聯公司）與日本原廠係為合資公司，因此蘇菲品牌得到來自日本原廠高級研發技術的奧援，使台灣嬌聯工廠能夠產製出具有日本高水準與高品質的衛生棉，從而在研發技術上領先其他品牌工廠。研發力強，奠定了蘇菲品牌能夠勝出的最根本因素。

(二)產品力強，不斷推陳出新：蘇菲幾乎每一、二年，即會推出不同功能、不同尺寸、不同特性、不同副品牌的產品，以滿足不同需求的消費者，包括首創夜用衛生棉、首創40公分最長衛生棉、推出彈力貼身、超熟睡、超薄貼、肌の呼吸……等諸多產品組合；此為成功因素之二。

(三)代言人行銷成功策略：蘇菲亦善於運用代言人行銷策略，從早期的藝人朱茵、林心如、Janet到近期的林依晨等都非常成功；尤其近期連續三年運用林依晨偶像劇藝人，很成功的契合蘇菲18～30歲的年輕消費族群，形成有利的品牌聯想度。

(四)整合行銷傳播操作成功：蘇菲的行銷傳播溝通操作，亦採用被認為較具綜效的360度整合行銷傳播操作模式。亦即，除了選定代言人，確定訴求的slogan（廣告語）之外，蘇菲亦同時搭配電視廣告、女性專業雜誌、蘋果日報廣告、公車與捷運廣告、網路行銷、記者會、促銷贈品、媒體報導活動及公益行銷活動等，使蘇菲品牌的曝光度與接觸顧客群能達到最大目標。

(五)通路業務力強大：蘇菲最後一個成功關鍵因素，就在於它的通路業務力強大。這包括它在全台各地設有銷售分公司及營業所，以及廣泛的各縣市經銷商的銷售網路，使蘇菲產品能夠密布在全台各超市、各量販店、各藥妝店等達一千多個零售據點。另外，蘇菲對零售店內的陳列與店內廣告招牌布置，也非常醒目及吸引人。再者，蘇菲亦與各大連鎖零售店定期舉辦節慶促銷活動等，這對帶動業績銷售的功能非常顯著。

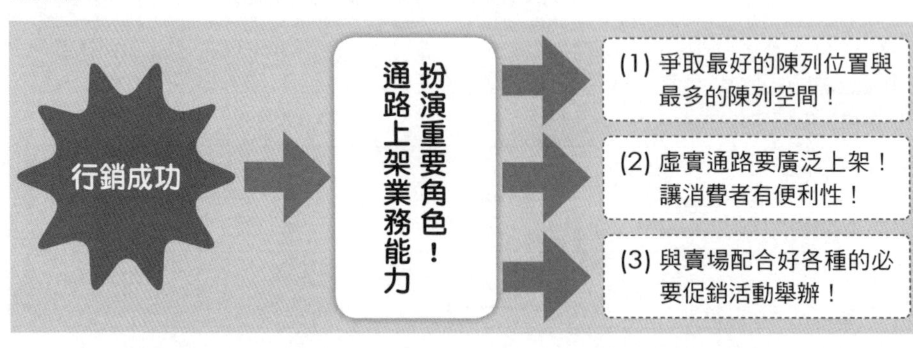

蘇菲衛生棉第一品牌關鍵成功5要素

1.研發力強，確保高品質

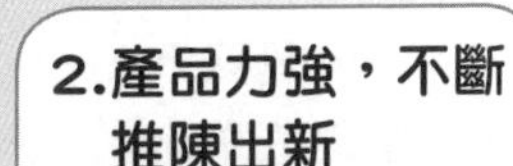

2.產品力強，不斷推陳出新

蘇菲第一品牌關鍵成功要素

3.代言人行銷策略成功

4.整合行銷傳播操作成功

5.通路業務力強大

知識補充站

衛生棉可以賣給男人嗎？

男人對衛生棉應該沒有需求。但如果行銷角度改變成「如何讓男人幫忙買衛生棉」，就變成另一種可能的行銷訴求。目前已經有廣告針對「男性幫女性買衛生棉，是種體貼表現」作為訴求。

在《男人百分百》這部電影中，男主角不小心因為觸電，忽然擁有可聽到女性內心話的特異功能。因此他能投其所好，掌握女性消費族群的心理，他所擬定的行銷策略也成功奏效。這雖是一個虛構的故事，但也讓我們聯想到，如何真的設身處地去了解目標消費者的心理。

Unit 9-24 蘇菲衛生棉的整合行銷傳播案例 III

本個案研究所獲致的第三個研究結論，即是全方位的歸納出蘇菲第一個品牌行銷致勝之整合行銷模式架構與其內涵如右圖所示，以下說明之。

三、蘇菲第一品牌致勝之整合行銷模式架構與其內涵

從右圖可見蘇菲第一品牌致勝的整合行銷模式架構包括了以下幾點：

(一)堅定品牌定位：這是讓品牌可深且遠的首要之務。

(二)品牌定位及目標客層：蘇菲的品牌定位精準、有力；而其品牌消費客層區隔確定，以18～30歲為主力。

(三)品牌行銷傳播策略有效訴求：有以下四大主軸訴求，一是從夜用型利基市場切入；二是以安心、不漏、放心、舒適為訴求點；三是運用代言人，形塑出品牌形象；四是喊出I'm sofy，精彩不錯過。

(四)行銷4P策略：即產品（product）策略、通路（place）策略、定價（price）策略及推廣（promotion）策略。其中推廣策略方面，蘇菲每年編列行銷預算5,600萬元支援。

(五)行銷績效產生：蘇菲所創造的行銷績效，在市占率方面為40%；而其品牌地位為第一品牌；年營收額14億元；年獲利2.8億元；獲利率20%。

(六)與消費者建立長期且深度的品牌關係：即高忠誠度、黏著度。

(七)面對未來挑戰：包括產品研發力持續向上提升，以及行銷傳播策略再創新。

以上七大項目細項流程，透過一定作業流程遵循方向繪製出的由上而下標準作業流程，如右圖所示。

四、蘇菲消費者洞察與品牌查核

該行銷部經理表示：「蘇菲衛生棉長期以來在制定行銷策略及廣告策略之前，每一年度都會花錢做市場調查及洞察消費者內心真正需求，掌握這些之後，才能做出最正確的行銷科學決策。我們每年至少花費100萬元以上做相關的市調工作。此外，為了解蘇菲品牌每年度在相關競爭品牌中的領先地位是否有變化，我們也會做品牌查核（Brand Audit）的調查，包括品牌知名度、好感度、喜愛度、購買度等之細部市調，然後策定未來的因應對策。」

五、蘇菲行銷績效

該公司總經理在談到蘇菲的行銷績效時，他指出下列幾項指標來說明蘇菲的行銷成功，包括市占率高達40%、年營業額14億元、年獲利2.8億元（獲利率20%）、品牌地位為衛生棉第一品牌。

蘇菲第一品牌致勝之整合行銷模式架構

1.堅定品牌經營信念

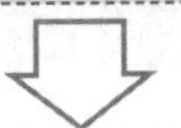

2-1.品牌地位：精準、有力

2-2.品牌消費客層區隔確定（18～30歲為主力）

3.品牌行銷傳播策略有效運用

- 從夜用型利基市場切入
- 訴求點：安心、不漏、放心、舒適
- 運用代言人，形塑出品牌形象
- 喊出I'm sofy，精彩不錯過

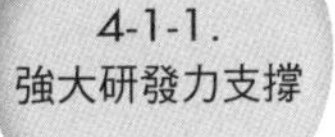

4-1-1.
強大研發力支撐

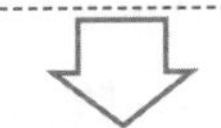

4-4-1.
年度行銷預算
5,600萬元支撐

4.行銷4P策略

4-1.產品策略

- 產品系列非常完整
- 高品質、確保不外漏
- 滿足各種消費群需要

4-2.定價策略

- 採中等價位策略，使年輕目標消費群人人買得起

4-3.通路策略

- 密布超市、量販店、藥妝店，便利消費者購買
- 業務力強大，店頭陳列及店頭廣告佳

4-4.推廣策略

- 採行360度整合行銷傳播，使大多數消費者可以看到蘇菲品牌

5.產生行銷經營績效

- 市占率：40%
- 品牌地位：第一品牌
- 年營收額：14億元
- 年獲利額：2.8億元
- 獲利率：20%

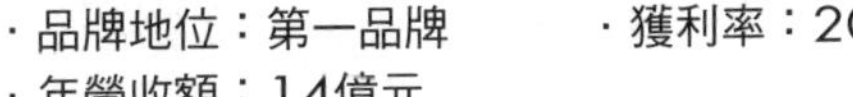

6.與消費者建立長期且深度品牌關係

- 高忠誠度、黏著度

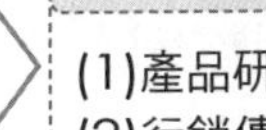

7.面對未來挑戰

(1)產品研發力持續向上提升
(2)行銷傳播策略再創新

Unit 9-25 Lexus汽車的整合行銷傳播案例 I

Lexus（凌志）汽車從1997年開始正式在台上市銷售以來，就非常重視其高品質品牌形象的打造與推廣措施；同時，也從360度整合行銷傳播操作的方式，希望有效打響Lexus豪華日系進口車的高級品牌形象認知度與喜愛度。

一、Lexus360度IMC操作

Lexus在推廣策略的主要操作項目，包括以下幾點：

(一)電視廣告：Lexus品牌打造與宣傳的主要媒介，仍以大眾媒體的電視廣告做為主力播放媒體。最主要原因，乃是高級豪華車的購買者，主要以中壯年男性消費族群為主力，而這些族群每天大都會接觸電視新聞媒體，而其效果也是較好的。因此，電視媒體廣告就成為高級轎車打出品牌知名度的首選，也是廣告費用支出的最大宗。

(二)平面媒體廣告：Lexus品牌打造的第二個媒體選擇，則是報紙及專業雜誌平面媒體。報紙廣告版面適合汽車廣告，可以做詳細的說明與展示，主要刊登在蘋果、中時、聯合、自由等四大報紙。另外，也刊登在專業雜誌上，包括商業性專業雜誌，如天下、商周、今周刊、遠見或經濟日報、工商時報等。

(三)免息24期分期付款促銷案：另外，行銷經理亦指出，由於Lexus購買者大都為壯年族群的中產階級，不像雙B汽車的老闆的族群，因此，在提供百萬元的二年24期免息分期付款促銷方案上，亦屬重要的促銷方法，對銷售帶來上升的效益。

(四)其他行銷操作項目：除上述三種外，Lexus高級車還運用了下列整合行銷傳播方法，包括：

① 舉辦大型藝文與音樂活動，邀請Lexus車友免費參加。
② 舉辦體育贊助活動，邀請車友參加。
③ 舉辦公益活動，善盡企業社會責任的良好形象。
④ 舉辦新車新上市記者會，並發布公關新聞稿。
⑤ 進行網路行銷活動（例如：官網、部落格、臉書粉絲專頁、網路廣告）。
⑥ 手機APP行銷。
⑦ 進行試乘會與體驗行銷活動。
⑧ 促銷抽獎會活動舉辦。
⑨ 參加每年度台北車展，爭取訂車下單。

Lexus高級車第一品牌打造成功之360度整合行銷傳播操作

Lexus高級車第一品牌之360度整合行銷傳播操作項目

1. 電視廣告（TVCF）
2. 網路廣告
3. 專業雜誌廣告
4. 記者會
5. 台北車展會
6. 藝文、音樂活動
7. 網路行銷
8. 試乘會與體驗行銷
9. 免息24期分期付款
10. 新聞公關報導
11. 公益行銷
12. 促銷抽贈獎活動
13. 體育贊助
14. 手機APP行銷

Lexus 行銷預算配置表

預算項目	金額	占比
電視廣告	7,000萬	70%
網路廣告	1,000萬	10%
台北車展	1,000萬	10%
其他	1,000萬	10%
合計	1億元	100%

Unit 9-26 Lexus汽車的整合行銷傳播案例 II

本個案研究所獲致的第一個研究結論，即是深刻了解並歸納出日系Lexus（凌志）高級車第一品牌打造成功關鍵因素有六大項，以下說明之。

二、Lexus高級車第一品牌打造成功的關鍵因素

(一)高品質產品力為核心支撐：Lexus係由日本TOYOTA總公司研發及設計部門耗費多年才研發打造出來的高級車；TOYOTA目前是世界一流且全球銷售車數第一大汽車廠，Lexus更是TOYOTA汽車中的精華版，其零組件、配件、設計感、內裝豪華、外觀流線、省油引擎、安全性、速度、靜音性等高品質產品力的展現，正是Lexus擁有廣泛好口碑與產品力核心支撐的主要來源。

(二)品牌定位，精準成功：Lexus一開始即推出廣告金句：「專注完美，近乎苛求」，此充分能彰顯出Lexus高級車在任何一個環節，包括車子硬體功能、軟體質感、顧客服務、銷售解說過程、交車過程、使用開車感受、保固期限及後續維修等全方位過程；Lexus高級車一定會帶給任何一個購車者的完美感受與驚奇。Lexus高級車就是能夠做到這樣，這就是Lexus的品牌定位、品牌承諾與品牌形象。

(三)精緻與貼心的顧客服務，有口皆碑：Lexus除了硬體功能與德國高級車Benz及BMW齊名外，它更在軟體的顧客服務方面，做到主動、精緻、貼心與高質感的全方位感受，並成為Lexus高級車與其他歐系高級車的差異化特色所在。根據調查，Lexus高級車均位居各國品牌汽車的第一名、顧客滿意度最高者。此彰顯出Lexus在顧客服務的制度、組織、人員、地點及內涵等諸多方面都是最佳的表現者，這就形成了Lexus在軟體服務方面的相對競爭優勢與特色口碑了。

(四)專屬高級行銷通路布置完善：Lexus一開始就決定它的銷售據點（門市店）要與傳統TOYOYA一般車型區別開來；不論在空間面積大小、設計時尚感、裝潢高級感及接待銷售人員素質等方面，都要比原來既有的TOYOTA經銷店面，在等級方面要更高、更專業、更具水準，藉以凸顯Lexus高級車的價值。畢竟，一分錢一分貨，而行銷通路是顧客進門第一眼接觸之處，當然要具有高級感及專業感。

(五)持續且充足的行銷預算投入支援：Lexus近十年來，每年至少要投入1億元以上的媒體廣告與各種行銷活動支出；這筆累積10多億元的行銷預算，才成就了今日高知名度與高好感度的Lexus高級車品牌形象。因此，這種持續且充足的行銷預算投入支援，也是Lexus高級車第一品牌能夠打造成功的關鍵因素之一。

(六)360度整合行銷傳播操作成功：Lexus品牌行銷成功的最後一個因素，即是它採取了現代行銷操作的主流方式，即以360度跨媒體、跨行銷組合的整合行銷方式，傳播溝通了Lexus品牌與消費者之間的情感連結，以及最大效益的品牌曝光度與最佳效果的品牌喜好度。

Lexus高級車第一品牌打造成功6大關鍵因素

Lexus高級車第一品牌打造成功因素

1.高品質產品力為核心支撐

其零組件、配件、設計感、內裝豪華、外觀流線、省油引擎、安全性、速度、靜音性等高品質產品力的展現，正是Lexus擁有廣泛好口碑與產品力核心支撐的主要來源。

2.品牌定位精準成功

廣告金句：「專注完美，近乎苛求」，此充分彰顯出Lexus高級車在任何一個環節，一定會帶給任何一個購車者的完美感受與驚奇。

3.精緻與貼心的顧客服務，有口皆碑

根據全球知名的汽車業顧客滿意度調查公司J.D.Power公司歷年來所做的調查，Lexus高級車均位居各國品牌汽車的第一名、顧客滿意度最高者。

4.專屬高級行銷通路布置完善

不論在空間面積大小、設計時尚感、裝潢高級感及接待銷售人員素質等方面，都要比原來既有的TOYOTA經銷店面，在等級方面要更高、更專業、更具水準，藉以凸顯Lexus高級車的價值。

5.持續且充足的行銷預算投入支援

Lexus近十年來，每年至少要投入1億元以上的媒體廣告宣傳支出與各種行銷活動支出。

6.360度整合行銷傳播操作成功

本個案研究所獲致的第三個研究結論，即以系統化、邏輯化及全方位的角度與觀點，歸納整理出Lexus高級車第一品牌打造成功之整合行銷傳播模式架構與內涵如右圖所示，以下並說明之。

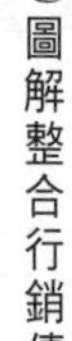

三、Lexus高級車第一品牌打造成功之整合行銷傳播模式架構與內涵

此架構模式，可以完整與周延的看出Lexus高級車上市十多年來，採取了那些行銷行動，以及它的行銷致勝祕訣，包括：

(一)堅定品牌化經營信念開始：這是讓品牌可深且遠的第一步。

(二)品牌定位及目標客層：Lexus的品牌定位在日系的高品質豪華車；而其品牌目標客層鎖定在35～45歲富有、男性消費族群。

(三)確定有效的行銷傳播溝通核心主軸及策略。

(四)訂定行銷4P / IS策略：即產品（product）策略、通路（place）策略、定價（price）策略、推廣（promotion）策略，以及服務（service）策略。

(五)行銷績效產生。

(六)面對未來挑戰。

以上六大項目細項流程，透過一定作業流程遵循方向繪製出的由上而下標準作業流程，詳如右圖所示。

四、Lexus行銷績效

Lexus業務部協理指出，Lexus在台上市已經有十二、三年之久，市場占有率已漸鞏固，行銷績效表現尚屬不錯，主要有：1.高級車市占率：25%，第一位；2.品牌地位：第一品牌；3.年度營收額：240億元；4.年度獲利額：24億元；5.獲利率：17%；6.顧客服務滿意度：第一名；7.品牌知名度：70%以上，以及8.年度銷售台數：8,800台。

五、Lexus未來挑戰

最後，在談到Lexus未來挑戰，行銷部經理及業務部協理二人都不約而同的指出，Lexus十多年來在台上市行銷，走過不少面對其他高級車的競爭與壓力，而能脫穎而出，其艱辛程度是很高的。Lexus未來面對的挑戰，主要有三項，一是Lexus的高品質形象與本質如何再予以維繫，這有賴日本總公司的研發設計能力；二是Lexus的品牌行銷操作，如何再給更多的創意與創新，以確保品牌立於不墜之地；三是Lexus的顧客服務如何再升級，讓顧客滿意度更高，進而使顧客品牌忠誠度更高，也是努力方向。

Lexus高級車第一品牌打造成功之整合行銷傳播模式架構

1.堅定品牌化經營信念

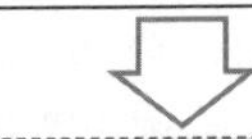

2-1.品牌定位

- 廣告slogan：專注完美，近乎苛求
- 日系高品質豪華車

2-2.品牌目標客層

- 35～45歲壯年族、富有、男性消費族群

3.行銷傳播溝通核心主軸與策略

- 來自日系打造的高品質、高級車款
- 設計、品質、質感、精緻服務，但價格比雙B汽車更便宜，有物超所值感

4.行銷4P/IS策略

- 年度行銷預算1.7億

4-1.產品策略	4-2.定價策略	4-3.通路策略	4-4.服務策略	4-5.推廣策略
·高品質訴求 ·產品系列完整性 ·功能不斷升級	·區分為入門款、中階級及豪華級三種定價 ·150萬～590萬元之間	·建立自主、專屬、高檔門市銷售店，遍布全省	·保固3年期 ·門市店及維修中心均有尊榮禮遇	·採行360度全方位整合行銷傳播操作方式打響品牌

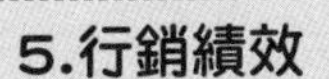

協力公司
- 廣告公司
- 媒體代理商
- 公關公司

5.行銷績效

- 高級車市占率：25%，第一位
- 品牌地位：第一品牌
- 年營收：240億
- 年獲利：24億
- 顧客滿意度：第一名
- 年銷售：8,800台

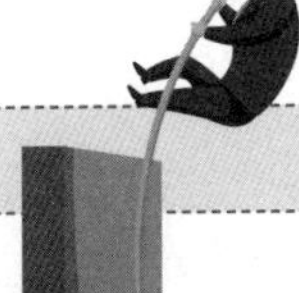

6.未來挑戰

- 高品質產品力之維繫
- 品牌行銷操作再創新
- 顧客服務再升級

Unit 9-28 桂格燕麥片的整合行銷傳播案例 I

老品牌的桂格麥片在台經營多年不斷創新求變，除了擁有死忠消費者，也樹立了優良品牌形象。本個案因內容豐富，特分三單元詳述說明如下。

一、桂格燕麥片品牌故事與發展歷程

(一)成立背景：1978年，美國最大的穀物食品公司 The Quaker Oats Company（桂格燕麥片公司）看好食品產業全球化趨勢，於台灣投資了400萬美元，建立了一座非常先進的燕麥片製造工廠，期望在台灣推廣燕麥片這種營養的穀物。台灣佳格食品股份有限公司於1986年8月8日成立，接收了桂格燕麥片公司在台灣的全部資產與員工，並獲得美國桂格燕麥片公司的授權，成為桂格產品（Quaker）在台灣唯一製造與行銷的代表，向台灣消費者介紹與推廣各種優良營養食品。

(二)永遠領先的穀物專家：佳格食品旗下的桂格燕麥是國內燕麥市場的領導品牌，遙遙領先其他競爭品牌。桂格燕麥片自許是永遠領先的穀物專家，強調須做到3點：1.百年穀物專家，技術永遠領先；2.高標準品管，品質永遠領先；3.多項健康食品認證，營養永遠領先。

桂格堅持「品質與安全」是對消費者最重要的承諾與使命，而他們每年也會舉辦幾十場的焦點座談會，以求探索出消費者真正的需求是什麼？想要的產品是什麼？簡單說，桂格已經與消費者融合在一起了。

二、品牌定位與目標消費客層

桂格品牌是定位在高品質、食品安全與促進健康的燕麥片，也是國內領先與值得信賴的燕麥片。至於桂格燕麥片的主要目標消費客層，主要仍以中年及老年顧客群為主，次要則是一般上班族，所以桂格燕麥片的顧客群算是比較廣泛的，主要是由於近年來國人普遍重視健康所致。由於定位精準、明確，因此也被廣大消費者所深深認同與喜愛。

三、產品策略

桂格在台灣歷經30多年，在燕麥片領域已發展出五大產品系列，包括：1. 桂格大燕麥片；2.桂格穀添樂；3.桂格燕麥飲；4.桂格堅果穀多多；5.桂格養生全穀粉。這五大產品系列，可說是把燕麥的應用及發展延伸到更多元化、更豐富化、更美味化、更健康化的境界。

四、定價策略

一般來說，桂格燕麥片的系列產品在定價方面，採取的是中等價位策略，平均來說，其每包、每瓶、每罐的價格，大約在30 ~350元，一般消費大眾都買得起。尤其桂格燕麥片產品已被證實具有可降低膽固醇、降血糖的功能，吸引不少有慢性三高疾病的消費者購買。

桂格燕麥片自許須做到3項領先

1. 百年穀物專家，技術永遠領先
2. 高標準品管，品質永遠領先
3. 多項健康食品認證，營養永遠領先

桂格燕麥片的主要目標消費客層

主力 → 中年及老年顧客群為主

次要 → 一般上班族

Unit 9-29 桂格燕麥片的整合行銷傳播案例 II

好的行銷傳播是成功銷售的關鍵之一，以下分析說明之。

五、通路策略

桂格燕麥片係為消費品，因此，其銷售通路主要為下列四類：1.超市：主要為全聯（1,000店）、頂好超市（250店），占30%營收額。2.量販店：主要為好市多（14店）、家樂福（120店）、大潤發（25店）、愛買（15店）等，占30%營收額。3. 便利商店：主要為統一超商（6,000店）、全家（3,300店）、萊爾富（1,300店）、OK（900店）等，占20%營收額。4. 網購：主要為momo、PChome、Yahoo、樂天、蝦皮、生活市集等。桂格由於長期是燕麥片的第一品牌，因此，上架到大型連鎖通路不是問題，而且都獲得很好的陳列位置及陳列空間。

六、推廣策略

桂格燕麥片在推廣其品牌力及業績力時，主要採行的仍是業界最主張的整合行銷傳播操作方式；因此，透過此種360度、全方位、鋪天蓋地式的廣告宣傳，確實可以收到最具成效的效果，也能把行銷預算花在刀口上，不會浪費掉。

桂格燕麥片、燕麥飲、燕麥粉最常使用的推廣策略是代言人行銷，歷年來曾為桂格燕麥產品代言過的人，許多均為一線A咖藝人、名人，包括：吳念真、謝震武、林心如、李李仁、吳慷仁、林俊傑、隋棠、韋禮安等人。

七、研究結論

(一)桂格燕麥片領導品牌經營成功的六大關鍵因素：本個案研究所獲致第一個研究結論，即是深刻了解並歸納出桂格燕麥片領導品牌成功經營的六大關鍵因素。

1.先入市場之優勢：桂格在30多年前就率先進入市場，占有市場並形成先入者的優勢，後進者不易追趕上。2.研發力強，不斷創新推新品：桂格有很強大的研發部門及人員，有效的不斷創新推出各式各樣新產品，提升市占率，鞏固市場領先地位。3.產品系列完整，兼顧品質與安全：桂格的燕麥產品系列完整，而且重視品質與安全，30多年來很少有重大食安事件發生，獲得消費者很大信賴。4.代言人成功：桂格幾乎每年都會推出一至二位的新代言人，以增加新鮮感，並連結到桂格品牌的好感度及黏著度，代言人策略是成功的。5.投入大量行銷廣宣預算：桂格是同業最大電視及網路廣告的投放者，這種巨大的廣告聲量，又大大提升了桂格的品牌力及業績量，帶動了良性循環。6.桂格粉絲高忠誠度，穩固每年業績量：30年來，桂格已養成了重視降三高的中老年人粉絲族群，可能有幾十萬人之多。這群人的忠誠度很高，固定飲用，也鞏固了其每年業績來源。

桂格燕麥片領導品牌的六大關鍵成功因素

桂格燕麥片領導品牌經營成功的六大關鍵因素

1.先入市場之優勢

2.研發力強，不斷創新推新品

3.產品系列完整，兼顧品質

4.代言人成功

5.大量行銷廣宣預算投入

6.桂格粉絲高忠誠度，穩固每年業績量

桂格燕麥片品牌經營成功之360度整合行銷傳播操作項目

桂格燕麥片及燕麥飲料360度整合行銷傳播操作項目

1.代言人行銷

2.電視廣告播放

3.網路廣告播放

4.賣場促銷活動

5.記者會

6.新聞公關報導

7.FB、IG粉絲專頁經營

8.賣場零售點廣告招牌

Unit 9-30 桂格燕麥片的整合行銷傳播案例 III

本個案研究所獲致的第二個研究結論，即是了解到桂格燕麥片領導品牌經營成功，係因採取具有綜效的360度整合行銷傳播操作方式及其涵蓋項目，如右圖所示，以下說明之。

(二)桂格領導品牌經營成功之360度整合行銷傳播操作項目：1.代言人行銷（如謝震武、吳念真、林心如、林俊傑、吳慷仁等）；2.電視廣告播放（在各大新聞台、綜合台、戲劇台播放）；3.網路廣告播放（在FB臉書、IG、YouTube 等）；4.促銷活動（配合各大賣場舉辦）；5.記者會（新產品上市、新代言人）；6.新聞公關報導（含電視、平面及網路新聞）；7.FB（臉書）、IG（Instagram）的粉絲專頁經營；8.賣場零售點廣告招牌。

上述360度整合行銷傳播操作之目的，是希望桂格燕麥片品牌露出最大，並讓更多的消費者注意到其曝光及廣告聲量，以打造出此品牌更高的知名度、好感度、忠誠度、黏著度、購買率，以及整體優良的好品牌形象。

(三)桂格燕麥片領導品牌經營成功之整合行銷傳播模式架構與內涵：本個案研究所獲致的第三個研究結論，即是能夠以系統化、邏輯化及全方位的角度與觀點，歸納整理出桂格燕麥片領導品牌經營成功之整合行銷傳播模式架構與內涵，如右頁圖所示。

(四)桂格燕麥片領導品牌經營成功之年度行銷預算及其配置：本個案研究所獲致的第四個研究結論，即是了解到桂格燕麥片經營出領導品牌地位，其年度平均所花費的行銷預算是多少，以及這些支出在各項目的配置占比又是多少。如右圖所示，合計每年花費9,000萬元，已經有15年之久，累積達14億元之多，這都是對打造桂格燕麥片品牌資產的重大投資，也是長期投入所呈現的成果，亦即對桂格燕麥片的品牌知名度、好感度及整體好的形象度提升所必要的行銷支出。

八、研究發現

本個案研究除上述四大結論外，另得到以下重要6項研究發現，摘要說明如下。

〈發現之 1〉領導品牌廠商想要鞏固其市場第一的領導地位，必須在新產品開發上不斷求新求變，持續滿足市場需求。

〈發現之 2〉有效的360度整合行銷傳播操作，必須先制定好的行銷傳播策略主軸。

〈發現之 3〉領導品牌資產的長期累積，有賴於每年充足的行銷預算做好支援，才能打造出來。

〈發現之 4〉行銷通路據點密集布置，並與零售通路商做好促銷活動配合，確實有助業績之提升。

〈發現之 5〉品牌競爭到最後，靠的就是如何鞏固顧客群的忠誠度及再購率。

〈發現之 6〉代言人若挑選得當，將有助於品牌形象建立及業績的促進。

桂格燕麥片領導品牌經營成功之整合行銷傳播模式架構與內涵

1. 堅持品牌化經營信念

2-1 品牌定位
- 高品質、食品安全、促進健康
- 值得信賴的燕麥片

2-2 目標消費客層
- 中年及老年顧客群為主
- 一般上班族為次要

3. 行銷4P策略

3-1 產品策略
- 發展出五大系列產品
- 產品線完整
- 更多元化、更健康化、更安全化目標

3-2 定價策略
- 採取中等價位策略
- 每包、每瓶、每罐價格在30～350元之間

3-3 通路策略
- 主力通路零售點在連鎖超市、連鎖量販店及連鎖便利商店
- 爭取到最佳陳列空間

3-4 推廣策略
- 重視代言人行銷操作
- 採取360度全方位的整合行銷傳播策略

4. 行銷廣宣預算支援（每年9,000萬）

5.行銷績效
- 市占率70%
- 年營收30億
- 年獲利3億
- 顧客回購率80%

6.未來努力方向
- 持續提高品牌力
- 做大燕麥飲料市場
- 鞏固忠誠顧客

桂格燕麥片領導品牌經營成功之年度行銷預算及其配置占比

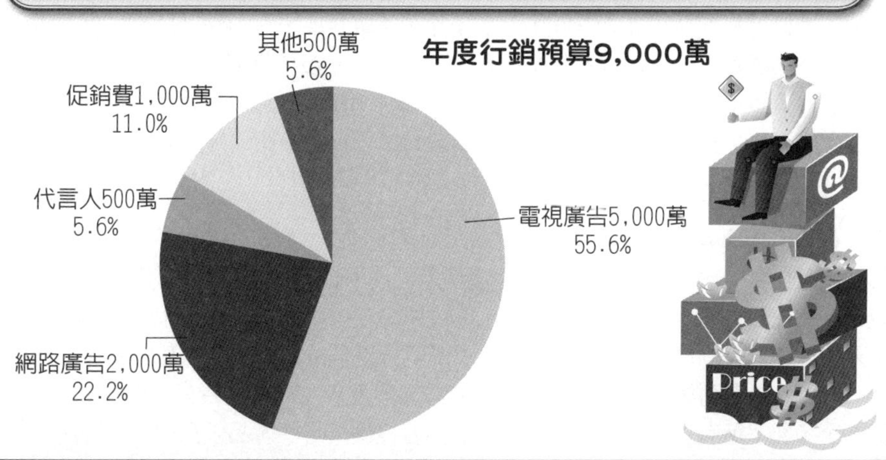

Unit 9-31 桂冠品牌的整合行銷傳播案例 I

貼近庶民日常飲食的桂冠產品，打造出多項廣受歡迎的食品，其品牌經營為何如此成功，值得一探究竟。本個案因資料豐富，特分五單元詳述如下。

一、桂冠公司簡介

桂冠企業創立於1970年，秉持著創新、認真、負責的經營理念，在冷凍調理食品的領域深耕，成為產業的標竿，尤其是桂冠湯圓、桂冠火鍋料、桂冠沙拉，更是家喻戶曉的產品，成為大眾生活不可或缺的一部分。為了強化經營體質，桂冠企業加入ISO9001、CAS、CFFI、HACCP 認證，導入 ERP整合企業的資源，並成立物流加工中心，為客戶提供客製化的加工服務，為客戶創造差異化的價值需求。

二、桂冠品牌定位與目標消費族群

(一)品牌定位：隨著生活型態與消費趨勢的演變，桂冠產品由以往的「存古風、留美味」，轉「輕鬆生活」的新定位，朝著健康、養生、異國風的方向發展新產品，讓消費者不必出國也不必出門，即可享受到名店的義大利麵、焗飯焗麵，以及日式串燒、和風芙蓉豆腐、南洋風咖哩炒飯等多國風味的道地美食。桂冠公司不斷堅持品質創新研發、開發美味、健康、便利的新產品，滿足每一張挑剔的嘴，有了桂冠，輕鬆享受生活就是這麼簡單。

(二)目標消費族群：由於火鍋料及冷凍調理食品的購買群，基本上80%是以女性族群為主，因此，女性家庭主婦及上班族即為桂冠的主力目標消費族群，另外20%才是男性消費者。

三、桂冠消費者洞察與市場調查

桂冠業績能夠不斷成長，以及市占率能夠保持在50%以上，主要是由於其產品不斷推陳出新，讓消費者不斷嘗到新鮮的火鍋料及冷凍調理食品。該公司總經理進一步表示：「桂冠每年至少花費200萬元進行各式各樣的市場與消費者調查，我們從各種質化與量化調查中，可以洞悉到整個社會消費趨勢、市場發展方向及消費者內心需求等寶貴的資訊情報，這對我們的產品研發創新、不斷精進改善與調整應變措施，都帶來很大的助益，我們的持續成長與第一品牌的領先，也由此開始展開。」

四、桂冠產品策略

(一)追求卓越的品質要求：為了品質，桂冠從源頭開始挑選最好的原料，採用CAS 量質肉品、與濁水溪農場合作生產糯米、向阿拉斯加產地選購頂級鱈魚漿等。生產作業率先取得 HACCP 認證，包括原料取得、生產過程、產品儲存、運輸配送到販售末端，桂冠都經過層層嚴格控管，品質的堅持更是做到最末端的客戶都滿意為止。

(二)產品系列組完整：經過40多年的發展與進步，如今桂冠公司的產品非常完整與周全，幾乎所有火鍋料及冷凍調理食品都有提供，這些產品系列如右頁圖所示。

桂冠公司產品系列

品項	品項	品項	品項
火鍋餃	輕鬆生活——義大利麵	雲吞	冷藏麵
日式火鍋料	輕鬆生活——炒飯	丸類	黑輪串燒
沙拉	輕鬆生活——洋飯	豆腐	節慶商品
湯圓	輕鬆生活——炒烏龍	餅皮類	其他——主菜、福菜、港點
包子饅頭	輕鬆生活——醬拌麵	開水冰	
	輕鬆生活——焗拌麵		
	輕鬆生活——焗飯麵腸先試吃團		

桂冠品牌定位與目標消費族群

- 品牌定位→開發美味、健康、便利的新產品，讓消費者輕鬆生活
- 目標消費族群→以女性家庭主婦及女性上班族為主力目標消費族群

Unit 9-32 桂冠品牌的整合行銷傳播案例 II

桂冠無論在通路、定價、推廣、行銷各方面，都有獨到的策略設定，以下詳細說明之。

五、桂冠通路策略

經過三、四十年來的經營通路，桂冠已與國內各大主流通路零售據點，建立起非常良好與有利的互助關係，由於這種良好關係，再加上桂冠產品比較好賣，商店、各大超市、大賣場等連鎖通路，都會給他們最好的銷售店面空間、陳列位置及陳列容量，並且定期會辦促銷活動，這些措施都對桂冠產品的銷售有利。目前，桂冠各零售型態的銷售業績占比，大致如右頁圖所示。

六、桂冠定價策略

桂冠的定價策略，採取比同業定價略高5%~15%的中高定價策略。主要是因為桂冠產品所採用的食材原物料等級都是業界最高的，再加上生產製造過程的嚴格把關與配方、特色；因此，在定價上就比競爭對手略微提高。

該公司總經理亦表示，即使是略高的定價策略，但對中高所得的家庭而言，也能接受高品質與高價格的觀念，畢竟一分錢一分貨，桂冠品質就是值得貴5%~15%之間。

七、桂冠推廣策略

桂冠品牌行銷的操作策略，基本上就是每年選定一個行銷傳播的訴求主軸以及slogan（廣告標語），然後以360度整合行銷傳播的方式，盡可能的讓新產品與桂冠品牌被最多數的人看到以及被吸引住，產生對桂冠產品的好感度與正面形象，進而激發消費者的購買連結情感。

八、桂冠年度行銷預算及其配置

對上述整合行銷傳播所必須花費的行銷預算，該公司每年度大概都花費6,000萬元在品牌的塑造與業績提升上。而該筆行銷預算在桂冠全年度營收20億元的比例中，大約接近3%左右。此比例在該公司尚可接受範圍，並且還有獲利產生。

不過，這6,000萬元的行銷預算，在競爭同業界內，已是最高金額了，顯示桂冠對於品牌資產打造，敢花大筆預算去打造出來，並藉以維繫住該行業的第一品牌領導地位。十年來桂冠大概累積支出6億元的行銷預算，各項預算支出項目的占比，大致如右頁圖所示。

桂冠各零售型態的銷售業績占比

通路型態	超市	量販店	便利商店	一般鄉鎮店面	網路購物	其他	合計
占比	40%	30%	10%	10%	5%	5%	100%

全方位的桂冠品牌整合行銷傳播操作項目

1.電視
「推出快樂家庭日——我們這一鍋」5支連續劇式的廣告

2.報紙
於報紙版面刊登廣編稿及食譜專題

3.廣播
延續電視廣告，將影像轉為聲音

4.雜誌
《康健》等週刊介紹「我們這一鍋」現金抽獎

5.戶外
200輛公車車體廣告，與電視、報紙相互呼應

6.通路
「快樂家庭日——我們這一鍋」包裝貼紙、賣場海報、布旗、DM

7.公關
在拍廣告的片場舉辦記者會，提醒消費者觀看桂冠新電視廣告

8.促銷
將產品當作媒體，集滿貼紙寄回，就有機會抽中量販店萬元禮券

9.異業合作
和家樂福合作舉辦「桂冠週」，在網路上參加抽獎，找出潛在消費者

10.微電影
拍攝5分鐘短片的微電影

11.網路
分三波進行，和消費者進行互動。第一波是「幸福留言板」徵文；第二波邀請網友搶先看5分鐘廣告，並回答影片中的關鍵問題參加抽獎；第三波是新年團圓對對碰遊戲

桂冠公司各項預算支出項目的占比

預算項目	電視廣告	報紙廣告	網路廣告	雜誌與廣播	戶外廣告	異業合作	其他各項	總計
金額	3,600萬	300萬	900萬	300萬	300萬	300萬	300萬	6,000萬
占比	60%	5%	15%	5%	5%	5%	5%	100%

Unit 9-33 桂冠品牌的整合行銷傳播案例 III

行銷績效的達成除了前述各環節缺一不可外，內外組織人員的協力支援更是貢獻良多，以下說明之。

九、桂冠年度行銷績效

在談到行銷人員最重要的行銷成果績效時，這幾年來，桂冠整體年度營收額、獲利額及市占率，隨著每年度幾乎都有新產品的推出；因此，年年都保持3%~5%的業績成長，這在火鍋料及冷凍調理產品的成熟市場，算是相當難得可貴的。

主要行銷績效說明如下：1.年度營收額：20億元；2.年度獲利額：2億元；3.市占率：火鍋料約 50%、冷凍調理食品約 30%，總平均約 30%，居市場第一位。4.品牌知名度：70%以上；5.顧客滿意度：90%以上；6.品牌忠誠度：很高，再購率 70%。

十、桂冠內部組織團隊

桂冠為什麼能夠保持第一品牌而不墜呢？除了品牌行銷操作面及產品持續創新因素外，其實，最根本的還是靠「組織」因素，也就是有一個很好的團隊在共同努力分工運作著。這包括四個主力單位：1.研發部：負責新產品創新與既有產品不斷改良。2.生產部：負責每一件產品生產品質的良好與嚴謹的控管。3.行銷部：負責桂冠品牌知名度與形象度的打造。4.業務部：負責產品在通路銷售的上架與業績目標的達成。

十一、桂冠外部協力單位

桂冠品牌打造的成功，除了上述內部四合一單位的共同努力之外，外部協力單位的貢獻其實也很大。這些外部協力單位，主要有三個重要公司：

(一)廣告公司：負責桂冠品牌電視廣告的創意發想與製作完成，讓廣告播出後，能得到廣大迴響。

(二)媒體代理商：負責桂冠品牌行銷預算支出的有關媒體企劃與媒體購買安排，讓花費的每一分錢都能得到效益。

(三)公關公司：負責桂冠品牌與各媒體公司良好互動關係的建立，媒體發稿能夠刊出。

十二、桂冠未來挑戰

面對各品牌激烈競爭，桂冠未來的挑戰，主要有三點：一是如何持續保持新產品的創新力；二是如何在品牌行銷操作上，不斷有新的創意力；三是如何加強鞏固既有顧客的購買忠誠度；能做好這三項，桂冠就能長期占有市場第一品牌的領導地位。

天下沒有永遠的第一品牌，但有較長期的第一品牌；因此，長期努力經營第一品牌資產價值，是任何公司經營上的首要目標及挑戰。

桂冠品牌成功打造的重要協力單位

1.廣告公司

2.媒體代理商

3.公關公司

桂冠未來面對的挑戰

1.如何持續保持新產品的創新力

2.如何在品牌行銷操作上，不斷有新的創意力

3.如何加強鞏固既有顧客的購買忠誠度

Unit 9-34 桂冠品牌的整合行銷傳播案例 IV

本研究獲致的第一、第二個研究結論，茲說明如下。

十三、研究結論1：桂冠品牌打造成功的六大關鍵因素

(一)新產品不斷求新求變，持續滿足市場需求：桂冠品牌的研發與行銷單位，每年都依據詳實的市場調查資料與觀察整體社會消費趨勢，不斷推出全新且符合市場需求與消費者喜好的火鍋料及冷凍調理食品。

(二)360度整合行銷傳播的不斷創新與創意操作：桂冠品牌的成功，第二個因素即是該公司的行銷部門經常與廣告公司及媒體公司共同商討，推出每年度行銷傳播策略的主軸核心、訴求點以及想出吸引人的主題slogan（廣告金句），使新產品上市或既有產品的年度行銷，都能夠對品牌知名度、喜好度及促購度達成最佳的目標。

(三)每年充足的行銷預算支援，累積出強大品牌資產價值：這幾年來，桂冠公司行銷部門每年都獲得來自公司高層核准的接近6,000萬元高額廣宣與行銷預算的支持；這種高額支出，自然對於持續性累積桂冠高知名度品牌印象帶來正面效益。

(四)行銷通路密集布置，方便消費者購置：桂冠產品屬於消費品型態，一定要讓廣大消費者便利的買到才行，而桂冠算是此行業中的老品牌，它與主流通路商都建立了良好的互動關係，不僅上架零售據點密集布置，而且在零售店內的陳列空間大小、陳列位置的好壞，桂冠都能取得較佳條件；這對消費者的便利購買也產生正面影響。

(五)品牌情感連結，顧客忠誠度展現：桂冠數十年的品牌形象，已深烙在眾多老顧客心理情感上，這種高忠誠度與再購率的表現，對桂冠鞏固年度營收業績，也帶來重要影響。桂冠公司體認到現代行銷最終的目標，就是希望鞏固及提升顧客再購的品牌忠誠度。

(六)內外部各種跨組織團隊良好運作與合作：桂冠品牌的成功，探索到最核心的根源，第一就是「人」的因素。桂冠品牌內部有優秀的研發、生產、行銷及業務四個部門團結合作；外部有廣告、媒體代理商及公關支援，才有今日的第一品牌。

十四、研究結論2：桂冠品牌打造成功之360度整合行銷傳播操作項目

桂冠品牌所採取的360度全方位整合行銷傳播操作項目，內容包括：1.電視廣告；2.報紙廣告；3.雜誌廣告；4.廣播廣告；5.戶外公車廣告；6.官網行銷；7.網路活動舉辦；8.微電影；9.與通路商異業合作；10.促銷抽獎合作；11. 記者會；12.通路廣告；13.公關活動；14.手機 APP 行銷。透過上述完整面向的品牌行銷操作，桂冠這個品牌可以有效地傳達給它的消費族群，從而建立桂冠品牌與消費者之間好的認知與情感連結，打造出更堅固的品牌資產價值。

桂冠火鍋料第一品牌打造成功關鍵因素

- 產品不斷求新求變，持續滿足市場需求
- 360度整合行銷傳播的不斷創新與創意操作
- 每年充足的行銷預算支援，累積出強大品牌資產價值
- 行銷通路密集布置，方便消費者購買
- 品牌情感連結、顧客高忠誠度的展現
- 內外部各種跨組織團隊良好運作與合作

桂冠第一品牌打造成功之360度整合行銷傳播操作項目

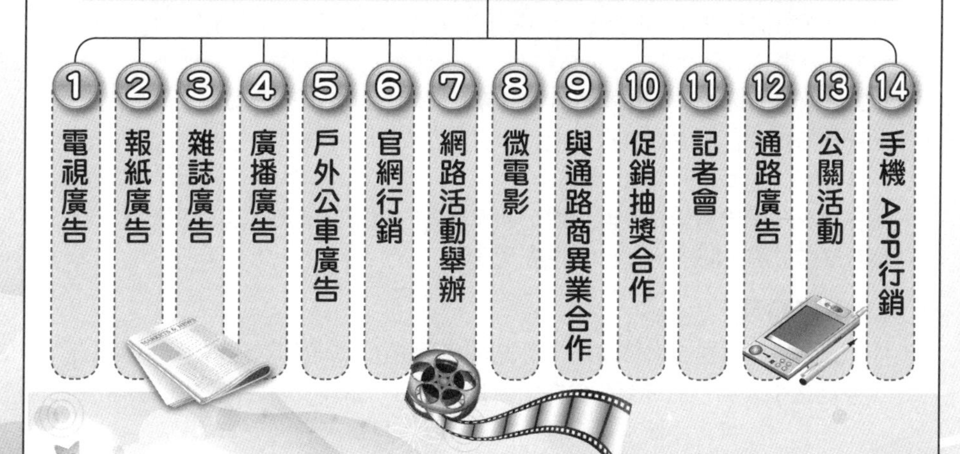

1. 電視廣告
2. 報紙廣告
3. 雜誌廣告
4. 廣播廣告
5. 戶外公車廣告
6. 官網行銷
7. 網路活動舉辦
8. 微電影
9. 與通路商異業合作
10. 促銷抽獎合作
11. 記者會
12. 通路廣告
13. 公關活動
14. 手機 APP行銷

Unit 9-35 桂冠品牌的整合行銷傳播案例 V

本個案研究所獲致的第三～第五個結論，以下分項詳述。

十五、研究結論3：桂冠品牌打造成功之整合行銷傳播架構模式與內涵

桂冠的整合行銷傳播架構模式與內涵項目，包括：1.堅定品牌化經營理念；2.持續洞悉市場與消費者變化，不斷滿足顧客需求；3.訂定行銷傳播策略主軸與訴求；4.發展行銷4P策略：包括產品策略規劃、通路策略規劃、定價策略規劃、推廣策略規劃；5.展現行銷績效；6.面對未來挑戰。

十六、研究結論4：桂冠品牌打造成功之年度行銷預算及其配置

本個案研究所獲致的第四個研究結論，即是了解到桂冠為保有長期第一品牌市場地位，必須每年安排一筆足夠使用且能維繫品牌形象的行銷預算及廣宣支出。桂冠年度行銷預算支出約6,000萬元，占年度營收比例大約3%，配置上電視廣告仍是最大宗支出，主要是電視具有吸引人的聲光影音效果，且屬於全家人都收看的主要媒體。

十七、研究結論5：桂冠品牌打造成功之內外部組織因子

第五，桂冠品牌成功的背後具備「人」——組織團隊的因素，如右圖所示。

桂冠品牌經營成功與長期保有品牌第一之關鍵，主要來自內外二大面向：

(一)內部組織團隊：1.研發部（負責產品力打造）；2.生產部（負責品質力打造）；3.行銷部（負責品牌力打造）；4.業務部（負責通路銷售力打造）。

(二)外部協力單位：1.廣告公司（負責電視廣告創意發想及製作）；2.媒體代理商（負責媒體預算企劃與媒體採購執行，讓錢花在刀口上）；3.公關公司（負責與各媒體界良好關係之建立與公關活動舉辦）。

這些內外部團隊組織單位能透過定期與機動的跨單位會議討論，大家集思廣益，隨時檢討改進並解決問題，直到好的績效出現。

十八、研究發現

本個案研究除上述五大結論外，還得到如下6項重要研究發現，摘要說明如下。

〈發現之 1〉第一品牌廠商想要鞏固其市場第一品牌領導地位，必須在新產品開發上不斷求新求變，持續滿足市場需求。

〈發現之 2〉有效的360度整合行銷傳播操作，要先制定好的策略主軸及訴求。

〈發現之 3〉第一品牌資產的長期累積，有賴於每年充足的行銷預算做好支援，才能打造出來。

〈發現之 4〉行銷通路據點密集布置，並與通路商做好促銷活動配合，確實有助於業績之提升。

〈發現之 5〉品牌競爭到最後，靠的就是如何鞏固顧客群的忠誠度及再購率。

〈發現之 6〉公司經營與行銷成功，必須仰賴內外部優良組織團隊的合作無間。

桂冠第一品牌打造成功之整合行銷傳播架構模式與內涵

1.堅定品牌化經營

↓

2.持續洞悉市場與消費者變化，不斷滿足顧客需求

↓

3.訂定行銷傳播策略主軸與訴求

幸福家庭日	我們這一鍋

↓

4.發展行銷4P策略

4-1產品策略規劃	4-2通路策略	4-3定價策略	4-4推廣策略	4-5-1年度行銷預算
·追求卓越的品質 ·持續研發創新產品 ·產品線完整	·採取密集布置零售據點，主力銷售通路為超市、量販店、便利商店	·採取中高價策略，競爭品牌高約5%～15%	·360度全方位整合行銷傳播操作	6,000萬元 4-5-2外部協力單位：廣告公司、媒體代理商、公關公司

↓

5.展現行銷績效

年營收：20億	年獲利額：2億	獲利率：10%	市占率：平均50%，市場第一	品牌地位：第一	顧客再購率：70%

↓

6.面對未來挑戰

持續新產品創新力	品牌行銷操作不斷有好創意	加強鞏固既有顧客忠誠度

桂冠第一品牌打造成功之內外部組織因子

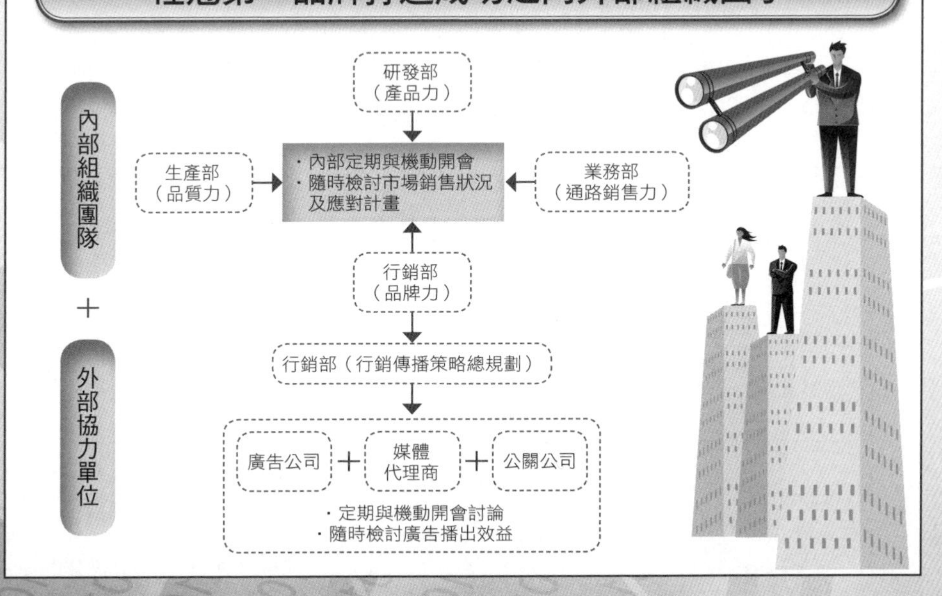

Unit 9-36 台北最HIGH新年城跨年晚會暨整合行銷傳播企劃案 I

某電視公司承辦此次活動，將不以跨年晚會做為唯一活動內容，而將結合各類媒體展開長達兩個月之熱身活動，再以跨年晚會做為活動收尾，形成北市奔向未來及持續推動城市形象提升之基礎。晚會當天亦不以大型演唱會即告結束，另由周邊商圈持續活動，造成城開不夜之嘉年華會盛況。

一、活動主題

此次活動主題以「台北最High新年城，城開不夜，奔向未來！」定調，期規劃內容如下表所示。

城開不夜之晚會規劃

晚會主持人：【曾國城＋徐乃麟＋Makiyo＋全民大悶鍋演員＋蔡康永】（暫定）
晚會主題精神：【關懷、包容、信任、愛】與【原住民精神】
晚會主要內容：【把愛傳出來】、【友愛廣場】、【情愛神海】、【祈福儀式】、【博愛聖殿】、【愛的倒數】、【愛的搖滾】、【愛的音樂派對】

序	主題	文案	表演形式／演出人員	時間
1.	把愛傳出來	愛是你、愛是我、愛是空氣、陽光、花和水、存在即是愛。【讓我們把愛傳出去】	1.一位原住民小孩，從廣場階梯起身，以他純真的童聲唱出晚會開場歌曲「愛的真諦」。 2.F.I.R.演唱「把愛傳出來」，揭開晚會的序曲。	40分鐘
2.	晚會引言	1.晚會以在地性最強的原住民精神為整場主題精神，來表現台北的城市精神——「關懷、包容、信任與愛」。 2.晚會表演有「熱情的歌舞秀、活力的運動秀、台北城市的十大票選秀」，展現台北健康城市的特色。	主持人引言，說明晚會內容以及意義。	3分鐘
3.	關懷的友愛	握住我的手，品嘗我為你準備的這杯人生甜苦酒。 這樣的勇氣與膽量，只有你——我的朋友。 【團體藝人接力演唱，傳達「友愛」的意義】	「愛」的歌曲演唱5566、K-One、7朵花、183club （以上名單為暫定）	1.5小時
4.	晚會引言	時尚的台北城，每一處都充滿著浪漫氣氛，期望每一位市民愛戀台北就像愛戀自己的情人般，永遠充滿熱情。	主持人引言，介紹【情愛神海】表演嘉賓。	3分鐘
5.	信任的情愛	莎士比亞說：愛情不過是發瘋罷了。愛情的世界裡充滿了妄想、狂想，年輕的我們曾經那麼瘋狂、任性、衝動。 【輕量級偶像歌手傳唱耳熟能詳的動人情歌】	「愛」的歌曲演唱 楊丞琳、柯有倫、阿杜＋林宇中、李聖傑、張韶涵 （以上名單為暫定）	1.5小時

6.	晚會引言	1.台北城不只把醫療、環保做好，還要提升文化、社會、便捷等面向，成為各國的城市典範。最令台北市民驕傲的市政建設有「人行道更新」、「汙水下水道」、「市民運動中心」等。 2.此次「台北國際健康城市領袖圓桌會議暨研討會」，50個城市首長代表來台進行交流，把台北城市傳到國際間。 3.祭典儀式是原住民的文化精髓，儀式的種類大大小小之多，「收穫祭、祈雨、求晴、驅疫、除病魔、結婚、離婚、出草、狩獵等」都有一定的儀式。為的是感恩祖靈對族人的保佑。請女巫為我們祈福，讓所有人也能領受相同保佑。	主持人引言，並介紹原住民女巫祈福。	3分鐘
7.	祈福儀式	祈禱！讓愛傳遍整個世界。	原住民女巫祈福，願「愛」傳遍整個世界，同時引出張惠妹演唱。	10分鐘
8.	包容的博愛	「愛」是不分男女、膚色、種族、國籍的，在愛的聖殿中，來自世界不同地方的超級偶像，為您獻唱愛的歌曲。	「愛」的歌曲演唱 張惠妹、蕭亞軒、麻吉、孫燕姿、五月天（以上名單為暫定）	2小時
9.	晚會引言	台北市長馬英九出場，帶領我們一起大聲吶喊、倒數，讓愛跨越2005年到2006年。	主持人引言，邀請所有嘉賓出場準備倒數。	3分鐘
10.	愛的倒數	愛隨著秒針，一秒秒的奔向你我。	1.播放「世界各國超級巨星」跨年祝福VCR。 2.馬市長、市府團隊成員、主持群、藝人與現場及全國民眾同步倒數，現場萬人大擁抱。 3.倒數儀式將以特殊燈光來營造炫麗效果，配合101大樓樓層的燈光演出。	20分鐘
11.	晚會引言	台灣有多元的種族融合，文化、信仰、語言都很不同，唯有「搖滾樂」，撼動你我的心，成為世界共通的語言。	主持人引言，介紹五月天出場進行【愛的搖滾】。	3分鐘
12.	愛的搖滾	就讓愛隨五月天一起搖滾。	五月天演唱。	30分鐘
13.	晚會引言	從流行音樂的文化中，可以看出一個社會的文化演進。	主持人引言，介紹Party DJ林強出場。	3分鐘
14.	愛的音樂派對	音樂與舞蹈是散播愛的最佳媒介。	Rave-Party邀請音樂大師林強擔任DJ，於跨年倒數活動之後，設計一段Rave-Party，提供市民在2006年與好友死黨一起盡情熱舞。 ．老歌新唱remix版 ．雷鬼 ．嘻哈 ．搖滾 ．RAP	30分鐘
備註 1.晚會進廣告前，播放「十大票選內容短片」。 2.晚會之廣告播出時間有「模特兒運動秀」演出，延續晚會之熱度。 3.演藝人員名單為暫定，如有更動，會以同等級藝人替代。				

Unit 9-37 台北最HIGH新年城跨年晚會暨整合行銷傳播企劃案 II

台北新年跨年晚會除了精彩的活動規劃外，跨媒體宣傳計畫也是很重要的。

二、跨媒體宣傳計畫

(一)電視媒體及配合內容：包括中天新聞台、中天綜合台、中天娛樂台、中天國際台。配合內容為新聞專題製播、新聞台連線播報、活動新聞跑馬燈、新聞預告帶、票選宣傳帶、晚會預告帶、晚會轉播。

(二)平面媒體及配合內容：包括中國時報、時報周刊。配合內容為活動系列報導。

(三)網路媒體及配合內容：包括中時電子報、中天網站。配合內容為活動網頁設置、活動系列報導。

(四)廣播媒體及配合內容：飛碟電台。配合內容為晚會活動宣傳、晚會現場連線。

三、跨媒體宣傳計畫：新聞系列報導

中天新聞台「奔向未來」新聞跨年活動系列專題報導如下：

(一)專題方向：製作45則以上十大票選活動新聞專題報導，除強力宣傳票選活動外，並於報導中吸引全國民眾聚焦於台北多元的今昔風情。

(二)議題規劃：奔向未來。

1.愛上百分百台北，十大票選系列報導：發現台北之美／走入台北城。

2.最好玩台北不夜城導覽：預告信義商圈內店家當日折扣優惠及各區域吸納各年齡層市民之趣味演出項目。

(三)製作則數：每日至少1則，共製作45則（每則約60～90秒）。

(四)播出時段：每則播出約為6次，不限時段播出。

(五)預計露出次數：高達60天，540次。

四、跨媒體宣傳計畫：新聞LIVE播出晚會實況

中天新聞台「城開不夜——最High台北新年城晚會」整點現場播出計畫：

(一)特別報導設計：12月31日晚會現場，除了中天娛樂台完整轉播外，並安排於中天新聞台每個整點連線播出晚會精彩實況。

(二)內容規劃：包括特派駐點即時連線播報、各定點活動報導與採訪、活動導覽、延棚新聞報導等。

(三)播出時段：2005年12月31日12:00開始，到2006年1月1日13:00，露出時數播送長達25小時。

台北市跨年晚會整合行銷宣傳

台北新年跨年晚會

1.電視廣告宣傳（TVCF）

2.電視新聞報導宣傳

3.電視台跑馬燈宣傳

4.平面報紙報導

5.網路新聞報導

6.廣播新聞報導

7.記者會

8.公車廣告

9.路街旗幟宣傳

10.晚會現場SNG連線報導

連線報導內容4大規劃

(1)特派駐點，即時連線播報最新跨年晚會活動實況。

(2)信義商圈各定點活動報導，商家人潮盛況採訪。

(3)不夜城好遊區域活動導覽。

(4)城開不夜，延棚新聞報導。

Unit 9-38

台北最HIGH新年城跨年晚會暨整合行銷傳播企劃案III

五、跨媒體宣傳計畫：新聞台跑馬宣傳

中天新聞台新聞跑馬宣傳計畫如下：

(一)內容設計：中天新聞配合跨年晚會相關活動，提供新聞跑馬燈服務。

(二)跑馬內容：包括宣傳愛上 100% 台北十大票選活動、宣傳晚會當天偶像超強卡司之精彩訊息告知，以及信義商圈之系列優惠／演出活動訊息告知等三重點。

(三)製作則數：每日1則。

(四)配合時間：2005年11月1日至同年12月31日，宣導天數長達60天720小時。

六、跨媒體宣傳計畫：活動預告帶製播

(一)中天家族頻道跨年新聞專題預告帶：

1.內容設計：製作跨年新聞專題預告宣傳帶，宣傳台北城多元風貌。

2.製播長度：每支30秒。

3.製作支數：5支。

4.配合期間：2005年11月至同年12月共計60天，至少播出5,400秒。

5.播出頻道：中天家族，含海外（美、加、星馬等）頻道。

(二)中天家族頻道「台北最High新年城，愛在台北跨年演唱會」預告帶：

1.內容設計：製作跨年晚會預告宣傳帶，強力宣告晚會偶像級卡司陣容，並展現信義商圈「城開不夜」各區演出精彩項目。

2.製播長度：每支30秒。

3.製作支數：5支。

4.配合期間：2005年12月1日至同年12月31日共計30天，至少播出7,200秒。

5.播出頻道：中天家族，含海外（美、加、星馬等）頻道。

6.總計：預告帶製作20支、播出秒數18,000秒、跨年新聞專題45則，以及宣傳區域遍及美、加、星馬等海外。

七、跨媒體宣傳計畫：超強卡司跨年晚會現場轉播

中天綜合台、中天娛樂台雙頻道及海外即時現場轉播「2006台北最High新年城，愛在台北跨年演唱會」計畫如下：

(一)轉播計畫：以龐然飛行船飄浮於晚會現場上空，並於倒數儀式時撒下紙花，至少九機之轉播配備工程，靈活呈現現場熱力氣氛，且精緻呈現歡樂畫面給全國、海外電視機前的觀眾。

(二)播出頻道：中天娛樂台ch39完整播出。中天新聞台ch52整點Live連線+海外美、加、星馬等。

(三)播出時段：2005年12月31日19:00至2006年1月1日01:00。（暫定）

八、跨媒體宣傳計畫：平面媒體密集曝光

(一)中國時報：票選活動系列報導＋晚會／商圈跨年夜專題計畫如下：

1.內容設計：配合台北十大票選活動與跨年晚會，中國時報專刊介紹十大票選項目，並配合製作系列專題報導，大幅報導台北多元風貌。

2.刊登篇數：60篇（每天1篇）。

3.配合期間：2005年11月1日至同年12月31日，共計60天。

(二)時報周刊：票選活動系列報導＋晚會／商圈跨年夜專題計畫如下：

1.內容設計：配合台北十大票選活動與跨年晚會，時報周刊專刊介紹十大票選項目，並配合製作系列專題報導。

2.刊登篇數：8篇（每週1篇）。

3.配合期間：2005年11月1日至同年12月31日，共計60天。

九、跨媒體宣傳計畫：網路票選密集宣傳

(一)中時電子報：網路票選計畫如下：

1.內容設計：配合台北十大票選活動與跨年晚會，中時電子報配合製作跨年活動網頁，內容包括首頁票選活動露出、跨年晚會活動簡介、信義商圈地圖商店介紹及開放網路票選。

2.配合期間：2005年11月1日至同年12月31日，共計60天。

(二)中天網站：活動系列報導計畫如下：

1.內容設計：配合台北十大票選活動與跨年晚會，中天新聞配合製作系列專題報導，同步於網路播出，供網友瀏覽。

2.配合期間：2005年11月1日至同年12月31日，共計60天。

十、跨媒體宣導計畫：記者會

(一)「城開不夜，奔向未來」票選記者會：如前所述。

(二)「城開不夜，奔向未來」跨年晚會倒數記者會：暫定2005年12月26日18:00～19:00在台北市政府大門口舉行。當日記者會重點在於宣告今年跨年晚會的重點節目設計，邀請信義商圈主要店家與合作單位共同揭示主題。構想為邀請今年晚會將負責開場、倒數或壓軸的巨星代表、市府各局處邀請參與當晚不夜區塊的表演團體代表、商圈代表與合作單位代表共同出席，與馬市長共同點亮「城開不夜，奔向未來」的燈牌。

(三)「城開不夜」跨年晚會彩排記者會：2005年12月30日在台北市政府廣場前舉行。

結　語

整合行銷傳播完整架構圖示

（一）IMC：Integrated Marketing Communication，360度、全方位、鋪天蓋地的整合行銷傳播

（二）使用時機
1.新產品上市時
2.週年慶活動時
3.大型行銷活動時
4.既有產品年度行銷計畫時

（三）跨媒體廣宣
1.電視（TV CF）
2.網路（internet）
3.行動手機（Mobil phone）
4.報紙(NP）
5.雜誌（MG）
6.廣播（RD）
7.戶外（OOH）
8.DM
9.電話（T/M）
10.店頭（POP）

（三）-1 戶外媒體
1.公車
2.捷運
3.大型看板
4.高鐵/台鐵
5.機場

（三）-2 網路／行動媒體
1.FB
2.IG
3.YouTube
4.Google
5.Yahoo
6.新聞網站
7.Dcard
8.專業內容網站
9.官網

（三）-3 無線電視
1.台視
2.中視
3.華視
4.民視

（三）-3 有線電視
1.三立 2.東森 3.TVBS
4.中天 5.緯來 6. 福斯
7.八大 8.非凡 9.民視
10.壹電視

＋

（四）跨行銷活動
1.記者會
2.體驗行銷
3.節慶促銷活動
4.代言人活動
5.集點行銷
6.KOL網紅行銷
7.公益行銷
8.旗艦店行銷
9.聯名行銷
10.運動行銷
11.會員活動
12.口碑行銷
13.直效行銷
14.會員卡行銷
15.冠名贊助廣告行銷
16.主題行銷
17.人員銷售組織
18.話題行銷
19.預購行銷

（五）IMC推展步驟
1.確立此次目標/目的
2.有多少行銷預算
3.對象AT是誰
4.制定傳播策略
5.訂定媒體組合
6.訂定行銷活動組合
7.確立宣傳主軸
8.時間表訂定
9.展開推行
10.評估成效

（六）IMC預算
・每年或每次至少投入3,000萬～1億元媒體廣宣預算

（七）借助外面專業公司
1.公關公司
2.廣告公司
3.媒體代理商
4.活動公司
5.市調公司
6.設計公司
7.通路陳列公司
8.網路行銷公司
9.公仔、玩偶、禮品公司
10.展覽公司

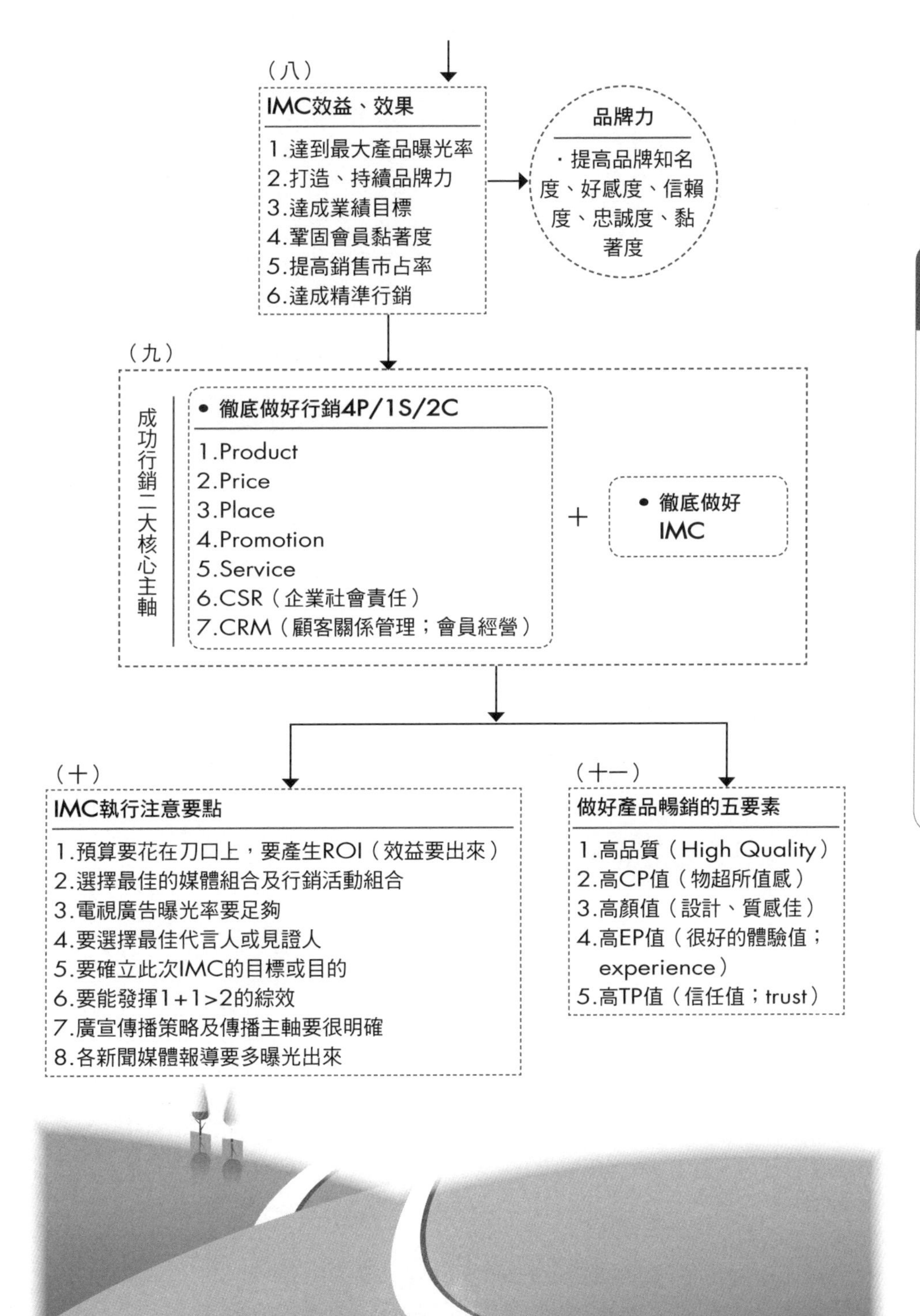
（八）
IMC效益、效果
1.達到最大產品曝光率
2.打造、持續品牌力
3.達成業績目標
4.鞏固會員黏著度
5.提高銷售市占率
6.達成精準行銷
品牌力
·提高品牌知名度、好感度、信賴度、忠誠度、黏著度
（九）
成功行銷二大核心主軸
• 徹底做好行銷4P/1S/2C
1.Product
2.Price
3.Place
4.Promotion
5.Service
6.CSR（企業社會責任）
7.CRM（顧客關係管理；會員經營）
+
• 徹底做好IMC
（十）
IMC執行注意要點
1.預算要花在刀口上，要產生ROI（效益要出來）
2.選擇最佳的媒體組合及行銷活動組合
3.電視廣告曝光率要足夠
4.要選擇最佳代言人或見證人
5.要確立此次IMC的目標或目的
6.要能發揮1+1>2的綜效
7.廣宣傳播策略及傳播主軸要很明確
8.各新聞媒體報導要多曝光出來
（十一）
做好產品暢銷的五要素
1.高品質（High Quality）
2.高CP值（物超所值感）
3.高顏值（設計、質感佳）
4.高EP值（很好的體驗值；experience）
5.高TP值（信任值；trust）

附　錄

「整合行銷傳播」專有中英文關鍵名詞彙輯

1.	整合行銷傳播	Integrated Marketing Communication
2.	利基市場	Niche Market
3.	目標市場	Target Market
4.	目標客層	Target Audience, TA
5.	市場區隔化	Market Segmentation
6.	大眾市場	Mass Market
7.	分眾市場	Segment Market
8.	獨特銷售賣點	USP, Unique Selling Proposition; Unique Selling Point
9.	媒體企劃	Media Planning
10.	媒體購買	Media Buying
11.	人口統計變數	Demographic Variables
12.	心理變數	Psychological Variables
13.	顧客導向	Customer-Orientation; Customer-Oriented
14.	創造顧客價值	Create Customer Value
15.	顧客利益點	Customer Benefit
16.	利益關係人	Stakeholders
17.	媒體行為	Media Behavior
18.	購買行為	Purchase Behavior
19.	公關報導	Publicity
20.	產品定位	Product Positioning
21.	傳播溝通目標	Communication Objective
22.	廣告目標	Advertising Objective
23.	品牌知名度	Brand Awareness
24.	品牌化	Branding
25.	品牌忠誠度	Brand Loyalty
26.	市占率	Market Share
27.	心占率	Mind Share; Top of Mind
28.	市場環境分析	Market Environment Analysis
29.	競爭對手分析	Competition Analysis
30.	市場調查	Market Survey
31.	焦點團體座談會	FGI, Focus Group Interview; FGD,Focus Group Discussion
32.	行銷預算	Marketing Budget

33.	新產品上市	New Product Launch
34.	傳播溝通策略	Communication Strategy
35.	大創意	Big Idea
36.	媒體組合計畫	Media Mix Plan
37.	預算配置	Budget Allocation
38.	電視廣告片	TVCF; TVC; CF, Commercial Film
39.	報紙廣告稿 雜誌廣告稿 廣播廣告稿	NP稿 MG稿 RD稿
40.	傳播訊息	Communication Message
41.	廣告詞、廣告金句、標語	Slogan
42.	廣告創意	Advertising Creativity
43.	廣告總監	Creative Director
44.	戶外廣告	Outdoor Advertising
45.	行銷4P	Product, Price, Place, Promotion
46.	行銷8P/1S/2C	8P：Product, Price, Place, Promotion, Public Relationship, Process, People Sales, Physical Environment 1S：Service 2C：CRM, CSR（Corporate Social Responsibility，企業社會責任）
47.	店頭行銷	In-Store Marketing
48.	促銷、販促	Sales Promotion, SP
49.	通路業務	Trade-Marketing; Channel Marketing
50.	產品研發、商品開發	Product R&D; Research & Development
51.	電話行銷	Telephone Marketing, TM
52.	贊助行銷	Sponsorship Marketing
53.	運動行銷	Sport Marketing
54.	網路行銷	Internet/On-LINE Marketing
55.	線上媒體	Above the LINE Media, ATL
56.	線下媒體	Below the LINE Media, BTL
57.	一致訊息	One-Voice
58.	效益	Effectiveness
59.	媒體投資報酬率	Media Return on Investment, ROI
60.	產品定位	Product Positioning

61.	事件行銷	Event Marketing
62.	行銷活動	Marketing Campaign
63.	整合性組織	Integrative Organization
64.	廣告代理商	Advertising Agent（李奧貝納、奧美、台灣電通……）
65.	媒體代理商	Media Service Agent（凱絡、傳立、媒體庫……）
66.	公關公司	PR Company（奧美公關……）
67.	異業結盟行銷	Alliance Marketing
68.	CPRP	Cost Per Rating Point（每一個的收視點數之成本）
69.	檔購	Spot Buy
70.	總收視點數	Gross Reach Point, GRP（GRP =Reach *Frequence）
71.	顧客關係管理	Customer Relationship Management, CRM
72.	維繫客戶	Retention Customer
73.	行動計畫	Action Plan
74.	直效行銷	Direct Marketing
75.	樣品贈送	Free Samples
76.	產品力	Product Power
77.	訴求點	Appeal Point
78.	市場商機	Market Opportunity
79.	市場威脅	Market Threat
80.	置入行銷	Product Placement
81.	綜效	Synergy（1+1>2）
82.	業績營收	Revenue; Sales Amount
83.	獲利	Profit
84.	品牌資產（權益）	Brand Assets（Equity）
85.	數位傳播	Digital Communication
86.	POS系統	Point of Sales（門市店即時銷售資訊系統）
87.	顧客資料庫	Customer Data-Base
88.	溝通、協調	Communication and Coordination
89.	整合機制	Integrated Mechanism
90.	360° 整合行銷傳播	360° IMC
91.	4P vs. 4C	Customer Value; Cost Down; Convenience; Communication
92.	訊息一致的整合行銷傳播	One Voice Marketing Communication

93.	整合行銷活動	Integrated Marketing Campaign
94.	資料庫採礦	Data-Mining
95.	資料庫倉儲	Data-Warehouse
96.	形象統一	Unified Image
97.	訊息一致	Consistent Voice
98.	執行力	Executional Capability
99.	U&A	Usage & Attitude
100.	訊息的説服	Message-Base Persuasion
101.	態度改變策略	Attitude Change Strategy
102.	顧客滿意度	Customer Satisfaction, CS
103.	IMC資源	Resources
104.	P-D-C-A （管理循環）	Plan-Do-Check-Action，計畫、執行、考核、調整再行動
105.	S-T-P架構	Segmentation-Target Audience-Position
106.	高品質	High Quality
107.	價值競爭	Value Competition
108.	價格競爭	Price Competition
109.	服務競爭	Service Competition
110.	廣告提案	Advertising Proposal
111.	行銷決策	Marketing Decision-Making
112.	DM	Direct Mail
113.	媒體排程	Media Schedule
114.	評估、評價	Evaluate
115.	引導、前導性廣告	Teaser Advertising
116.	上檔	On Air
117.	事前測試	Pre-Test
118.	腳本	Copy Write
119.	產品概念	Product Concept
120.	事後評估	Post- Evaluation
121.	戶外廣告	Out of Home Media, OOH
122.	電波媒體	Broadcast Media
123.	地板廣告	Ad-Flooring
124.	曝光效應	Exposure Effect

125.	企業識別系統	Corporate Identity System, CIS
126.	行銷研究	Marketing Research
127.	消費者洞察	Consumer Insight
128.	市調	Market Survey
129.	認知、知覺	Perception
130.	廣告業務員	Account Executive, AE
131.	創意簡報	Creative Brief
132.	B2C/B2B	Business to Consumer; Business to Business
133.	E化行銷	E-Marketing
134.	顧客分類	Customer-Grouping
135.	客服中心	Call-Center
136.	行銷策略	Marketing Strategy
137.	廣告策略	Advertising Strategy
138.	利潤中心制度	Business Unit（簡稱BU制）
139.	品牌經理與產品經理	Brand Manager vs. Product Manager; BM vs. PM
140.	顧客輪廓	Customer Profile
141.	委外處理	Outsourcing
142.	損益表（每月）	Income Statement
143.	毛利率	Gross Profit Ratio
144.	獲利率	Profit Ratio
145.	營業成本	Operating Cost
146.	營業費用	Operating Expense
147.	虧損	Loss
148.	廣編特輯平面稿	Editorial Advertising
149.	感動行銷	Emotional Marketing
150.	關鍵成功因素	Key Success Factor, KSF
151.	聚焦策略與行銷	Focus Strategy & Marketing
152.	關鍵字搜尋行銷	Key Word Search Marketing
153.	POP	Point of Purchase（販賣地點或賣場內的各種廣告招牌、布條、吊牌、立牌）
154.	競爭優勢	Competitive Advantage
155.	SWOT分析	Strength, Weakness, Opportunity, Threat
156.	IMC專案小組	Project Team

157.	6W/3H/1E十項思考點	6W：What, Why, Who, Whom, Where, When 3H：How to Do, How Much, How Long 1E：Effectiveness
158.	媒體預算配置	Media Budget Allocation
159.	模式架構	Comprehensive Model
160.	高市占率品牌行銷傳播整合型模式架構	Comprehensive Model of Brand Marketing of High Market Share

國家圖書館出版品預行編目資料

圖解整合行銷傳播／戴國良著. -- 二版.
-- 臺北市：五南圖書出版股份有限公司,
2022.01
面； 公分
ISBN 978-626-317-416-0 (平裝)

1.行銷傳播

496 110019620

1FTG

圖解整合行銷傳播

作　　者 — 戴國良
發 行 人 — 楊榮川
總 經 理 — 楊士清
總 編 輯 — 楊秀麗
主　　編 — 侯家嵐
責任編輯 — 吳瑀芳
文字校對 — 石曉蓉
封面設計 — 王麗娟
出 版 者 — 五南圖書出版股份有限公司
地　　址：106台北市大安區和平東路二段339號4樓
電　　話：(02)2705-5066　　傳　　真：(02)2706-6100
網　　址：https://www.wunan.com.tw
電子郵件：wunan@wunan.com.tw
劃撥帳號：01068953
戶　　名：五南圖書出版股份有限公司

法律顧問　林勝安律師事務所　林勝安律師

出版日期　2014年9月初版一刷
　　　　　2022年1月二版一刷
定　　價　新臺幣380元